高职高专系列规划教材

乳制品生产与检验技术

揣玉多 岳鹍 主编
张俊英 曹卫忠 魏玮 副主编

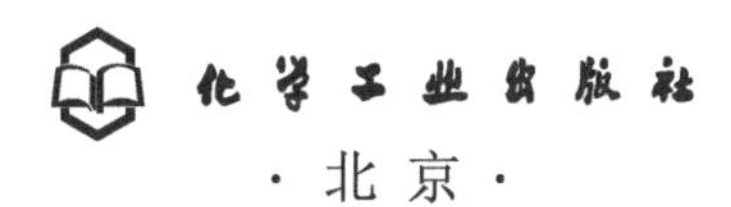

·北京·

内 容 简 介

本教材基于乳制品生产企业的实际工作过程，融食品加工原理、分析检测、加工技术和质量控制于一体，针对乳制品加工过程的岗位需要，以培养学生具备原料乳验收、乳制品加工，以及乳制品成品品质分析的综合岗位能力为目标，依据典型产品确立了对生乳的认识、乳制品生产的单元操作、液体乳生产与检验、发酵乳制品生产技术、乳粉生产与检验、干酪生产与检验、乳制冰品生产与检验和其他乳制品生产与检验八个学习情境，并依据不同的生产工艺设计了多个工作项目。每个学习情境首先根据国家职业标准对乳制品生产过程的岗位进行分析，以知识储备、检测任务、自查自测等环节展现课程内容，课程所涉及的加工过程与企业的加工工艺流程和技术要求相一致，并融合了部分国内外先进技术，依据国家标准确定乳制品检测内容，按照标准规定的检测项目和方法设计实训任务。

本教材不仅适用于高职高专食品、生物类专业的师生使用，也可供乳制品生产企业一线加工人员、检验人员以及质量管理人员参考。

图书在版编目（CIP）数据

乳制品生产与检验技术/揣玉多，岳鹍主编．—北京：化学工业出版社，2020.4（2023.5重印）
高职高专系列规划教材
ISBN 978-7-122-36002-1

Ⅰ.①乳… Ⅱ.①揣…②岳… Ⅲ.①乳制品-生产工艺-高等职业教育-教材②乳制品-食品检验-高等职业教育-教材 Ⅳ.①TS252.4②TS252.7

中国版本图书馆CIP数据核字（2020）第111331号

责任编辑：王听讲 张春娥　　装帧设计：王晓宇
责任校对：刘 颖

出版发行：化学工业出版社（北京市东城区青年湖南街13号 邮政编码100011）
印　　装：北京科印技术咨询服务有限公司数码印刷分部
787mm×1092mm 1/16 印张14¾ 字数390千字 2023年5月北京第1版第2次印刷

购书咨询：010-64518888　　售后服务：010-64518899
网　　址：http://www.cip.com.cn
凡购买本书，如有缺损质量问题，本社销售中心负责调换。

定　　价：48.00元
版权所有 违者必究

前　言

本教材基于乳制品生产企业的实际工作过程，融食品加工原理、分析检测、加工技术和质量控制于一体，针对乳制品加工过程的岗位需要，以培养学生具备原料乳验收、乳制品加工以及乳制品成品品质分析的综合岗位能力为目标，依据典型产品确立了对生乳的认识、乳制品生产的单元操作、液体乳生产与检验、发酵乳制品生产技术、乳粉生产与检验、干酪生产与检验、乳制冰品生产与检验和其他乳制品生产与检验八个学习情境，并依据不同的生产工艺设计了多个工作项目。每个学习情境首先根据国家职业标准对乳制品生产过程的岗位进行分析，以知识储备、检测任务、自查自测等具体环节展现课程内容，课程所涉及的加工过程与企业的加工工艺流程和技术要求相一致，并融合了部分国内外先进技术，依据国家标准确定乳制品检测内容，按照标准规定的检测项目和方法设计检测任务。

本教材的编者包括大型乳品企业的技术人员，在一定程度上能够反映实践中的生产工艺过程，因此在教材内容的范围和深度上与乳制品生产企业的职业岗位群紧密联系在一起，力求理论与实践相结合，注重实际应用，并且与现行的国家标准和行业标准相统一。本教材不仅适用于高职高专食品、生物类专业的师生使用，也可供乳制品生产企业一线加工人员、检验人员、质量管理人员参考。

本教材由天津现代职业技术学院揣玉多、丘鹏担任主编，鄂尔多斯生态环境职业学院张俊英、渤海职业技术学院曹卫忠、天津现代职业技术学院魏玮担任副主编；参加编写的人员还包括渤海职业技术学院曹晓霞、宁夏职业技术学院张萍、天津弗里生乳制品有限公司沈彬。

本教材在编写过程中，得到各编者所在院校及所属公司领导的大力支持，在此表示感谢！

由于编写时间紧迫以及编者的水平有限，书中难免存在疏漏和不妥之处，恳请使用本书的读者批评指正！

编者
2020年5月

目录

情境一　对生乳的认识

目前我国执行的生乳标准是2010年制定的，是在《生鲜乳收购标准》《鲜乳卫生标准》《无公害食品 生鲜牛乳标准》等标准的基础上形成的。根据《食品安全法》第二十一条规定，经食品安全国家标准审评委员会审查，中华人民共和国卫生部发布卫通〔2010〕7号《食品安全国家标准 生乳》(GB 19301—2010）等66项食品安全国家标准。根据该标准的定义，生乳是指从符合国家有关要求的健康奶畜乳房中挤出的无任何成分改变的，未添加外源物质，未经过加工的常乳。产犊七天后的初乳、应用抗生素期间和休药期间的乳汁、变质乳不应用作生乳。

项目一　乳的成分及其变化

【知识储备】

乳是哺乳动物分娩后由乳腺分泌的一种白色或微黄色不透明的液体，含有婴儿生长发育所需要的全部营养成分，是哺乳动物出生后最适宜吸收的营养物质之一。各种不同物种，如人、牛、马、羊、驴的乳在化学成分及含量上会有较大不同，同一物种也会因地区、季节和营养状态及饮食饲料不同而导致乳的组成发生变化。

一、乳的基本组成

乳是非常复杂的分散体系，包括乳胶体、乳浊液和真溶液三种分散系。其中，占总重量最多的水是分散剂，蛋白质、脂肪、碳水化合物是大分子，形成直径为15～50nm的具有胶体特性的分散体系。一些更大分子的不溶蛋白质、脂肪微球体等形成更大直径的微颗粒，胶粒直径为30～800nm，平均100nm，为过渡态，一般将其列入胶体悬浮液范畴，以悬浊液状态分散在乳中。可溶性的无机盐、维生素等有机小分子作为分散质形成真溶液，其粒子直径在1nm以下，呈溶液状态。乳中的少量气体，部分以分子状态溶于乳中，部分经搅动后在乳中形成泡沫状态。

1. 蛋白质

蛋白质是由氨基酸以“脱水缩合”的方式组成的多肽链经过盘曲折叠形成的具有一定空间结构的物质。蛋白质是生命的物质基础，是有机大分子，是构成细胞的基本有机物，是生命活动的主要承担者。没有蛋白质就没有生命。氨基酸是蛋白质的基本组成单位。蛋白质是与生命及与各种形式的生命活动紧密联系在一起的物质。机体中的每一个细胞和所有重要组成部分都有蛋白质参与。蛋白质占人体重量的16%～20%，即一个体重为60kg的成年人其体内含蛋白质9.6～12kg。人体内蛋白质的种类很多，性质、功能各异，但参与其组成的常见氨基酸或称基本氨基酸只有二十种，这20种氨基酸按不同的比例组合成各种蛋白质，它们在体内不断地进行代谢与更新。蛋白质中一定含有碳、氢、氧、氮元素，这些元素在蛋白质中的组成百分比约为：碳50%、氢7%、氧23%、氮16%。一切蛋白质都含氮（N）元素，且各种蛋白质的含氮量很接近，平均为16%。因此，可以通过测定氮元素的含量，除以16%，即可得到蛋白质的含量。

食入的蛋白质在体内经过消化、水解生成氨基酸而后被吸收，合成人体所需的各种蛋白质，同时新的蛋白质又不断代谢与分解，这样的合成与分解时刻处于动态平衡中。因此，食物蛋白质的质和量、各种氨基酸的比例，关系到人体蛋白质合成的量，尤其是青少年的生长发育、孕产妇的优生优育、老年人的健康长寿，都与膳食中蛋白质的质量有着密切的关系。蛋白质又可分为完全蛋白质和不完全蛋白质。富含必需氨基酸、品质优良的蛋白质统称完全蛋白质，如乳、蛋、鱼、肉类等的蛋白质属于完全蛋白质，植物中的大豆亦含有完全蛋白质。缺乏必需氨基酸或者含量很少的蛋白质称不完全蛋白质，如谷、麦类、玉米所含蛋白质和动物皮骨中的明胶等。

蛋白质是三大能量物质之一，也是主要的营养物质，保证优质蛋白质的补给关系到人类身体健康。普通健康成年男性或女性每千克体重每天大约需要 0.8g 蛋白质，一个成年人每天摄入 60～80g 蛋白质，基本上能满足需要。乳是非常理想的蛋白质来源，其在数量、质量和热量上都有保证。2017 年，中国营养学会重新修订了《中国居民膳食营养素参考摄入量》，新修订的蛋白质推荐摄入量如表 1-1。

表 1-1　中国居民膳食蛋白质参考摄入量

年龄(岁)/生理状况	男性/(g/d)		女性/(g/d)	
	EAR	RNI	EAR	RNI
0～	—	9(AI 值)	—	9(AI 值)
0.5～	15	20	15	20
1～	20	25	20	25
2～	20	25	20	25
3～	25	30	25	30
4～	25	30	25	30
5～	25	30	25	30
6～	25	35	25	35
7～	30	40	30	40
8～	30	40	30	40
9～	40	45	40	45
10～	40	50	40	50
11～	50	60	45	55
14～	60	75	50	60
18～	60	65	50	55
孕妇(1～12 周)	—	—	50	55
孕妇(13～27 周)	—	—	60	70
孕妇(≥28 周)	—	—	75	85
乳母	—	—	70	80

注：EAR 为平均需要量；RNI 为参考摄入量；AI 为适宜摄入量。

乳中蛋白质是主要的含氮化合物，占 95% 以上，而蛋白质的含量为总量的 3.0%～3.5%。以牛乳为例，其中的蛋白质主要是酪蛋白和乳清蛋白两大类，脂肪球膜蛋白占比很少。

(1) 酪蛋白　酪蛋白 (casein) 简称 CS，又称干酪素、酪朊、乳酪素、奶酪素、酪素、酪胶。酪蛋白是一种含磷、钙的结合蛋白，其坚硬、致密、极难消化，在牛乳中以磷酸氢钙（$CaHPO_4 \cdot 2H_2O$）、磷酸钙［$Ca_3(PO_4)_2$］或两者的复合物形式存在，它的结构极为复杂，直到现在还没有完全确定的分子式，分子量为57～375kDa，对酸敏感，pH较低时会沉淀，是哺乳动物，包括牛、羊和人乳中的主要蛋白质。牛乳的蛋白质主要以酪蛋白为主，由α-酪蛋白、β-酪蛋白、γ-酪蛋白和κ-酪蛋白组成，其氨基酸组成和电泳行为各有不同。人乳中的酪蛋白以β-酪蛋白为主，不含α-酪蛋白。

酪蛋白具有防止龋齿和骨质疏松与佝偻病，调节血压，治疗缺铁性贫血、缺镁性神经炎等多种生理功效，尤其是因其具有促进常量元素（Ca、Mg等）与微量元素（Fe、Zn、Cu、Cr、Ni、Co、Mn、Se等）高效吸收的功能特性而有“矿物质载体”的美誉，它可以和金属离子，特别是钙离子结合形成可溶性复合物，一方面有效避免了钙在小肠的中性或微碱性环境中形成沉淀，另一方面还可在没有维生素D参与的条件下使钙被肠壁细胞吸收。

需要注意的是，因为婴幼儿对酪蛋白的分解能力很弱，如果酪蛋白过多，会造成消化不良，严重时可能加大肾功能压力，甚至引起小肠出血。因此对婴幼儿乳制品来说，需要的是乳清蛋白高而酪蛋白少，依照母乳作为基本标准，乳清蛋白比较接近80%，而酪蛋白大概是接近20%，国家标准定为6∶4，也就是说乳清蛋白占60%、酪蛋白占40%，国际上推荐标准是6∶4～7∶3。

纯品酪蛋白在生活与生产中用途广泛，如用作涂料的基料，木、纸和布的黏合剂，食品用添加剂等。酪蛋白与消石灰、氟化钠、硫酸铜均匀混合，再配入煤油得到酪素胶，是航空工业和木材加工部门使用的一种胶合剂。酪蛋白还可用作医药和生化试剂。酪蛋白在食品工业中主要用作固体食品的营养强化剂，同时兼为食品加工过程中的增稠及乳化稳定剂，有时也能作为黏结剂、填充剂和载体使用，如酪蛋白在食品中尤其适用于干酪、冰激凌（用量0.3%～0.7%）、肉类制品（如火腿、香肠，用量1%～3%）及水产肉糜制品；以5%添加量强化面包和饼干中的蛋白质；在蛋黄酱中用量为3%。因为酪蛋白是最完善的蛋白质之一，它还可与谷物制品配合，制成高蛋白谷物制品、老年人食品、婴幼儿食品和糖尿病人食品等。

酪蛋白的制备方法并不复杂。新鲜牛乳脱脂，加酸（乳酸、乙酸、盐酸或硫酸），将pH调至等电点4.5～4.8，使干酪素微胶粒失去电荷而发生等电点沉淀，离心干燥再纯化得到的蛋白质称为酸酪蛋白，加酸的种类不同得到的酸酪蛋白几乎无区别。酸酪蛋白为白色至淡黄色的粉末或颗粒，稍有奶香和酸味，在水中会溶胀，若加入氨、碱或盐时，则可分散溶解于水中。酸酪蛋白可溶于强酸、二乙醇胺、吗啉、尿素、甲酰胺、热苯酚和土耳其红油中。除了上述制备方法外，还可以将牛乳与粗制凝乳酶作用，形成凝固沉淀物，即为粗制凝乳酶酪蛋白，呈白色粒状，几乎无味无臭，加热灼烧会产生蛋白质特有的臭鸡蛋味。

（2）乳清蛋白　乳清蛋白（whey protein）是指溶解分散在乳清中的蛋白质，被称为蛋白之王，具有营养价值高、易消化吸收、含有多种活性成分等特点，是公认的人体优质蛋白质补充剂之一。乳清蛋白占乳蛋白质的18%～20%，可分为热稳定和热不稳定乳清蛋白两部分。乳清液在pH 4.6～4.7时煮沸20min，发生沉淀的一类蛋白质是热不稳定的乳清蛋白，主要包括乳白蛋白和乳球蛋白；而不发生沉淀的蛋白质属于热稳定蛋白质，这类蛋白质约占乳清蛋白的19%。在中性乳清中加饱和硫酸铵或饱和硫酸镁盐析时，呈溶解状态而不析出的蛋白质为乳白蛋白，能析出而不溶的则属乳球蛋白。

组成上，乳清蛋白主要成分包括β-乳球蛋白、α-乳白蛋白、免疫球蛋白和乳铁蛋白，以下简要介绍。

① β-乳球蛋白具备最佳的氨基酸比例，支链氨基酸含量极高，对促进蛋白质合成和减少蛋白质分解起着重要的作用，有助于健身爱好者塑造优美体型。

② α-乳白蛋白是必需氨基酸和支链氨基酸的极好来源，也是唯一能与金属元素，比如钙，结合的乳清蛋白成分。

③ 免疫球蛋白具有免疫活性，能够完整地进入近端小肠，具有保护小肠黏膜的功能。

④ 乳铁蛋白是一种铁传递蛋白，具有抑菌抗氧化、促进正常细胞生长、提高免疫力等功能。牛乳乳铁蛋白在成年人体内是以完整蛋白质的形式被吸收的，其健康功能包括潜在的抗菌活性和抗病毒特性、抑制致病微生物在肠道内生长、刺激免疫系统和调节组织损伤造成的炎症。在乳清中发现的乳铁蛋白被证实对骨骼代谢也具有直接的益处。在细胞培养研究中，乳铁蛋白具有促进造骨细胞和软骨细胞增殖的功能，这一效果超过其他骨骼生长因子，如生长因子 IGF-1（胰岛素样生长因子）和 TGF-β（转化生长因子-β）。乳铁蛋白在骨骼代谢中具有合成作用，这对于骨骼健康和预防骨质疏松具有重要意义，并且机体内负责氧气输送的血红蛋白就含有铁卟啉基团，乳铁蛋白因能吸收并结合铁离子，从而可以调节肠道中的可代谢铁含量。因此，乳铁蛋白在调节血红细胞、血色素和氧气运输等方面起着重要作用。

乳清蛋白具有以下营养特点：

① 在各种蛋白质中，乳清蛋白的营养价值相对较高。一般而言，能提供人体需要的必需氨基酸且种类齐全、含量高的蛋白质称为优质蛋白质，也叫完全蛋白质。所谓必需氨基酸，是指人体必需但自身不能合成，必须从食物中摄取的氨基酸。在植物蛋白质中，大豆蛋白属于完全蛋白质，但大豆蛋白缺少甲硫氨酸，需与谷类互补，且大豆蛋白在吸收上不及优质动物蛋白。乳清蛋白属于动物性优质完全蛋白质。

② 乳清蛋白较易被消化吸收，母乳中含 60%乳清蛋白和 40%酪蛋白。牛乳的组成中 87%是水、13%是乳固体，而在乳固体中 27%是乳蛋白质，乳蛋白质中只有 20%是乳清蛋白，其余 80%都是酪蛋白，因此乳清蛋白在牛乳中的含量仅为 0.7%，远低于母乳，故喝母乳的婴儿粪便较软，量也较少。另外，乳清中富含半胱氨酸和蛋氨酸，它们能维持人体内抗氧化剂的水平，从而避免氧化剂对机体细胞和生物活性分子的氧化损伤。研究表明，服用乳清蛋白浓缩物能促进体液免疫和细胞免疫，刺激人体主动免疫系统，促进健康。

③ 乳清蛋白含有 β-乳球蛋白、α-乳白蛋白、免疫球蛋白，还有其他多种活性成分。正是这些活性成分使得乳清蛋白具备了有益于人体的诸多保健功能，因此它也被认为是人体所需的优质蛋白质来源之一。

（3）酶类和其他蛋白质　除了上述主要的大量蛋白质外，乳中还含有数量很少的其他蛋白质和酶类，如乳中还有少量的酒精可溶性蛋白以及类血纤维蛋白等。牛乳中存在着许多来自乳腺和微生物的酶，主要包括水解酶类，如脂肪酶、蛋白酶等；还有氧化还原酶类，如过氧化氢酶、醛缩酶等。

脂肪酶能将脂肪分解为游离脂肪酸和甘油，由乳腺进入乳中的脂肪酶量较少，它们主要是由乳中微生物产生的。游离脂肪酸产生的臭味是乳制品尤其是奶油常见的一种缺陷。由于脂肪酶在 80℃时处理 20s 即可失活，因此在奶油等乳制品生产过程中常采用不低于 85～90℃的瞬时高温灭菌灭酶，以降低理化或微生物危害。

2. 脂肪

乳脂肪是乳的主要成分之一，在乳中含量一般为 3%～8%，不溶于水，呈微细的球状分散在乳中，形成乳浊液。乳脂肪球的大小依乳畜的品种、个体、健康状况、泌乳期、饲料及挤奶情况等因素而有很大差异。乳脂肪球直径一般在 0.1～10μm，平均为 3μm。脂肪球的直径越大，上浮的速度就越快，在乳表面与部分蛋白质形成薄层，即通常所说的奶皮。乳脂肪的脂肪酸种类很多，与一般脂肪相比，乳脂肪的脂肪酸组成中水溶性、挥发性脂肪酸的含量较高，这也是乳脂肪风味良好和容易消化的重要原因。

乳脂肪是以小球或小液滴状分散在乳浆中，每毫升牛乳中，大约有 150 亿个脂肪球。乳脂肪组成包括甘油三酯（主要组分）、甘油二酯、甘油单酯、脂肪酸、固醇、胡萝卜素（脂肪中的黄色物质）、维生素（维生素 A、维生素 D、维生素 E、维生素 K）和一些痕量物质。

乳脂肪是重要的能量物质。牛乳中的脂肪含量为 2%～8%。在各种膳食脂肪和油类中，乳脂肪最容易被消化吸收，它的消化率高于玉米油、豆油、葵花子油、橄榄油、猪油等。乳脂肪有较好消化率的原因主要在于脂肪球的分散状态和乳脂肪的脂肪酸组成。此外，熔点低也是原因之一，因为乳脂肪中大部分脂肪酸是液体，所以其熔点低于人的体温。由于乳脂肪容易消化和吸收，它给机体造成的负担少，因此被认为是患有胃肠道、肝脏、肾脏以及胆囊疾病和脂肪消化紊乱患者膳食中的非常有价值的营养成分。

乳脂肪组成复杂，可分为两类：一类是水溶性挥发脂肪酸，如丁酸、辛酸等；第二类是非水溶性不挥发脂肪酸，如十二烷酸、十四烷酸、二十烷酸等。一般天然脂肪中含有的脂肪酸绝大多数为碳原子为偶数的直链脂肪酸，而在牛乳脂肪酸中已证实含有 C_{21}～C_{23} 的奇数碳原子脂肪酸，也发现有带侧链的脂肪酸。乳脂肪酸种类繁多，已鉴定的就达 400 多种，虽然绝大多数都含量极少。其中，饱和脂肪酸含量最高，约占比 70%，其次是短链脂肪酸，约占比 20%，而长链脂肪酸和羟基酸、酮酸含量较少。乳脂肪组成还受饲料、营养、环境等因素的影响而变动。当乳牛饲料不足时，牛乳中挥发性脂肪酸含量降低而不挥发性脂肪酸含量增高，并且其中不饱和脂肪酸的不饱和度也会增高。这些变化会影响乳脂肪的理化性质，进而影响到后续乳制品的熔点、硬度等性状。

3. 糖类

乳中的糖类非常特殊，天然存在的糖类几乎只有乳糖。乳糖分子式为 $C_{12}H_{22}O_{11}$，分子量为 342.3。乳糖是一种只在哺乳动物乳腺中合成的糖，所以它只存在于乳类中，羊乳中约含 4.2%、牛乳中约含 4.6%、马乳中含 7.6%，人乳中变化较大，含量在 6%～8%。乳糖微甜，甜度是蔗糖的五分之一。人乳中的乳糖分子结构很特别，是一种双糖，由一分子 β-D-半乳糖和一分子 α-D-葡萄糖在 β-1,4-位形成糖苷键相连。乳糖有两种端基异构体：α-乳糖和 β-乳糖，它们在水溶液中可互相转化。α-乳糖很容易结合一分子结晶水。进入胃肠道，乳糖消化分解为葡萄糖和半乳糖，然后吸收进入血液，因此，只有一部分成为血糖（葡萄糖），另一部分（半乳糖）不会增加血糖。因此，乳类的血糖生成指数（GI）较低，是糖尿病患者的理想食物之一。

乳糖的功能主要是为人体供给能量。儿童和成年人的生长发育、新陈代谢、组织合成、维持正常体温以及体育锻炼、劳动工作等都需要大量的能量，特别是婴幼儿对糖的分解、消化、吸收、利用都比成年人旺盛，因此，乳糖是婴幼儿体内器官、神经、四肢、肌肉等发育及活动的重要能量来源。在食品工业中，乳糖常用于婴儿食品、糖果、人造牛乳等产品中；在医药工业中，乳糖常用作药品的甜味剂和赋形剂，还可用作细菌培养基的碳源。

乳糖对于生长发育具有非常重要的作用。婴幼儿的脑细胞发育和整个神经系统的健全都需要大量的乳糖，一周岁以内的婴儿每千克体重每天需要乳糖约 13g。乳糖能促进婴幼儿肠道内的乳酸菌繁殖增长，在肠道中乳糖在乳酸杆菌、乳酸链球菌、多种酶及某些微生物的作用下生成乳酸，乳酸对婴幼儿肠胃具有调节保护作用，它能抑制肠内异常发酵产生的毒素造成的中毒，还可抑制肠内有害细菌的繁殖。乳糖还在钙的代谢过程中促进婴幼儿对钙的吸收。同时乳糖还能保持儿童体内水分的平衡，提供与脑和重要器官的构成有关的半乳糖。而且乳糖对淀粉的储存也是必要的。半乳糖对儿童的大脑发育也很重要，它能促进脑苷脂类和黏多糖类的生成，因而对幼儿智力发育非常重要。若缺乏乳糖就会引起儿童消瘦、乏力、体重减轻、生长发育缓慢，甚至儿童要消耗体内的脂肪和蛋白质来补充能量，从而导致可能发生蛋白质缺乏症的风险。

乳中除了乳糖外，还有少量其他的糖类。初乳中葡萄糖约为15mg/100mL，分娩10天后降低到常乳中的4～7.6mg/100mL水平。乳中还含有约2mg/100mL的半乳糖及微量的果糖、低聚糖、己糖胺等成分。

4. 矿物质和盐类

（1）矿物质　矿物质一般是指动物或人体内所需要的常量元素、微量元素和痕量元素的总称，对生命代谢活动起着至关重要的作用。虽然广义上的矿物质应包含常量元素、微量元素和痕量元素，但在日常生活中，狭义的矿物质一般主要是特指常量元素。乳中无机矿物质平均含量为0.8%，主要有钾、钙、氯、磷、钠、镁、硫等常量元素和一些微量元素如溴、碘、硼、铁、铝、锌、铜、硒、锰、铬、钴等及其他痕量元素。乳中的矿物质元素含量因物种、地区、营养、健康状态和采样测量方法而有较大差别。一般地，常乳中钙盐和钾盐含量较高，但它们的总量并不固定，而是随着泌乳期和个体营养及健康状态而变化。

钾（K）和钠（Na）在乳中完全以自由离子状态存在，起着调节渗透压、维持神经肌肉的正常兴奋性和参与细胞新陈代谢等作用。乳中的K和Na来源于血液，但乳中K的浓度高于血液中K的浓度，而Na的浓度则低于血液中的Na浓度，不同于血液高钠低钾的组成。钙（Ca）在乳中大部分以和蛋白质、磷酸盐结合的胶体状态存在，少部分以无机钙离子的形式游离存在。乳中含有乳糖及含赖氨酸等丰富的蛋白质，所以乳中Ca较容易吸收。Ca进入人和动物体内后，主要沉积于骨骼和牙齿中，少量Ca存在于血液、细胞外液和各种软组织中，对心肌收缩、毛细血管的通透性以及各种神经肌肉的兴奋性等产生重要影响。镁（Mg）与蛋白质结合或以小分子化合物及自由离子的形式存在于乳中。Mg在动物机体中参与蛋白质与核酸代谢、神经与肌肉的传导、肌肉收缩和一些酶的激活作用，并且是骨骼和牙齿的重要组成部分。

（2）盐类　乳中的矿物质大部分以与有机酸和无机酸结合形成可溶性的盐类状态存在，其中最主要的是无机盐和有机柠檬酸盐，少量以不溶性胶体状态分散于乳中，另一部分以蛋白质结合基团或酶的辅基状态存在。乳中的盐类对乳的热稳定性、凝乳酶的凝固性等理化性质等影响较大。乳中蛋白质的等电点大多在4～6之间，因此，乳蛋白尤其是酪蛋白通常解离为阴离子，它们能与阳离子结合而形成酪蛋白酸钙或酪蛋白酸镁。牛乳中盐类的溶解性随温度、pH、稀释度及浓度而变化。

（3）微量元素　牛乳含有多种微量元素，如铁、铜、锌、硒、碘、锰等，其中碘和锌含量相对较多。虽然它们的含量微乎其微，但功能却十分重要。必需微量元素是指那些具有明显营养作用及生理功能，对维持生物生长发育、生命活动及繁殖等不可缺少的元素。目前，微量元素中的碘、硒、锌、铁、铜、锰、铬等已被国际上确认为是“维持机体正常生命活动不可缺少的必需微量元素”。随着科学的发展，人类越来越认识到必需微量元素在维持健康中的基础性作用。机体若缺乏必需微量元素，可能会使人群对疾病的敏感度增高，导致亚健康状态或疾病的发生和发展。

① 铁　牛乳中铁的含量为0.4～77mg/kg，虽然含量因地区、物种和营养健康等因素影响而差异巨大，但仍是人乳的2～3倍，所以牛乳是一种适宜铁强化的食物。按照中国营养学会制定的中国居民膳食指南的乳类摄入建议量为300g/日计算，每日可摄入0.12～23.1mg的铁。乳类中铁的吸收率为2%～10%，而牛乳中含磷较多，它可与铁结合生成难溶于水的络合物，导致牛乳中铁的利用率很低。人体内铁的主要功能为：a. 合成血红蛋白，铁缺乏影响血红蛋白的合成而致贫血；b. 合成肌红蛋白，肌红蛋白与氧的亲和力较血红蛋白强，在横纹肌与心肌中起到氧气储存的作用；c. 极少量的铁参与构成人体必需的酶，如各种细胞色素酶、过氧化氢酶、过氧化物酶和琥珀酸脱氢酶、黄嘌呤氧化酶等，参与各种细

胞代谢的最后阶段及磷酸腺苷的生成，它是细胞代谢不可缺少的物质。在铁缺乏的早期，可能在贫血出现以前，此类含铁酶或铁依赖酶的功能即受影响。

因此，铁缺乏可导致贫血、免疫和抗感染力下降、铅吸收增加、有害的妊娠结局等危害。

② 锌　牛乳中锌的含量为3～6mg/kg，是人乳的2.5倍，饲喂富含锌的饲料补充物可使牛乳中的锌含量略有增加。牛乳中88%的锌可与酪蛋白结合，因此乳中锌的含量与蛋白质含量密切相关。按照中国营养学会制定的中国居民膳食指南的乳类摄入建议量300g/日计算，每日摄入0.9～1.8mg的锌，无法达到中国居民膳食营养素参考摄入量（RNIs）。锌与过渡金属共同具有与蛋白质侧链构成稳定复合物的能力。作为辅助因子参与蛋白酶的功能和结构组成，是目前了解的锌的功能中最为清楚的一个方面，包括催化、结构和调节作用。锌可调节细胞的分化和基因表达，维持生物膜的结构和功能。锌是味觉素的结构成分之一，起着支持、营养和分化味蕾的作用。锌还可保证免疫系统的完整性，在激素产生、储存和分泌中发挥作用。

锌缺乏会导致生长发育不良、味觉障碍、免疫功能下降、性发育和功能障碍等。

③ 铜　牛乳中的铜含量一般为0.015～0.205mg/kg，略低于人乳。按照中国营养学会制定的中国居民膳食指南的乳类摄入建议量为300g/日计算，每日可摄入0.0045～0.0615mg的铜，单从牛乳中摄入的铜很难满足人体的生理需要。长期饮用牛乳进行人工喂养的儿童应注意铜的营养状况，必须通过其他含铜丰富的食物来补充，牡蛎、贝类和坚果类食物是铜的良好来源。铜也是人体中多种酶的组成成分。大部分的铜以血浆铜蓝蛋白氧化酶的形式存在于血浆中。这种多功能的氧化酶，能将人体不能直接吸收的二价铁离子，催化成可吸收利用的三价铁，以促进铁在肠道的吸收，为制造血红蛋白储存原料。铜能促进结缔组织形成，维护中枢神经系统健康，促进正常黑色素形成及维护毛发正常结构，并具有抗氧化作用。

铜缺乏时，会出现贫血、含铜酶活性下降等现象。

④ 碘　牛乳中碘含量变动较大，沿海地区奶牛生产的奶比内陆地区含碘量多，这主要取决于饲料的营养成分。全脂乳正常含碘量为12～80μg/kg，按照中国营养学会制定的中国居民膳食指南的乳类摄入建议量为300g/日计算，每日可摄入3.6～24μg的碘，很难达到中国居民膳食营养素参考摄入量（RNIs），即很难满足人体的生理需要，因此有必要适当摄入海产品以补充碘的需要量。碘在体内的生理功能是通过甲状腺激素完成的，它参与能量代谢，促进物质分解，增加耗氧量，产生能量，维持基本生命活动，并对垂体有支持作用，促进体格发育，而神经系统的发育也依赖于甲状腺激素的存在。

在胎儿期、新生儿期、儿童和青春期与成人期，机体因缺碘导致一系列障碍统称为碘缺乏病，都会有不同症状表现，如克汀病、新生儿甲状腺肿、智力发育障碍和成人甲状腺肿大等。

⑤ 硒　牛乳中硒含量为5～170μg/kg，按照中国营养学会制定的中国居民膳食指南的乳类摄入建议量为300g/日计算，每日可摄入1.5～51μg的硒，能够达到中国居民膳食营养素参考摄入量（RNIs）的10%～180%。硒的生理功能有：硒具有抗氧化作用，是若干抗氧化酶的必需组成；硒几乎存在于所有免疫细胞中，补充硒可以明显提高机体的免疫力；通过脱碘酶调节甲状腺激素来影响全身代谢；抑制癌细胞生长；拮抗重金属毒性。

⑥ 铬　根据1975～2020年CNKI文献中文杰、李光辉、钱立群、郭亮等的报道，各地牛乳中铬含量平均值为0.5～1.5μg/kg，初乳中含量约为常乳中的数倍。按照中国营养学会制定的中国居民膳食指南乳类摄入建议量300g/日计算，每日可摄入的铬为0.15～0.45μg，

能够达到中国居民膳食营养素参考摄入量（RNIs）的10%～30%。随着营养科学的发展，对铬在动物体内生理功能研究的不断深入，现已证实三价铬作为葡萄糖耐受因子的成分，具有协同和增强胰岛素功能的作用，参与葡萄糖和脂类的代谢，促进动物的生长发育，参与蛋白质和核酸的合成。由于铬参与糖类、脂类、蛋白质和核酸的代谢过程并具有抗应激和提高免疫力的作用，因而是动物必需的营养元素之一。

⑦ 锰　牛乳中锰含量为16～370μg/kg，与人乳接近。按照中国营养学会制定的中国居民膳食指南的乳类摄入建议量为300g/日计算，每日仅可摄入4.8～110μg的锰，很难满足人体生理需要，可通过多摄入坚果、粗粮、叶菜和鲜豆类，来弥补乳类中锰的不足。锰在生物体内，一部分作为金属酶的组成部分，一部分作为酶的激活剂发挥作用。

锰缺乏可引起多种生物化学方面和组织结构方面的缺陷，例如出现弥漫性骨骼矿质化和生长不良。

5. 维生素

牛乳中的维生素非常全面，涵盖了目前已知的几乎所有维生素。在含量上以维生素 B_2 最为丰富，维生素D最少，因此在以牛乳补钙的同时应适度补充维生素D，可帮助钙的吸收和转运。乳中脂溶性维生素（维生素A、维生素D、维生素E、维生素K）和水溶性微生物（B族维生素、维生素C）两大类的含量如表1-2所示。

表1-2　牛乳中各种维生素含量比较　　单位：mg/L

维生素种类	平均含量	范围
维生素A	1560	1190～1760
维生素D	—	—
维生素E	0.6	0.2～0.8
维生素K	0.06	0.01～0.09
维生素C	21.1	16.5～27.5
硫胺素（维生素 B_1）	0.44	0.2～2.8
核黄素（维生素 B_2）	1.75	0.81～2.58
烟酸（维生素 B_3）	0.94	0.30～2.0
泛酸（维生素 B_5）	3.46	2.60～4.90
吡哆素（维生素 B_6）	0.64	0.22～1.90
生物素（维生素 B_7）	0.031	0.012～0.060
叶酸（维生素 B_9）	0.0028	0.0004～0.0062
钴胺素（维生素 B_{12}）	0.0043	0.0024～0.0074
乳清酸（维生素 B_{13}）	0.0824	0.0004～0.75

牛乳中维生素A的含量随饲料中胡萝卜素含量的变化而变化，如奶牛食用的饲料中胡萝卜素含量高，其分泌的乳汁中维生素A的含量就高。一般每升牛乳含1560mg的维生素A。维生素A能促进组织蛋白质的合成，加速生长发育；能预防夜盲症，增加对传染病的抵抗力及具抗癌作用。

维生素D与固醇有密切关系，固醇在紫外线的照射下，可以转变成维生素D，天然牛乳中几乎不含有维生素D。维生素D有促进肠内钙、磷吸收和骨内钙的沉积的功能，与骨骼、牙齿的正常钙化有关。维生素D缺乏时，对儿童会引起佝偻病，对成年人会引起软骨病，特别是孕妇和乳母更易发生骨软化症。

奶牛若多食新鲜的青饲料，其乳汁中维生素E的含量会相应升高。维生素E能治疗瘫痪等一类神经疾病，能调节内分泌，促进生育，延缓老年衰老和记忆力减退，缺乏时垂体机能不全，甲状腺生长不良。

牛乳中维生素K的含量要远高于母乳。维生素K具有防止新生婴儿维生素K缺乏性出血、预防内出血及痔疮、减少生理期大量出血、促进血液正常凝固的作用。

维生素C是一种活性很强的还原性物质，机体新陈代谢不可缺少，具有抗癌、防止脂质过氧化和抗衰老的功效，同时也能防治坏血症和贫血、控制乙肝和预防流感。

B族维生素也叫乙族维生素，是维持人体正常机能与代谢活动不可或缺的水溶性维生素，人体无法自行合成，必须通过食物补充。B族维生素至少有8种以上，故冠以“族”，它们在结构上没有同一性，但也有它们共同的特性，具体包括维生素B_1、维生素B_2、维生素B_3（烟酸）、维生素B_5（泛酸）、维生素B_6、维生素B_7（生物素）、维生素B_{12}、叶酸等。此外，还有B族维生素中的胆碱和肌醇通常也归为人类必需维生素。B族维生素是帮助维持心脏、神经系统功能，维持消化系统及皮肤的健康，参与能量代谢，增强体力、滋补强身，推动体内代谢，把糖、脂肪、蛋白质等转化成热量时不可缺少的物质。如果缺少B族维生素，则细胞功能下降，引起代谢障碍，人体会出现怠滞和食欲不振。

6. 水分

水分是乳中的主要组成部分，占87%～89%。乳及乳制品中的水分可分为自由水、结合水、膨胀水和结晶水。自由水存在于分子间，可以自由移动，易结冰，是乳的溶剂。结合水通过氢键结合蛋白质、脂肪和糖类，难分离，冰点在－40℃左右，不易结冰，不能作为溶剂。乳中自由水含量的多少可以用水分活度A_w来表示。当乳制品A_w低于某种微生物生长所需要的最低A_w时，此种微生物就不能生长。

二、乳成分的变化

牛乳含有多种对人体有益的营养成分，它是由水分、乳蛋白、乳脂肪、乳糖、矿物质、维生素、酶类、免疫体、色素及一些其他微量成分构成的复杂的胶体系。正常的乳成分基本上是稳定的，但各成分也有一定的变动范围，其中变化最大的是乳脂肪，其次是乳蛋白。牛乳中各种成分含量受多种因素的影响，包括奶牛品种、个体、挤奶间隔、泌乳期、畜龄、饲料、季节以及营养等。

1. 品种

奶牛品种是决定牛乳各组成含量的最主要因素。品种不同，乳中的脂肪、蛋白质含量差别较大。例如，在黑龙江省主要为荷斯坦牛，其所产生鲜乳乳脂及乳蛋白含量低，而娟姗牛、更赛牛乳成分含量较高，我国黄牛虽然产乳量低，但乳脂率却在5%以上。几种主要奶牛品种所产牛乳的组成见表1-3。

表1-3 不同品种奶牛所产牛乳的平均组成

奶牛品种	相对密度	水分/%	干物质/%	脂肪/%	蛋白质/%	乳糖/%	灰分/%
荷兰牛	1.0324	87.5	12.50	3.55	3.43	4.86	0.68
西门塔尔牛	1.0324	87.18	12.82	3.79	3.34	4.81	0.71
更赛牛	1.0336	85.13	14.87	5.19	4.02	4.91	0.74
娟姗牛	1.0331	85.31	14.69	5.19	3.86	4.94	0.70
水牛	1.0290	81.41	18.59	7.47	7.10	4.15	0.84
牦牛	—	81.60	18.40	7.80	5.00	5.00	—

2. 畜龄

产乳量和乳汁成分随乳畜年龄的增长而异，奶牛从第二胎至第七胎次泌乳期间，泌乳量逐渐增加，一般第7胎次时达到高峰，而含脂率和非脂乳固体在初产期最高。

3. 泌乳期

奶牛分娩后，从开始泌乳至泌乳结束，称为一个泌乳期。一般一个泌乳期为305天，即约10个泌乳月。泌乳月不同，乳脂肪含量也不同。在泌乳期，随着泌乳的进程，由于时间、生理、病理或其他因素的影响，乳的成分会发生变化。奶牛产犊后1.5～2个月之间产乳量最大，以后逐渐减少。一般地，奶牛在下次分娩前的6～9周停止产乳，这段时间称为干乳期。

乳汁可分为初乳、常乳和末乳。初乳是指奶牛产犊后一周内所产的乳，常乳是指产犊7天后至干乳期开始之前所产的乳，为乳制品加工的原料，而末乳是指干乳期前一周左右所产的乳。不同的泌乳时期，不仅乳中乳蛋白、乳糖、乳脂肪、无机物和维生素的含量不同，而且乳脂肪的组成也存在一定程度差异。例如，随着泌乳天数延长，牛乳乳脂中的中短链脂肪酸所占比例提高，而长链脂肪酸（如C_{18}脂肪酸）有下降趋势，直至泌乳中期。分析表明，在泌乳期前1～2个月里，乳脂率较低，以后随着泌乳期的进展，乳脂率呈上升趋势，这与产乳量刚好相反。乳成分在整个泌乳期处于持续变动之中，最大的变动在分娩前后的几个小时内。在妊娠期，原初乳在乳腺中不断积累，至分娩时形成初乳。初乳富含钙、镁、磷和氯等无机离子，但钾离子含量低。分析数据表明，牛初乳中铁含量是其常乳的10倍左右，高水平的铁有利于初生牛犊红细胞中血红蛋白的快速增加。

4. 挤奶间隔时间

初挤的奶含脂率低而最后挤的奶含脂率高。每次挤奶间隔时间越长，泌乳量越大，脂肪含量越低，反之，挤奶间隔越短，泌乳量少，脂肪含量越高。如每天挤2次奶，在其间隔为9h和15h时，乳脂率分别为4.6%和3.0%。但若将每天挤奶2次改为3次，每天产乳总量可增加10%，故适当增加挤奶次数可增加产乳量，但乳成分特别是乳脂肪和乳蛋白的含量正相反。

5. 季节影响

季节对牛乳蛋白质、脂肪、非脂固形物及密度都有显著影响。9～12月份蛋白质含量较高，尤以11月份最高，1～7月份稍低，秋季牛乳蛋白质含量明显高于其他三个季节。11月份脂肪含量最高，而6～8月份脂肪含量明显较低，6月份脂肪含量最低，总体来看，6～11月份脂肪含量逐渐上升，11月之后脂肪含量有所下降。季节对乳中非脂固形物也有一定的影响，6～11月份非脂固形物含量逐渐上升，11月份最高，四五月份含量最低。相较于蛋白质、脂肪、非脂固形物，季节对牛乳密度的影响并不显著。

6. 饲料

饲养状况改变则乳脂肪含量最易改变。采用适宜的饲料喂养奶牛，可以提高产乳量和乳中干物质含量，但对乳脂肪及其他成分影响不大，特别是饲喂含蛋白质丰富的饲料时，产乳量增加，但对牛乳的组成没有明显影响。长期喂料不足的奶牛与喂料充足的奶牛相比，不仅产乳量显著降低，乳脂率也下降。如奶牛长期缺乏营养，恢复营养后乳中大部分成分可以达到原来水平，但乳蛋白含量很难完全恢复。

7. 环境温度

4～21℃，奶牛产乳量和乳成分基本不发生任何变化；在21～27℃，奶牛产乳量逐渐减少，乳脂率降低；27℃以上时，则产乳量降低更为显著，但乳脂率却增加，非脂干物质通常会下降。

8. 疾病

奶牛的健康状况对乳的产量和成分均有影响，患有一般消化道疾病，或足以影响产乳量的其他疾病时，乳的成分也会发生明显变化，如乳糖含量降低、氯化物和灰分含量上升。奶牛患有乳腺炎时，乳脂肪变化无规律性，除产量明显下降外，非脂乳固体也有所下降，无脂干物质降低，通常乳腺炎乳中钠、氯、非酪蛋白态氮、过氧化氢、白细胞数、pH 值均比正常乳相比会增加，而钙、磷、镁、脂肪、酸度则均会减少，且维生素含量也有很大变化，包括杀菌剂、抗生素在内的许多用于治疗牛病的药物都可能进入乳中而改变乳的正常组成。一般来说，奶牛体温升高时，其产乳量和乳中非脂干物质含量均降低；患有体温不升高的疾病，其产乳量虽减少，但对牛乳组成一般没有影响。

三、加工处理引起乳的变化

1. 热加工对乳性质的影响

牛乳是一种热敏性物质，研究热加工对乳及其乳制品质量的影响，对稳定提高乳及乳制品质量具有重要的意义。在任何一种乳制品的加工生产中，有时会出现不止一次地重复进行热加工的工艺。如果掌握不好热加工工艺，即会对乳及乳制品质量带来许多不良影响，如加热臭的产生、蛋白质的变性、乳石的生成、酶类的钝化、色泽的褐变及维生素的大量破坏等。

(1) 形成薄膜　牛乳在 40℃加热时，由于蛋白质变性后在空气与液体的界面形成不可逆的热凝固物，从而在液体表面与乳脂肪一起形成一层薄膜，也称奶皮。薄膜的厚度随着加热时间的延长和温度的提高而增加。凝固物中包含干物质量 70%以上的脂肪和 20%以上的蛋白质。为了减少薄膜的形成导致营养成分的流失，可以在加热时持续缓慢搅拌以避免薄膜的形成。

(2) 对风味和颜色的影响　牛乳加热会产生一种蒸煮味，蒸煮味的强弱与加热时间长短以及温度高低关系密切，达到 75℃牛乳即出现明显蒸煮味，这是由于含磷酪蛋白、β-乳球蛋白和脂肪球膜蛋白的受热变性产生含巯基物质所致，另外与产生的挥发性具有臭鸡蛋气味的 H_2S 气体也有很大关系。温度在 75℃以上或更高时，长时间加热牛乳，蒸煮味会逐渐向焦糖味转化，焦糖味的强度与褐变成正比例关系。褐变的原因一般认为是由于具有氨基的化合物和具有羰基的糖之间产生美拉德反应形成褐色物质。除此之外，牛乳中含有的微量尿素，也被认为是引起褐变的原因之一。褐变的程度随温度、酸度及糖度的不同而异，温度和酸度越高，棕色化越严重，糖的还原力越强，棕色化也越严重。因此，生产炼乳、乳粉等乳制品时，为了抑制褐变，通常会添加 0.01%左右的 L-半胱氨酸，具有一定的平衡效果。

(3) 乳成分的变化

① 蛋白质　乳清蛋白和酪蛋白对热均不稳定，牛乳以 62℃杀菌 30min 时就会发生蛋白质变性，约有 5%的球蛋白和 9%的白蛋白会发生变性。正常牛乳在 100℃以下加热时，酪蛋白几乎不发生变化，但对其物理性质还是有显著影响。例如，牛乳经 63℃以上温度加热后，加酸时其凝块比常温生牛乳加酸凝固所产生的凝块小且柔软。占清蛋白大部分的白蛋白和球蛋白耐热性都很弱，正常牛乳在 62～80℃经 30min 加热时，即产生凝固现象，而当加热至 85℃时出现二硫键（—S—S—）的裂解，同时产生游离的巯基（—SH）以及硫化物或硫化氢，给牛乳带来不良的蒸煮臭味，严重影响乳品品质。

② 乳糖　牛乳中糖类化合物的组成非常单一，主要是乳糖，仅含少量其他单糖和低聚糖。乳糖在新鲜牛乳中的含量基本稳定在 4.5%～4.8%，在非脂乳固体中占有较大比例，约为 50%，且变化幅度较小。乳糖加热到 100℃时没有变化，100℃以上时会产生许多挥发性有机酸，如乳酸、醋酸、甲酸等。

③ 维生素　牛乳中脂溶性维生素A、维生素D、维生素E、维生素K较耐加热，一般加热均不能使之破坏，但后添加的维生素B_1、维生素C比较不耐热，温度超过60℃即开始分解，加热30min就会有10%～20%分解，115～135℃加热条件下，约50%以上会被破坏。

④ 无机成分　高温加热或煮沸牛乳时，在与牛乳接触的加热面上，常出现结焦物，这就是乳石。乳石的形成不仅影响加热面的传热效率以及杀菌和蒸发水分的效果，而且也会造成乳固体的损失。乳石的主要成分是蛋白质、脂肪和无机盐类，无机物中主要是钙、磷，其次是镁、硫。乳石的形成首先是形成$Ca_3(PO_4)_2$的晶核，然后以蛋白质为主的乳固形物不断沉着而形成。乳石形成的主要因素有：a. 牛乳酸度高易形成乳石；b. 泌乳后期的牛乳产生乳石较多；c. 设备表面光洁度差易形成乳石；d. 牛乳与蒸汽温差大易形成乳石；e. 牛乳流速低易形成乳石。

2. 冷加工对乳性质的影响

乳的冷加工主要是指冷冻、升华、干燥和冷冻保存加工。冷冻保存时，于－10～－5℃保存5～10周，再解冻后酪蛋白就会产生凝固现象，从稳定的胶体状态变成不溶解状态。通常情况下，钙离子含量越高，乳中酪蛋白的胶体稳定性则越差。冷冻时，没有经过均质处理的乳脂肪，脂肪球直径在1μm以上，脂肪球膜容易发生结构变化而变得不稳定，失去乳化能力，形成团块，浮于表面。而经过均质处理的乳脂肪不容易上浮。

【自查自测】

一、填空题

1. 目前我国执行的生乳标准是（　　）年制定的。我国《生乳》标准是在之前（　　）、（　　）、（　　）等标准的基础上形成的。

2. 乳是非常复杂的分散体系，包括（　　）、（　　）和（　　）三种分散系统。

3. 蛋白质是由以（　　）的方式组成的多肽链，经过盘曲折叠形成的具有一定空间结构的物质。

4. 乳中蛋白质是主要的含氮化合物，以牛乳为例，其中的蛋白质主要是（　　）和（　　）两大类。

5. 乳组成上，主要成分包括（　　）、（　　）、（　　）和（　　）。

二、选择题

1. 不属于乳中能量物质的是（　　）。

A. 蛋白质　　B. 脂肪　　C. 碳水化合物　　D. 核酸

2. 乳中主要的乳糖属于（　　）。

A. 单糖　　B. 双糖　　C. 三糖　　D. 四糖

3. 乳中维生素含量丰富、种类齐全，但维生素（　　）含量极低，几乎没有。

A. A　　B. B　　C. C　　D. D

4. 属于脂溶性维生素的有（　　）。

A. 维生素B_6　　B. 维生素B_1　　C. 维生素C　　D. 维生素D

5. 热加工不会导致鲜乳产生以下哪种变化？（　　）

A. 形成薄膜　　B. 褐变　　C. 产生蒸煮味　　D. 总蛋白含量下降

三、判断题

1. 乳含有婴儿生长发育所需要的全部营养成分。（　　）

2. 蛋白质、脂肪微球体等形成的胶粒直径平均为100mm。（　　）

3. 乳中脂肪含量测定结果中，当样品中脂肪含量≤5%时，两次独立测定结果之差≤0.1g/100g。（　　）

4. 乳及乳制品真菌毒素主要涉及黄曲霉毒素M_1，按GB 5009.24—2016规定的方法测定，限量为5μg/kg。（　　）

四、简答题

1. 乳蛋白的种类有哪些？各自的特点是什么？

2. 简述酪蛋白的特性以及在生产中的应用。

3. 乳脂肪的组成特点是什么？

4. 影响乳成分变化的因素有哪些？

5. 乳中微量元素的功能有哪些？

项目二　乳的物理性质

【知识储备】

在物理构成上，乳是一种复杂的分散体系，其中水是分散剂，其他各种成分如脂肪、蛋白质、乳糖、无机盐等为分散质，分别以不同的状态分散在水中，共同形成一种复杂的分散系。

一、乳的密度与比重

牛乳的密度是指牛乳在一定温度下，单位容积的质量，单位为 g/cm^3。正常牛乳的密度平均为 $D_4^{20}=1.030g/cm^3$。牛乳的比重（specific gravity，也称相对密度）是指牛乳与水在15℃时的密度之比，平均为 $D_{15}^{15}=1.032$。比重无量纲，即比重是无单位的值。在同等温度和条件下，比重和密度的绝对值变化甚微。乳的比重可以通过乳稠计来测量，它的读数通常被表示为乳稠度（L）。乳稠度（L）与比重之间的关系可以表示如下：

$$L/1000+1=比重$$

乳稠计有20℃/4℃及15℃/15℃两种规格，前者测定的结果比后者低2°，可作校正后以15℃/15℃为准。乳稠计刻度区间一般为15°～40°，相当于比重区间为1.015～1.040。

乳的比重、含脂率和干物质含量之间存在着一定的对应关系，公式如下：

$$T=0.25L+1.2F+0.14 \tag{1-1}$$

式中，T 为乳干物质含量，%；L 为乳稠计读数（15℃/15℃）；F 为乳脂肪含量，%；0.14为校正系数。

然而这种计算方法还存在许多问题，这主要与乳中固体脂肪比例以及蛋白质水化程度有关，乳脂肪的体积膨胀系数比较大，导致乳脂肪的物理状态对该公式的影响也比较大，并且乳中干物质的含量随乳成分的变化而变化，尤其是乳脂肪在乳中的变化比较大，从而影响乳的干物质含量，因此在实际工作中常用非脂干物质作为指标来计算。

二、乳的光学性质

牛乳在光学上是一种混浊介质，脂肪和蛋白质是决定牛乳光学特性的主要成分。乳在光电分析过程中，在可见光区（380～760nm）、红外区（760～1000nm）和紫外区（5～380nm）均可产生吸收、散射或激发产生荧光。新鲜正常的牛乳呈不透明的白色并稍显淡黄色，这是牛乳的基色。牛乳的色泽是由于牛乳中酪蛋白胶粒及脂肪球对光的不规则反射引起的结果。脂溶性胡萝卜素和叶黄素使牛乳略带淡黄色，水溶性的核黄素使得乳清呈荧光性黄绿色。乳中的一些官能团，如乳糖羟基、蛋白质氨基、脂肪的羧基等能吸收红外光，核黄素能吸收470nm的可见光，并在530nm处能激发荧光；存在于乳脂肪微球中的胡萝卜素在460nm处有吸收，酪蛋白和乳清蛋白中的芳香族氨基酸在280nm处有最大吸收峰，而乳脂肪在220nm处有吸收，这些光学特性都是乳的光谱分析的基础。

以光的吸收、散射、衍射、折射、偏振等性质为基础的光谱分析法是牛乳质量检测中极具优势的方法。现代光谱检测技术的发展为牛乳质量的检测提供了新的手段。按照光辐射的本质可以把这些方法分为两类：原子光谱法和分子光谱法。原子光谱分析法是通过测量原子发射或吸收其特征谱线进行元素的定性和定量分析的方法，主要用于对牛乳中的元素如钾、钠、砷以及游离乳酸等进行分析。分子光谱分析法包括分子荧光分析法、紫外-可见吸收光谱法和红外光谱（包括中红外光谱和近红外光谱）分析法。分子荧光分析法（包括可见光、紫外光、X射线、红外光）是根据分子荧光强度与待测物浓度成正比来对待测物进行定性测定，在牛乳检测中主要用于乳制品稳定性的研究。紫外-可见吸收光谱是电子能级的跃迁产生的光谱，是一种常用分析法，它利用某些化学基团在紫外区内对一定波长的光的吸收作用来测定某些成分的含量。这种方法具有仪器简单、容易操作、灵敏度高、测定成分广等特点，主要用于牛乳中蛋白质含量的测定，目前已有利用紫外分光光度法制成的蛋白质分析仪。红外光谱法是根据分子振动能级和转动能级从基态到激发态的跃迁，使相应于这些吸收波长区域的透射光强度减弱，从而测得被测物含量的方法。红外光谱分析法具有能够同时测定多种成分的优点，因而在牛乳成分的检测中应用最广泛，在牛乳所含的脂肪、蛋白质、乳糖、尿素等多种成分的测定中都有应用。

此外，乳脂肪球和酪蛋白胶粒对光具有散射作用，因此可以通过散射光和透射光来分析乳脂肪含量以及乳脂肪球的粒度分布，例如乳浊度的测定。乳和水的折射率之间存在一定的差异，这种差异反映了乳中溶解质和胶体物质对乳的折射率的影响。利用折射仪，透过薄层样品即可精确分析乳的折射率。

三、乳的酸度

牛乳酸度是指自然酸度和发酵酸度之和，是一个代表牛乳新鲜程度的理化指标，通过牛乳酸度可以评判牛乳的新鲜程度。新鲜的牛乳本身具有一定的酸度，这种酸度主要由乳中的蛋白质、柠檬酸盐、磷酸盐及二氧化碳等酸性物质所构成，称之为自然酸度。牛乳在被挤出后的存放过程中，由于微生物的活动，分解乳糖产生乳酸，从而造成牛乳酸度的升高，这种因发酵而升高的酸度称为发酵酸度。

自然酸度与发酵酸度之和称为总酸度，通常所说的牛乳酸度就是指总酸度。正常情况下，新鲜挤出的牛乳呈弱酸性。如果酸度偏高，说明牛乳受微生物影响的程度较高；酸度偏低，则表示牛乳较新鲜。酸度是反映牛乳新鲜度和热稳定性的重要指标，酸度高的牛乳，新鲜度低，热稳定性差；反之，酸度低表明新鲜度高，热稳定性也好。酸度的表示通常有四种方式：pH酸度、吉尔涅尔度（°T）、乳酸度［乳酸含量（%）］和苏克斯列特-格恩克尔度（°SH）。

（1）pH酸度　乳的pH酸度也称为有效酸度。正常鲜乳的pH在6.4～6.8，而酸败乳pH在6.4以下，乳腺炎乳或低酸度乳pH通常在6.8以上。虽然乳挤出后由于微生物等的作用使乳糖分解产生乳酸，但乳酸是弱电解质，且鲜乳是一个缓冲体系，其中的蛋白质、磷酸盐、柠檬酸盐等形成的酸碱离子对具有缓冲作用，可以使乳保持相对稳定的活性氢离子浓度，因此在一定范围内，虽然产生了乳酸，但pH并不相应地发生变化。

（2）吉尔涅尔度（°T）　我国滴定酸度常用吉尔涅尔度（°T）表示。吉尔涅尔度表示的是牛乳中酸性物质的多少，pH仅仅表示溶液中H^+的浓度，两者之间并没有简单的换算关系。吉尔涅尔度的表示符号为°T。测定时取10mL牛乳，用20mL蒸馏水稀释，用0.5%酚酞1～2滴作指示剂，然后用0.1mol/L氢氧化钠溶液滴定，按所消耗的氢氧化钠的体积（mL）表示，消耗0.1mL为1°T。健康牛乳的酸度为15～18°T。

（3）乳酸度（乳酸百分含量）　乳酸度是指以乳中乳酸的含量来表示的酸度。按吉尔涅尔度（°T）测定方法测定后，用下式计算：

$$乳酸度(\%)=\frac{V_2\times 0.009}{V_1\times d}\times 100\% \tag{1-2}$$

式中　V_1——乳样体积，mL；

V_2——消耗0.1mol/L氢氧化钠的体积，mL；

0.009——乳酸的换算系数；

d——牛乳相对密度，g/mL。

牛乳自然酸度为0.15%～0.18%，酸度中来源于CO_2的含量占比0.01%～0.02%、来源于酪蛋白的含量占比0.05%～0.08%、来源于柠檬酸的含量占比0.01%，其余酸度来源于磷酸盐部分。测定时取10g牛乳，用20mL蒸馏水稀释，用0.5%酚酞2mL作指示剂，然后用0.1mol/L氢氧化钠溶液滴定至微红色且5s内不褪色，按所消耗的氢氧化钠的体积（mL）表示。

（4）苏克斯列特-格恩克尔度（°SH） 苏克斯列特-格恩克尔度（°SH）的滴定方法与乳酸度法相同，只是所用的NaOH浓度不一样，苏克斯列特-格恩克尔度（°SH）所用的NaOH溶液浓度为0.25mol/L。

除以上几种表示法外，世界各国还有其他几种表示法，例如法国用道尔尼克度（°D）表示：取10mL牛乳不稀释，加1滴1%酚酞的酒精溶液指示剂，用1/9mol/L氢氧化钠液滴定，其消耗体积（mL）的1/10为1°D；荷兰用荷兰标准法（°N）表示：取10mL牛乳，不稀释，用0.1mol/L氢氧化钠溶液滴定，其消耗体积（mL）的1/10为1°N。

四、乳的黏度与表面张力

1. 乳的黏度

黏度是乳的主要流变特性的物理参数之一，乳大致可认为属于牛顿流体，正常乳的黏度为0.0015～0.002Pa·s，乳的黏度随温度升高而降低。在乳的成分中，脂肪及蛋白质对黏度的影响最显著，含脂率、乳固体的含量增高，黏度也增高。初乳、末乳的黏度都比正常乳高。在加工中，黏度受脱脂、杀菌、均质等操作的影响。

2. 乳的表面张力

凡作用于液体表面，使液体表面积缩小的力，称为液体表面张力。牛乳的表面张力与牛乳的起泡性、乳浊状态、微生物的生长发育、热处理、均质作用及风味等有密切关系。测定表面张力的目的是为了鉴别乳中是否混有其他添加物。牛乳表面张力在20℃时为40～60mN/m，25℃时的表面张力为15～20mN/m。牛乳的表面张力随温度上升而降低，随含脂率下降而增大。乳经均质处理，脂肪球表面积增大，由于表面活性物质吸附于脂肪球界面处，从而增加了表面张力。但如果不将脂肪酶先经加热处理而使其钝化，均质处理会使脂肪酶活性增加，使乳脂水解生成游离脂肪酸，进而使表面张力降低。表面张力与乳的起泡性有关。加工冰激凌或搅打发泡稀奶油时希望有浓厚而稳定的泡沫形成，但运送乳、净化乳、分离和杀菌稀奶油时则不希望形成泡沫。

五、乳的热学性质

1. 比热容

比热容（符号c），简称比热，表示物质吸热或散热本领，其国际单位制中的单位是焦耳每千克开尔文［J/(kg·K)］。乳的比热容是指将1kg乳温度升高1K所需要的热量。牛乳的比热容一般为3.89kJ/(kg·K)。牛乳中主要成分的比热容分别是乳脂肪4.09kJ/(kg·K)、乳蛋白质2.42kJ/(kg·K)、乳糖1.25kJ/(kg·K)、盐类2.93kJ/(kg·K)。

2. 沸点

牛乳的沸点受其固形物含量的影响而变化。乳固体含量越高则沸点越高。在1atm（1atm＝101325Pa）下，牛乳的沸点为100.55℃。如果在同等条件下，将其浓缩到原体积一半时，则沸点会上升至101.05℃。

3. 冰点

冰点通常指液态水变成固态冰时的温度，纯水的冰点值为0.000℃，当纯水中加入其他物质如食盐、糖等，冰点会降低，溶液浓度越大，冰点越低。生鲜牛乳的冰点比纯水要低。冰点是国家生鲜乳安全标准中重要的监控指标之一。生乳食品安全国家标准（GB 19301—2010）规定，荷斯坦奶牛所产乳冰点值为−0.560～−0.500。由于牛乳乳糖、盐分等成分比较稳定，冰点值一般比较稳定，若人为在牛乳中掺水，冰点值会升高，掺水越多，冰点值越高。若添加有机物或无机物等，由于牛乳总固形物升高，会导致冰点下降。因此监控冰点波动，是控制原乳质量的有效手段之一。水在升高冰点的同时，会降低蛋白质、脂肪等的含量占比，原乳成本也相应降低，因此出于保证原乳价格和质量的双重考虑，必须杜绝有意或无意人为原乳掺水。

六、乳的电学性质

电导率是乳的主要理化指标之一。乳的电导率受畜种、乳成分、泌乳期、饲草料、温度、母畜健康等多种因素影响。乳液的电导率高低依赖于其内含溶质盐的浓度，或其他会分解为电解质的化学杂质。乳品样本的电导率是测量其含盐成分、含离子成分、含杂质成分等的重要指标。乳中的水溶性成分，特别是钠离子、钾离子、氯离子浓度越高，乳电导率也越高；在一定的温度阈值范围内，乳的电导率随温度的上升而升高。母畜患乳腺炎，乳中Na^+和Cl^-增加，可导致电导率上升，因此可以通过测定电导率来检测牛乳中的体细胞数和判断奶牛乳腺炎发病情况。细菌发酵乳糖产生乳酸，也可使乳的电导率升高；脂肪球能阻碍离子活动并占有一定体积，故脂肪含量高会导致电导率下降。

七、乳的声学性质

牛乳中含有许多不溶解的胶性颗粒，这种颗粒具有一定的大小，超声波在牛乳中传播时声波的速度等会发生变化，通过测量这些声学量，可以了解牛乳的特性以及其中的成分变化，分析其品质。目前，研究较多的课题是超声波在乳品工业中的应用。例如，用超声波进行牛乳消毒，经15～60s处理后，乳液可以保存大约5天不酸败变质，经一般消毒的牛乳再经超声波处理，在冷藏的条件下可保存约18个月。超声波消毒的特点是速度快，无外来添加物，对人体无害，对物品无损伤，不需要升高温度，有利于牛乳营养和风味物质的保存。

【自查自测】

一、填空题

1. 在物理构成上，乳分散剂是（　　），分散质包括（　　）、（　　）、（　　）、（　　）等。
2. 牛乳的密度是指牛乳在（　　）℃时的质量与同容积水在（　　）℃时的质量之比。
3. 正常牛乳的相对密度为D_4^{20}=（　　），牛乳的比重平均为D_{15}^{15}=（　　）。
4. 乳中水溶性的（　　）在530nm处能激发荧光使得乳清呈荧光性黄绿色。
5. 牛乳质量检测方法中的光谱分析技术以光的（　　）、（　　）、（　　）、（　　）、（　　）等性质为基础，是极具优势的方法。

二、选择题

1. 牛乳的色泽是由于牛乳中（　　）及脂肪球对光的不规则反射的结果。

A. 维生素　　B. 胡萝卜素　　C. 蛋白质颗粒　　D. 核黄素

2. 牛乳酸度是指自然酸度和（　　）之和，是一个代表牛乳新鲜程度的理化指标。

A. 乳酸酸度　　B. pH 酸度　　C. 发酵酸度　　D. 吉尔涅尔酸度

3. 脂肪及蛋白质对黏度的影响最显著，含脂率、乳固体的含量增高，黏度（　　）。

A. 增高　　B. 降低　　C. 不变　　D. 无法确定

4. 现行国家标准中要求生乳中蛋白质的含量必须不低于（　　）g/100g。

A. 1.8　　B. 2.5　　C. 2.8　　D. 3.5

三、判断题

1. 牛乳的比重是指牛乳与水在4℃时的质量之比。(　　)
2. 在乳的成分中，乳糖和无机盐对黏度的影响最显著。(　　)
3. 测定表面张力的目的是为了鉴别乳中是否混有其他添加物。(　　)
4. 酸败乳或初乳pH在6.8以上，乳腺炎乳或低酸度乳pH通常在6.4以下。(　　)
5. 掺水能够使乳的冰点显著降低。(　　)

四、计算题

某批次鲜乳测得实际冰点值为−0.543，掺水后的冰点值为−0.496，那么该牛乳的掺水比例为多少?

五、案例分析

2008年的乳制品污染事件是中国的一起食品安全事故。事故起因是很多食用某企业生产的奶粉的婴儿被发现患有肾结石，随后在其所吃奶粉中发现含有化工原料三聚氰胺。根据公布数字，截至2008年9月21日，因使用该品牌婴幼儿奶粉而接受门诊治疗咨询且已康复的婴幼儿累计39965人，正在住院的有12892人，此前已治愈出院1579人，死亡4人，另据报道，截至9月25日，中国香港有5人、澳门有1人确诊患病。该事件引起各国的高度关注和对乳制品安全的担忧。后据国家质检总局公布的对国内的乳制品厂家生产的婴幼儿奶粉进行的三聚氰胺检验报告，包括许多大品牌在内的多个厂家的奶粉都检出了三聚氰胺。

请结合所掌握的知识，谈谈你对该起食品质量及安全事故引起的原因的理解。

项目三　乳中的微生物

【知识储备】

一、乳中微生物的种类

牛乳从乳腺分泌至被挤出时为无菌状态，但挤乳过程中可能有细菌侵入，挤乳后的处理、器械接触及运输过程亦可能使牛乳中混入微生物，如处理不当，可以引起牛乳的风味、色泽、形态发生变化。牛乳中可能含有的微生物根据不同的分类方法可分为很多种，包括酵母菌、产酸菌、产气菌、低温菌、高温菌和耐热性细菌、蛋白质分解菌和脂肪分解菌、肠道杆菌、芽孢杆菌、球菌、霉菌、放线菌以及噬菌体等。致病型微生物和腐败型微生物是乳制品污染中两种常见的微生物。其中，腐败型微生物通过分解脂肪、蛋白质等营养物质降低乳制品本身营养成分含量，影响牛乳原有的口感，主要出现在乳的加工和生产环节，包括霉菌、产乳酸细菌等。致病型微生物主要通过奶牛本身进入乳制品，加工过程中消毒或杀菌不彻底会导致污染扩散，最终导致牛乳变质，人们食用后会引起中毒，其主要类型有小肠结肠炎耶尔森菌、分枝杆菌等。

1. 细菌

牛乳中存在的微生物有细菌、酵母菌和霉菌，其中以细菌在牛乳贮藏与加工中的意义为最重要。细菌大小平均为牛乳脂肪球的1/125，直径约为0.6μm。

(1) 乳酸菌　乳酸菌可利用碳水化合物产生乳酸，即进行乳酸发酵。从牛乳中很容易分离得到乳酸菌。乳酸菌一般为无孢子球菌或杆菌，属厌氧性或兼性厌氧性细菌。进行乳酸发酵时，其有时会产生挥发性酸或气体。

(2) 丙酸菌　此为产生丙酸发酵的菌群，可将乳糖及其他碳水化合物分解为丙酸、醋酸与二氧化碳。此种菌为革兰阳性短杆菌，为制造瑞士干酪的发酵菌剂。

(3) 肠细菌　肠细菌寄生于肠道中，为革兰阴性短杆菌。肠细菌为兼性厌氧性细菌，以大肠菌群、沙门菌为主要菌群。大肠菌群可将碳水化合物发酵，产生酸及二氧化碳、氨等气体。因大肠菌群来自粪便，所以它被规定为乳污染的指标菌。

(4) 孢子杆菌　孢子杆菌为形成内孢子的革兰阳性杆菌，可分为好氧性芽孢杆菌属与厌氧性梭状芽孢杆菌属。

(5) 小球菌属　小球菌属多为好氧产色素的革兰阳性球菌。在牛乳中常出现的小球菌属于葡萄球菌属。葡萄球菌的菌体如葡萄串般排列，其多为乳腺炎乳或食物中毒的原因菌。

(6) 假单胞菌　假单胞菌是利用鞭毛运动的需氧性菌，荧光假单胞菌和腐败假单胞菌为其代表菌。这种菌可将乳蛋白质分解成蛋白胨或将乳脂肪分解产生脂肪分解臭。这种菌能在低温下生长繁殖。

(7) 产碱杆菌属　产碱杆菌可使牛乳中所含的有机盐（柠檬酸盐）分解而形成碳酸盐，从而使牛乳 pH 上升。粪产碱杆菌为革兰阴性需氧菌，这种菌在人及动物肠道内存在，它随着粪便而使牛乳污染。这种菌的适宜生长温度在 25～37℃。产碱杆菌也常在水中存在，它除能产碱外，还能使牛乳黏质化。

(8) 病原菌　牛乳中有时混有病原菌，会在人群中传染各种疾病，因此必须严格控制牛乳的消毒灭菌程序。混入牛乳中的主要病原菌有：沙门菌属的伤寒沙门菌、副伤寒沙门菌、肠类沙门菌，志贺菌属的志贺痢疾杆菌，弧菌属的霍乱弧菌，白喉棒状杆菌，人型结核菌、牛型结核菌，牛传染性流产布鲁杆菌，炭疽菌，大肠杆菌，葡萄球菌，溶血性链球菌，无乳链球菌，病原性肉毒杆菌等。

2. 真菌

新鲜牛乳中的酵母主要为酵母属、毕赤酵母属、球拟酵母属、假丝酵母属等菌属，常见的有脆壁酵母菌、洪氏球拟酵母、高加索乳酒球拟酵母、球拟酵母等。其中，脆壁酵母与假丝酵母可使乳糖发酵而且用以制造发酵乳制品。但使用酵母制成的乳制品往往带有酵母臭，产生风味上的缺陷。牛乳中常见的霉菌有粉孢霉、黑念珠霉、变异念珠菌、腊叶芽枝菌、乳酪青霉、灰绿曲霉和黑曲霉，其中的乳酪青霉可制干酪，其余的大部分霉菌会使乳酪等污染腐败。

3. 噬菌体

侵害细菌的滤过性微生物统称为噬菌体。目前已发现大肠杆菌、乳酸菌、沙门杆菌、霍乱菌、葡萄球菌、结核菌、放线菌等多数细菌的噬菌体。噬菌体长度多为 50～80nm，可分为头部和尾部。噬菌体头部含有遗传物质脱氧核糖核酸（DNA），使其对宿主菌株有选择特异性；尾部由蛋白质组成。噬菌体先附着于宿主细菌，然后再侵入该菌体内增殖，当其成熟生成大量新噬菌体后，即将新噬菌体放出，并产生溶菌作用。对牛乳、乳制品的微生物而言，最重要的噬菌体为乳酸菌噬菌体。作为干酪或酸乳菌种的乳酸菌常有被其噬菌体侵袭的情形发生，造成乳品加工损失。

二、乳中微生物的来源

牛乳在奶牛产奶、挤奶和运输过程中均会或多或少地被微生物侵入。牛乳是营养丰富的天然培养基，适合微生物生长繁殖。在常温下把刚挤出的牛乳不做任何处理，过 12h 后，每毫升牛乳中的微生物可达 11.4 万个，到 24h 则猛增到 130 万个。现代化的牧场通常采用机械化挤奶，运输管道封闭，可在很大程度上减少来自环境的污染。乳中微生物的来源途径有以下几方面：

(1) 牛乳房自带细菌　从奶牛的乳房内挤出的鲜奶并不是无菌的，一般健康的奶牛乳房内，总是存在一些细菌，但仅限于极少数几种，其中以小球菌属和链球菌属最为常见，其他如棒状杆菌属和乳杆菌属等细菌也可能出现。由于这些细菌能适应乳房的环境而生存，因此把它们统称为乳房细菌。乳房内的细菌主要存在于乳头管及其分支处，在乳腺组织一般无菌或含有很少量的细菌。乳头前端常因容易被外界细菌侵入而在乳管中形成菌块栓塞。所以，在最先挤出的少量乳液中，会含有较多的细菌。

(2) 来源于牛身体的污染　挤奶时鲜奶受乳房周围和牛体其他部分的污染机会很多，例如，牛舍空气、垫草、尘土以及牛本身的排泄物中的细菌大量附着在乳房周围，挤奶时侵入牛乳中。这些污染菌多数属于带芽孢的杆菌和大肠杆菌，所以在挤奶时，必须用温水严格清洗牛的乳房和腹部，并用清洁的毛巾擦干。

(3) 来源于空气的污染　挤奶及收奶过程中，鲜奶经常暴露在空气中，因此受空气中微生物污染的机会很多，尤其是牛舍内的空气含有很多细菌，通常每毫升空气含有 50～100 个，灰尘多的时候可达到 10000 个，其中以带芽孢的杆菌和球菌居多。

(4) 来源于挤奶用具的污染　挤奶时所用的奶桶、挤奶机、过滤布、洗乳房毛巾等如果不干净或消毒不彻底也会污染乳汁。奶桶的清洗杀菌，对防止微生物的污染有重要的意义。有时奶桶虽经清洗杀菌，但细菌数仍旧很高，这主要是由于奶桶内部凸凹不平，以致生锈和存在乳垢等藏菌所致。各种挤奶用具和容器中所存在的细菌，多数为耐热的球菌属，平均为 70%；其次为八叠球菌和杆菌。所以这类用具和容器如果不严格清洗杀菌，则鲜奶污染后，即使用高温瞬间杀菌也不能消灭这些耐热细菌，从而导致鲜奶变质甚至腐败。

(5) 其他污染来源　挤奶员的手不清洁，或者混入苍蝇及其他昆虫等也是牛乳污染的原因之一。此外，还需注意勿使污水溅入奶桶内，并防止由于其他直接或间接的原因造成桶内鲜乳污染。

三、乳中微生物超标控制

微生物控制是乳制品加工过程中需要注意的一点，乳制品中的微生物控制包含菌落总数、大肠菌群、沙门菌、金黄色葡萄球菌等。由于乳制品本身营养丰富，适宜微生物生长，所以乳品中微生物控制显得非常重要。

致病型微生物和腐败型微生物是乳制品污染中两种常见的微生物。乳制品在加工的过程中，极易被微生物污染，这不但在一定程度上降低了乳制品的营养价值，严重时还会引起食物中毒或感染病菌，将会对体质较弱、免疫力较低的人群造成很大的影响。因此，乳制品企业必须高度重视微生物污染问题，充分了解乳制品的加工工艺及相关知识，研究和分析易出现的问题。此外，还需严格控制操作流程，防止在加工过程中微生物污染乳制品，以确保食品安全，从而为人们的健康提供重要的基础保障。

1. GMP 卫生规范

GMP (good manufacturing practices) 中文含义是“生产质量管理规范”或“良好作业规范”“优良制造标准”。GMP 是一套适用于制药、食品等行业的规范标准，要求企业从原料、人员、设施设备、生产过程、包装运输、质量控制等方面按国家有关法规达到卫生质量要求，形成一套可操作的作业规范，帮助企业注意卫生环境，及时发现生产过程中存在的问题，并加以改善。简单地说，GMP 要求制药、食品等生产企业应具备良好的生产设备、合理的生产过程、完善的质量管理和严格的检测系统，确保最终产品质量（包括食品安全卫生等）符合法规要求。其中最需要注意的有四个方面，即温度和时间、湿度、生产区域空气洁净度以及防止微生物污染。

(1) 温度和时间　应根据产品的特点，规定用于杀灭微生物或抑制微生物生长繁殖的方法，如热处理、冷冻或冷藏保存等，并实施有效监控；应建立温度、时间控制措施和纠偏措施，并进行定期验证；对严格控制温度和时间的加工环节，应建立实时监控措施，并保存监控记录。

（2）湿度　应根据产品和工艺特点，对需要进行湿度控制区域的空气湿度进行控制，以减少有害微生物的繁殖；制定空气湿度关键限值并有效实施；建立实时空气湿度控制和监控措施，定期进行验证，并进行记录。

（3）生产区域空气洁净度　生产车间应保持空气的清洁，防止污染食品；执行 GB/T 18204.1—2013 中的自然沉降法测定标准，清洁作业区空气中的菌落总数应控制在30CFU/皿以下。

（4）防止微生物污染　对从原料和包装材料进厂到成品出厂的全过程采取必要措施，防止微生物污染；用于输送、装载或贮存原料、半成品、成品的设备、容器及用具，其操作、使用与维护应避免对加工或贮存中的食品造成污染；加工中与食品直接接触的冰块和蒸汽，其用水应符合 GB 5749—2006 的规定；食品加工中蒸发或干燥工序中的回收水以及循环使用的水可以再次使用，但应确保其对食品的安全和产品特性不造成危害，必要时应进行水处理，并实施有效监控。

2. 人员及环境要求

工作人员需要办理健康证，班前应核查健康情况是否符合要求，比如有没有伤口发炎、长疮等。对人员卫生要制定相应的制度，例如如厕或有过不洁行为后要进行洗手消毒，工作服、工作鞋要定期进行清洗消毒，不同洁净区不得串岗等。

环境方面要求清洁作业区空气中的菌落总数应控制在 30CFU/皿以下，保证通风效果，回风口应定期清理；地面和墙面要定时进行擦拭，布置防臭地漏并进行水封，每天用热水、氢氧化钠溶液进行冲洗；空间要定期熏蒸，开启臭氧时要监控臭氧浓度；抹布、拖把应用消毒液浸泡，烘干单独放置；废弃物需及时清理。

3. 奶厅微生物的控制

（1）奶厅卫生管理　奶厅卫生是控制牛乳中微生物超标环节中最容易被忽视的。随着牛群不断地进进出出，大量的微生物被牛带入奶厅，空气中微生物数量远远超出正常范围，随着挤奶设备的运行，大量的微生物随着空气进入奶杯从而进入牛乳。所以奶厅要及时清理牛群粪便，同时冲洗奶杯外壁，防止非正常性脱杯将牛粪及污物吸入奶罐。

（2）挤奶设备清洗与维护　在每次挤奶工作全部结束后，必须按严格的操作程序对所有的挤奶设备进行维护和清洗，包括奶杯、集奶器以及输奶管道。在每次收奶后要将牛乳冷藏罐彻底进行清洗，特别是罐的侧壁以及罐底的结块应清理干净，防止微生物滋生，还需定期检查挤奶设备气压是否正常、是否有漏气等现象。牛乳冷藏罐制冷效果正常，能迅速将新鲜牛乳温度降到 4℃，也可以有效地防止微生物生长。

（3）正确的挤奶程序　正确的挤奶程序不仅可以有效地降低微生物进入牛乳的机会，还可以减少临床性乳腺炎的发生。正确的挤奶程序包括几个步骤：①清洗乳区；②挤前验奶；③挤前药浴；④套杯；⑤上杯和巡杯；⑥挤后药浴；⑦清洗挤奶设备。

（4）牛舍及运动场卫生管理　牛一般喜欢卧地进行反刍和休息，所以良好的牛舍及运动场卫生对于控制微生物滋生也起到了关键作用。随着气温的回升，牛粪开始消融，运动场变得潮湿泥泞，微生物滋生迅速。所以牛舍要及时清理粪便，同时要配合使用消毒液喷洒牛舍地面以及牛卧床，以有效杀灭微生物和控制微生物生长繁殖。适时将运动场冬季冻结蓄积的牛粪清理掉，保持运动场的干燥，可以有效降低奶牛体表微生物的污染。

（5）定期检测奶牛隐性乳腺炎　奶站及牧场要定期对泌乳牛做乳腺炎检测，每月 2～3 次，以监测牛群隐性乳腺炎的流行情况，及时调整综合防治措施，有利于减少奶牛乳腺炎发病率，同时可以防止患有隐性乳腺炎的奶牛生产的微生物含量较高的奶进入奶源。常用的检测方法有加利福尼亚乳腺炎检测法（CMT）、兰州乳腺炎检验法（LMT）及上海乳腺炎检验法（SMT）等。

以上五方面虽然看似很简单，但实际工作中很难全部按标准执行，同时每个牧场还得根据自身的实际情况以及工作人员的配置来不断地完善各项工作流程，从而有效降低牛乳中微生物数量，生产出优质的牛乳，保证食品安全。

4. 乳贮存过程中的微生物控制

① 牛乳的冷却。在挤奶后需将生乳立即冷却至4℃左右，在此温度下微生物的繁殖能力非常低，这是牛乳保质的最有效方法之一。

② 干牛乳的贮存。牛乳冷却后必须贮存于有良好绝热性能的贮存缸内，贮存时应保持一定的温度，并使温度上升速度降至最低程度。

③ 贮存缸使用前应彻底清洗、杀菌，等冷却后注入牛乳。

④ 运送生乳过程中应防止阳光直接照射，可采取覆盖隔热物减缓牛乳升温，或采用封闭货车及时运送至目的地的方法，运输应掌握“快”的原则，运输途中尽量避免尘灰、雨露等的污染。

5. 建立微生物污染乳制品的评价审核和纠偏机制

为能够使用管理学知识有效地控制乳制品的质量，有效提高乳制品防控微生物污染，必须建立健全乳制品质量审核评价程序，需要由乳品企业负责人、卫生监督员、企业质控人员等组成审核小组，严格审核评价乳制品的工艺流程、危害因素、控制措施和相关的程序等，从而能够在加工乳制品的过程中有效地控制微生物的污染。

纠偏机制即处理污染后的乳制品，净化乳制品，使其达到质量要求标准。纠偏过程主要包括找到微生物污染的原因，对细菌进行处理等。如果在后续过程中未能将污染物去除，可选择报废等处理方式。

【自查自测】

一、填空题

1.（　　）型微生物和（　　）型微生物是乳制品污染中两种常见的微生物。

2. 对牛乳、乳制品的微生物而言，最重要的噬菌体为（　　）噬菌体。

3. 牛乳中混入微生物可以引起牛乳的（　　）、（　　）、（　　）发生变化。

4. 乳中微生物的来源主要包括（　　）、（　　）、（　　）、（　　）。

5. 乳制品中的微生物控制包含（　　）、（　　）、（　　）、（　　）等方面。

二、选择题

1. 下列微生物属于腐败型微生物的是（　　）。

A. 小肠结肠炎耶尔森菌　　B. 分枝杆菌

C. 金黄色葡萄球菌　　D. 霉菌

2. 乳品检验用品灭菌方法不包括（　　）。

A. 湿热法　　B. 干热法　　C. 清洗法　　D. 化学法

3. 牛乳污染的指标菌为（　　）。

A. 酵母菌　　B. 乳酸菌　　C. 大肠杆菌　　D. 金黄色葡萄球菌

4. 乳品检验采用（　　）进行采样，确保所采集的样品具有代表性。

A. 无菌原则　　B. 保密原则　　C. 随机原则　　D. 就地原则

5. 下列不属于乳品检验要求的是（　　）。

A. 地面和墙面每天用热水、氢氧化钠冲洗

B. 清洁作业区空气中的菌落总数应控制在3CFU/皿以下

C. 空间要定期熏蒸

D. 废弃物及时清理

三、判断题

1. 细菌大小平均为牛乳脂肪球的1/125，直径约为0.6mm。（　）
2. 乳酸菌可利用乳酸进行乳酸发酵。（　）
3. 牛乳中常出现的小球菌属于葡萄球菌属革兰阴性球菌。（　）
4. 现代化的牧场采用机械化挤奶，运输管道封闭，可以杜绝微生物污染。（　）
5. 牛乳保质的最有效方法之一是在挤奶后将生乳立即冷却至4℃左右。（　）

四、计算题

某批次的乳品微生物检测结果显示，第一稀释度下三个平板上CFU分别为212、224、208；第二稀释度下三个平板CFU分别为28、32、36。请计算该批次乳品中的菌落总数。

项目四　生乳的检验

【知识储备】

生乳的检验是乳品生产流程中重要的环节，也是保证产品质量的关键工艺。从各地奶站收购的生乳运送至集中回收站之后，经搅拌器搅拌20次以上，采样员按要求采集样品，并同时测定温度，温度的要求是生乳在奶车中的温度应不高于8℃，并进行感官评价记录。采样员对奶车进行编号后，将温度、编号、感官评价结果粘贴在采样瓶上。然后立即将所采的牛乳送到化验室交由化验员立即进行各项检验。具体检验项目通常包含：①感官评价；②温度；③煮沸并检测淀粉；④滴定酸度；⑤酒精检验；⑥掺假检验；⑦理化指标检验；⑧微生物检验等。综合评价所有检验项目，确定是否符合国家标准，出具质量报告单，并决定是否收购。

一、生乳检验前预处理

1. 生乳的过滤

牧场在没有严格遵守卫生条件的情况下挤奶时，生乳容易被大量粪屑、饲料、垫草、牛毛和蚊蝇等污染，因此挤下的奶必须及时进行过滤。牛乳过滤可以除去鲜乳杂质和液体乳制品生产过程中的凝固物，也可用于尘埃试验。过滤的方法有常压（自然）过滤、减压过滤（吸滤）和加压过滤等。由于牛乳为胶体，因此可用滤孔较粗的纱布、滤纸、金属绸或人造纤维等作为过滤材料，并用吸滤或加压等方法过滤，也可采用膜过滤技术（如微滤）除去杂质。

2. 生乳的净化

原料乳经过数次过滤，虽除去了大部分杂质，但由于乳中污染了很多极为微小的颗粒杂质和细菌细胞，难以用一般的过滤方法除去。为了达到更高的纯净度，一般采用离心净乳机净化。净化后的乳最后直接用于加工，如要短期贮藏，必须及时冷却以保持乳的新鲜度。

3. 生乳的冷却

将生乳迅速冷却是获得优质原料乳的必要条件。刚挤下的乳，温度在36℃左右，是微生物发育最适宜的温度，如果不及时冷却，则侵入乳中的微生物大量繁殖，酸度迅速增高，不仅降低乳的质量，甚至会导致乳凝固变质。刚挤出的乳立即降至10℃以下，可显著降低微生物的繁殖；若降至2～3℃时，微生物几乎不繁殖；不立即加工的原料乳应尽快降至5℃以下贮藏。

二、生乳的检验项目及指标要求

1. 生乳的感官要求

生乳的感官要求见表1-4。

表 1-4 生乳的感官要求

项目	要求	检验方法
色泽	呈乳白色或微黄色	取适量试样置于 50mL 烧杯中，在自然光下观察色泽和组织状态。闻其气味，用温开水漱口，品尝滋味
滋味、气味	具有乳固有的香味，无异味	
组织状态	呈均匀一致液体，无凝块、无沉淀、无正常视力可见异物	

2. 生乳的理化指标

生乳的理化指标见表 1-5。

表 1-5 生乳的理化指标

项目		指标	检验方法
冰点[①,②]/℃		−0.560～−0.500	GB 5413.38—2016
相对密度(20℃/4℃)	⩾	1.027	GB 5009.2—2016
蛋白质/(g/100g)	⩾	2.8	GB 5009.5—2016
脂肪/(g/100g)	⩾	3.1	GB 5009.6—2016
杂质度/(mg/kg)	⩽	4.0	GB 5413.30—2016
非脂乳固体/(g/100g)	⩾	8.1	GB 5413.39—2010
酸度/(°T) 牛乳[②] 羊乳		 12～18 6～13	GB 5009.239—2016

① 挤出 3h 后检测。

② 仅适用于荷斯坦奶牛。

3. 生乳污染物限量

生乳污染物限量见表 1-6。

表 1-6 生乳污染物限量

项目	污染物	指标/(mg/kg)	检验方法
生乳、巴氏杀菌乳、灭菌乳、发酵乳、调制乳 乳粉、非脱盐乳清粉 其他乳制品	铅	0.05 0.5 0.3	GB 5009.12—2017
生乳、巴氏杀菌乳、灭菌乳、调制乳、发酵乳	总汞	0.01	GB 5009.17—2014
生乳、巴氏杀菌乳、灭菌乳、调制乳、发酵乳 乳粉	总砷	0.1 0.5	GB 5009.11—2014
婴幼儿配方食品、婴幼儿辅助食品	锡	50	GB 5009.16—2014
生乳、巴氏杀菌乳、灭菌乳、调制乳、发酵乳 乳粉	铬	0.3 2.0	GB 5009.123—2014
生乳 乳粉	亚硝酸盐	0.4 2.0	GB 5009.33—2016

4. 生乳真菌毒素限量

乳及乳制品真菌毒素主要涉及黄曲霉毒素 M_1，限量为 0.5μg/kg。

5. 生乳微生物限量

菌落总数≤2×10^6CFU/g(mL)。

6. 生乳农药残留限量和兽药残留限量

生乳农药残留限量和兽药残留限量见表 1-7。

表 1-7　生乳农药残留限量和兽药残留限量（依据 GB 2763—2019）

项目	最大残留限量/(mg/kg)	检测方法
硫丹(endosulfan)	0.01	GB/T 5009.19—2008 GB/T 5009.162—2008
艾氏剂(aldrin)	0.006	GB/T 5009.19—2008 GB/T 5009.162—2008
滴滴涕(DDT)	0.02	GB/T 5009.19—2008 GB/T 5009.162—2008
狄氏剂(dieldrin)	0.006	GB/T 5009.19—2008 GB/T 5009.162—2008
林丹(lindane)	0.01	GB/T 5009.19—2008 GB/T 5009.162—2008
六六六(HCH)	0.02	GB/T 5009.19—2008 GB/T 5009.162—2008
氯丹(chlordane)	0.02	GB/T 5009.19—2008 GB/T 5009.162—2008
七氯(heptachlor)	0.006	GB/T 5009.19—2008 GB/T 5009.162—2008

注：更多农药项目可参考 GB 2763—2019《食品安全国家标准　食品中农药最大残留限量》。

【检测任务一】乳中水分含量的测定

一、原理

本检验方法依据中华人民共和国国家标准 GB 5009.3—2016《食品安全国家标准　食品中水分的测定》，利用食品中水分的物理性质，在 101.3kPa（一个大气压）、温度 101～105℃下采用挥发方法测定样品中干燥减失的重量，包括吸湿水、部分结晶水和该条件下能挥发的物质，再通过干燥前后的称量数值计算出水分的含量。

二、试剂和材料

（1）盐酸溶液（6mol/L）　量取 50mL 盐酸，加水稀释至 100mL。

（2）氢氧化钠溶液（6mol/L）　称取 24g 氢氧化钠，加水溶解并稀释至 100mL。

（3）海砂　取用水洗去泥土的海砂、河砂、石英砂或类似物，先用盐酸溶液（6mol/L）煮沸 0.5h，用水洗至中性，再用氢氧化钠溶液（6mol/L）煮沸 0.5h，用水洗至中性，经 105℃干燥备用。

三、仪器和设备

（1）扁形铝制或玻璃制称量瓶。

（2）电热恒温干燥箱。

（3）干燥器　内附有效干燥剂。

（4）天平　感量为 0.1mg。

四、分析步骤

1. 取洁净的称量瓶，内加10g海砂（实验过程中可根据需要适当增加海砂的质量）及一根小玻棒，置于101～105℃干燥箱中，干燥1.0h。

2. 取出，放入干燥器内冷却0.5h后称量，并重复干燥至恒重。

3. 然后称取5～10g试样（精确至0.0001g），置于称量瓶中，用小玻棒搅匀放在沸水浴上蒸干，并随时搅拌，擦去瓶底的水滴，置于101～105℃干燥箱中干燥4h。

4. 盖好后取出，放入干燥器内冷却0.5h后称量。

5. 再放入101～105℃干燥箱中干燥1h左右，取出，放入干燥器内冷却0.5h后再称量。

6. 重复以上操作至前后两次质量差不超过2mg，即为恒重。两次恒重值在最后计算中，取质量较小的一次称量值。

五、分析结果的表述

试样中的水分含量，按式(1-3)进行计算：

$$X=\frac{m_1-m_2}{m_1-m_3}\times 100 \tag{1-3}$$

式中 X——试样中水分的含量，g/100g；

m_1——称量瓶（加海砂、玻棒）和试样的质量，g；

m_2——称量瓶（加海砂、玻棒）和试样干燥后的质量，g；

m_3——称量瓶（加海砂、玻棒）的质量，g；

100——单位换算系数。

水分含量≥1g/100g时，计算结果保留三位有效数字；水分含量＜1g/100g时，计算结果保留两位有效数字。在重复性条件下获得的两次独立测定结果的绝对差值不得超过算术平均值的10%。

【检测任务二】乳和乳制品杂质度的测定

一、原理

本检验方法依据中华人民共和国国家标准GB 5413.30—2016《食品安全国家标准 乳和乳制品杂质度的测定》。生鲜乳、液体乳、用水复原的乳粉类样品经杂质度过滤板过滤，根据残留于杂质度过滤板上直观可见非白色杂质与杂质度参考标准板比对确定样品杂质的限量。

二、试剂和材料

(1) 杂质度过滤板　直径32mm、质量(135±15)mg、厚度0.8～1.0mm的白色棉质板，应符合GB 5413.30—2016附录A的要求。杂质度过滤板按GB 5413.30—2016附录A进行检验。

(2) 杂质度参考标准板　杂质度参考标准板的制作方法见GB 5413.30—2016附录B。

三、仪器和设备

(1) 天平　感量为0.1g。

(2) 过滤设备　杂质度过滤机或抽滤瓶，可采用正压或负压的方式实现快速过滤（每升水的过滤时间为10～15s）。安放杂质度过滤板后的有效过滤直径为28.6mm±0.1mm。

四、分析步骤

1. 样品溶液的制备

(1) 液体乳样品充分混匀后，用量筒量取500mL立即测定。

(2) 准确称取 62.5g±0.1g 乳粉样品于 1000mL 烧杯中，加入 500mL 40℃±2℃的水，充分搅拌溶解后，立即测定。

2. 测定

将杂质度过滤板放置在过滤设备上，将制备的样品溶液倒入过滤设备的漏斗中，但不得溢出漏斗，过滤。用水多次洗净烧杯，并将洗液转入漏斗过滤。分次用洗瓶洗净漏斗过滤，滤干后取出杂质度过滤板，与杂质度标准板比对即得样品杂质度。

五、分析结果的表述

过滤后的杂质度过滤板与杂质度参考标准板比对得出的结果，即为该样品的杂质度。当杂质度过滤板上的杂质量介于两个级别之间时，应判定为杂质量较多的级别。如出现纤维等外来异物，判定杂质度超过最大值。

六、精密度

按以上所述方法对同一样品做两次测定，其结果应一致。

【检测任务三】生乳相对密度的测定

一、原理

本检验方法依据 GB 5009.2—2016《食品安全国家标准 食品相对密度的测定》，使用三种方法的第一法——密度瓶法检测试样，在 20℃时分别测定充满同一密度瓶的水及试样的质量，由水的质量可确定密度瓶的容积即试样的体积，根据试样的质量及体积可计算试样的密度，试样密度与水密度比值为试样相对密度。

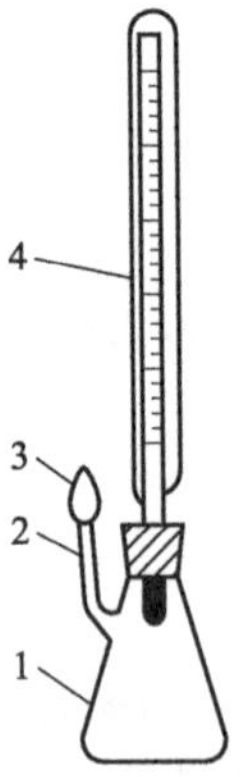

图 1-1 精密密度瓶
1—密度瓶；2—支管标线；3—支管上小帽；4—附温度计的瓶盖

二、仪器和设备

(1) 密度瓶 精密密度瓶，如图 1-1 所示。

(2) 恒温水浴锅。

(3) 分析天平。

三、分析步骤

取洁净、干燥、恒重、准确称量的密度瓶，装满试样后，置 20℃水浴中浸 0.5h，使内容物的温度达到 20℃，盖上瓶盖，并用细滤纸条吸去支管标线上的试样，盖好小帽后取出，用滤纸将密度瓶外擦干，置天平室内 0.5h 称量。密度瓶内不应有气泡，天平室内温度保持 20℃恒温条件，否则不应使用此方法。

四、分析结果的表述

试样在 20℃时的相对密度按式(1-4) 进行计算：

$$d=\frac{m_2-m_0}{m_1-m_0} \tag{1-4}$$

式中 d——试样在 20℃时的相对密度；

m_0——密度瓶的质量，g；

m_1——密度瓶加水的质量，g；

m_2——密度瓶加液体试样的质量，g。

计算结果表示到称量天平的精度的有效数位（精确到 0.001）。

五、精密度

在重复性条件下获得的两次独立测定结果的绝对差值不得超过算术平均值的 5%。

【检测任务四】生乳冰点的测定

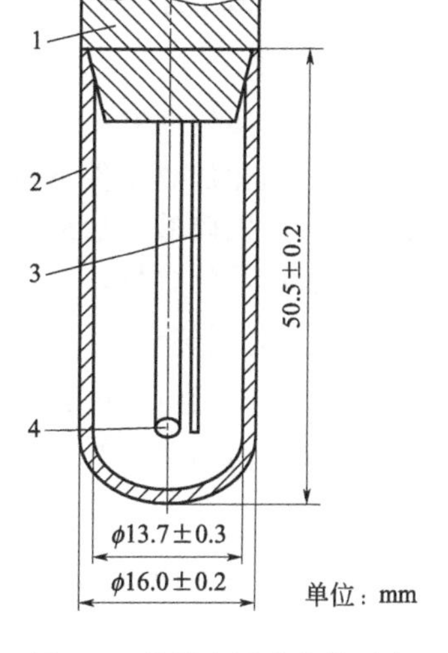

图 1-2 热敏电阻冰点仪示意
1—顶杆；2—样品管；
3—搅拌金属棒；4—热敏探头

一、原理

本检验方法依据 GB 5413.38—2016《食品安全国家标准 生乳冰点的测定》。该标准采用热敏电阻冰点仪测定生乳冰点。生乳样品过冷至适当温度，当被测乳样冷却到－3℃时，通过瞬时释放热量使样品产生结晶，待样品温度达到平衡状态，并在 20s 内温度回升不超过 0.5m℃，此时的温度即为样品的冰点。

二、试剂和材料

冷却液：量取 330mL 乙二醇于 1000mL 容量瓶中，用水定容至刻度并摇匀，其体积分数为 33%。

三、仪器和设备

(1) 分析天平 感量 0.0001g。

(2) 热敏电阻冰点仪 检测装置、冷却装置、搅拌金属棒、结晶装置及温度显示仪(图 1-2)。

(3) 干燥箱 温度可控制在 130℃±2℃。

(4) 样品管 硼硅玻璃，长度 50.5mm±0.2mm，外部直径为 16.0mm±0.2mm，内部直径为 13.7mm±0.3mm。

四、分析步骤

1. 试样制备

测试样品要保存在 0～6℃的冰箱中并于 48h 内完成测定。测试前样品应放至室温，且测试样品和氯化钠标准溶液测试时的温度应保持一致。

2. 仪器预冷

开启热敏电阻冰点仪，等待热敏电阻冰点仪传感探头升起后，打开冷阱盖，按生产商规定加入相应体积冷却液，盖上盖子，冰点仪进行预冷。预冷 30min 后，开始测量。

3. 样品测定

(1) 轻轻摇匀待测试样，应避免混入空气产生气泡。移取 2.5mL 试样至一个干燥清洁的样品管中，将样品管放到已校准过的热敏电阻冰点仪的测量孔中。开启冰点仪冷却试样，当温度达到－3.0℃±0.1℃时试样开始冻结，当温度达到平衡（在 20s 内温度回升不超过 0.5m℃）时，冰点仪停止测量，传感头升起，显示温度即为样品冰点值。测试结束后，应保证探头和搅拌金属棒清洁、干燥。

(2) 如果试样在温度达到－3.0℃±0.1℃前已开始冻结，需重新取样测试。如果第二次测试的冻结仍然太早发生，那么将剩余的样品于 40℃±2℃加热 5min，以融化结晶脂肪，再重复样品测定步骤（1）。

(3) 测定结束后，移走样品管，并用水冲洗温度传感器和搅拌金属棒并擦拭干净。记录试样的冰点测定值。

五、分析结果的表述

生乳样品的冰点测定值取两次测定结果的平均值，单位以 m℃计，保留三位有效数字。在重复性条件下获得的两次独立测定结果的绝对差值不超过 4m℃。本方法检出限为 2m℃。

【检测任务五】凯氏定氮法测定乳中蛋白质含量

一、原理

本检验方法依据 GB 5009.5—2016《食品安全国家标准 食品中蛋白质的测定》。食品中的蛋白质在催化加热条件下被分解，产生的氨与硫酸结合生成硫酸铵。碱化蒸馏使氨游离，用硼酸吸收后以硫酸或盐酸标准滴定溶液滴定，根据酸的消耗量计算氮含量，再乘以换算系数，即为蛋白质的含量。

二、试剂和材料

（1）硼酸溶液（20g/L） 称取 20g 硼酸，加水溶解后并稀释至 1000mL。

（2）氢氧化钠溶液（400g/L） 称取 40g 氢氧化钠加水溶解后，放冷，并稀释至 100mL。

（3）硫酸标准滴定溶液 $\left[c\left(\frac{1}{2}H_2SO_4\right)\right]$ 0.0500mol/L 或盐酸标准滴定溶液 [c(HCl)] 0.0500mol/L。

（4）甲基红乙醇溶液（1g/L） 称取 0.1g 甲基红，溶于 95%乙醇，用 95%乙醇稀释至 100mL。

（5）亚甲基蓝乙醇溶液（1g/L） 称取 0.1g 亚甲基蓝，溶于 95%乙醇，用 95%乙醇稀释至 100mL。

（6）溴甲酚绿乙醇溶液（1g/L） 称取 0.1g 溴甲酚绿，溶于 95%乙醇，用 95%乙醇稀释至 100mL。

（7）A 混合指示液 2 份甲基红乙醇溶液与 1 份亚甲基蓝乙醇溶液临用时混合。

（8）B 混合指示液 1 份甲基红乙醇溶液与 5 份溴甲酚绿乙醇溶液临用时混合。

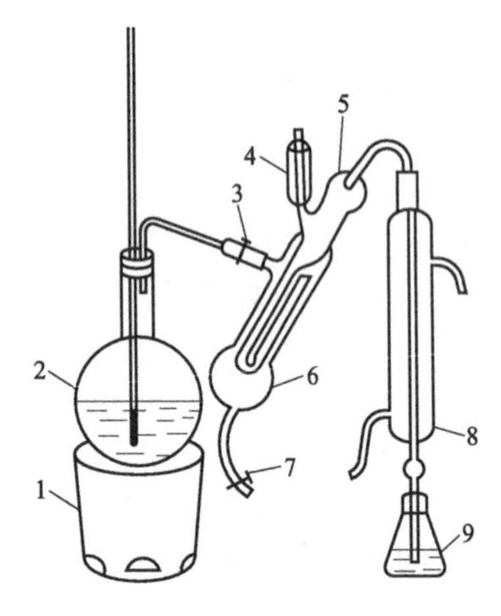

图 1-3 定氮蒸馏装置

1—电炉；2—水蒸气发生器（2L 烧瓶）；3—螺旋夹；4—小玻杯及棒状玻塞；5—反应室；6—反应室外层；7—橡皮管及螺旋夹；8—冷凝管；9—蒸馏液接收瓶

三、仪器和设备

（1）天平 感量为 1mg。

（2）定氮蒸馏装置（图 1-3）。

四、分析步骤

1. 试样处理

称取充分混匀的固体试样 0.2～2g、半固体试样 2～5g 或液体试样 10～25g（相当于 30～40mg 氮），精确至 0.001g，移入干燥的 100mL、250mL 或 500mL 定氮瓶中，加入 0.4g 硫酸铜、6g 硫酸钾及 20mL 硫酸，轻摇后于瓶口放一小漏斗，将瓶以 45°角斜支于有小孔的石棉网上。小心加热，待内容物全部炭化，泡沫完全停止后，加强火力，并保持瓶内液体微沸，至液体呈蓝绿色并澄清透明后，再继续加热 0.5～1h。取下放冷，小心加入 20mL 水，放冷后，移入 100mL 容量瓶中，并用少量水洗定氮瓶，洗液并入容量瓶中，再加水至刻度，混匀备用。同时做试剂空白试验。

2. 测定

按图 1-3 装好定氮蒸馏装置，向水蒸气发生器内装水至 2/3 处，加入数粒玻璃珠，加甲基红乙醇溶液数滴及数毫升硫酸，以保持水呈酸性，加热煮沸水蒸气发生器内的水并保持沸腾。

3. 蒸馏、滴定

向接收瓶内加入 10.0mL 硼酸溶液及 1～2 滴 A 混合指示剂或 B 混合指示剂，并使冷凝管的下端插入液面下，根据试样中氮含量，准确吸取 2.0～10.0mL 试样处理液由小玻杯注入反应室，以 10mL 水洗涤小玻杯并使之流入反应室内，随后塞紧棒状玻塞。将 10.0mL 氢氧化钠溶液倒入小玻杯，提起玻塞使其缓缓流入反应室，立即将玻塞盖紧，并水封。夹紧螺旋夹，开始蒸馏。蒸馏 10min 后移动蒸馏液接收瓶，液面离开冷凝管下端，再蒸馏 1min。然后用少量水冲洗冷凝管下端外部，取下蒸馏液接收瓶。尽快以硫酸或盐酸标准滴定溶液滴定至终点，如用 A 混合指示液，终点颜色为灰蓝色；如用 B 混合指示液，终点颜色为浅灰红色。同时做试剂空白。

五、分析结果的表述

试样中蛋白质的含量按式(1-5) 计算：

$$X=\frac{(V_1-V_2)\times c\times 0.0140}{m\times V_3/100}\times F\times 100 \tag{1-5}$$

式中 X——试样中蛋白质的含量，g/100g；

V_1——试液消耗硫酸或盐酸标准滴定液的体积，mL；

V_2——试剂空白消耗硫酸或盐酸标准滴定液的体积，mL；

c——硫酸或盐酸标准滴定溶液浓度，mol/L；

0.0140——1.0mL 硫酸 $\left[c\left(\frac{1}{2}H_2SO_4\right)=1.000mol/L\right]$ 或盐酸 $[c(HCl)=1.000mol/L]$ 标准滴定溶液相当的氮的质量，g；

m——试样的质量，g；

V_3——吸取消化液的体积，mL；

F——氮换算为蛋白质的系数，各种食品中氮转换系数见表 1-8；

100——换算系数。

表 1-8 常见食物中的氮折算成蛋白质的折算系数

食品类别		折算系数	食品类别		折算系数
小麦	全小麦粉	5.83	大米及米粉		5.95
	麦糠麸皮	6.31	鸡蛋	鸡蛋(全)	6.25
	麦胚芽	5.80		蛋黄	6.12
	麦胚粉、黑麦、普通小麦、面粉	5.70		蛋白	6.32
燕麦、大麦、黑麦粉		5.83	肉与肉制品		6.25
小米、裸麦		5.83	动物明胶		5.55
玉米、黑小麦、饲料小麦、高粱		6.25	纯乳与纯乳制品		6.38
油料	芝麻、棉籽、葵花籽、蓖麻、红花籽	5.30	复合配方食品		6.25
	其他油料	6.25	酪蛋白		6.40
	菜籽	5.53	胶原蛋白		5.79
坚果、种子类	巴西果	5.46	豆类	大豆及其粗加工制品	5.71
	花生	5.46		大豆蛋白制品	6.25
	杏仁	5.18	其他食品		6.25
	核桃、榛子、椰果等	5.30			

蛋白质含量≥1g/100g时，结果保留三位有效数字；蛋白质含量<1g/100g时，结果保留两位有效数字。当只检测氮含量时，不需要乘蛋白质换算系数F。在重复性条件下获得的两次独立测定结果的绝对差值不得超过算术平均值的10%。

【检测任务六】碱水解法测定乳中脂肪含量

一、原理

本检验方法依据GB 5009.6—2016《食品安全国家标准 食品中脂肪的测定》。用无水乙醚和石油醚抽提样品的碱（氨水）水解液，通过蒸馏或蒸发去除溶剂，测定溶于溶剂中的抽提物的质量。

二、试剂和材料

（1）混合溶剂　等体积混合乙醚和石油醚，现用现配。

（2）碘溶液（0.1mol/L）　称取碘12.7g和碘化钾25g，于水中溶解并定容至1L。

（3）刚果红溶液　将1g刚果红溶于水中，稀释至100mL。

注意：可选择性地使用。刚果红溶液可使溶剂和水相界面清晰，也可使用其他能使水相染色而不影响测定结果的溶液。

（4）盐酸溶液（6mol/L）　量取50mL盐酸缓慢倒入40mL水中，定容至100mL，混匀。

三、仪器和设备

（1）分析天平　感量为0.0001g。

（2）离心机　可用于放置抽脂瓶或管，转速为500～600r/min，可在抽脂瓶外端产生80～90g的重力场。

（3）电热鼓风干燥箱。

（4）恒温水浴锅。

（5）干燥器　内装有效干燥剂，如硅胶。

（6）抽脂瓶　抽脂瓶应带有软木塞或其他不影响溶剂使用的瓶塞（如硅胶或聚四氟乙烯）。软木塞应先浸泡于乙醚中，后放入60℃或60℃以上的水中保持至少15min，冷却后使用。不用时需浸泡在水中，浸泡用水每天更换1次。也可使用带虹吸管或洗瓶的抽脂管（或烧瓶）。接头的内部长支管下端可成勺状。

四、分析步骤

1. 试样碱水解

称取充分混匀的巴氏杀菌乳、灭菌乳、生乳、发酵乳或调制乳试样10g（精确至0.0001g）于抽脂瓶中。加入2.0mL氨水，充分混合后立即将抽脂瓶放入65℃±5℃的水浴中，加热15～20min，不时取出振荡。取出后，冷却至室温。静置30s。

2. 抽提

（1）加入10mL乙醇，缓和但彻底地进行混合，避免液体太接近瓶颈。如果需要，可加入2滴刚果红溶液。

（2）加入25mL乙醚，塞上瓶塞，将抽脂瓶保持在水平位置，小球的延伸部分朝上夹到摇混器上，按约100次/min振荡1min，也可采用手动振摇方式。但均应注意避免形成持久乳化液。抽脂瓶冷却后小心地打开塞子，用少量的混合溶剂冲洗塞子和瓶颈，使冲洗液流入抽脂瓶。

（3）加入25mL石油醚，塞上重新润湿的塞子，按上（2）所述，轻轻振荡30s。

（4）将加塞的抽脂瓶放入离心机中，在500～600r/min下离心5min，否则将抽脂瓶静置至少 30min，直到上层液澄清，并明显与水相分离。

（5）小心地打开瓶塞，用少量的混合溶剂冲洗塞子和瓶颈内壁，使冲洗液流入抽脂瓶。如果两相界面低于小球与瓶身相接处，则沿瓶壁边缘慢慢地加入水，使液面高于小球和瓶身相接处［见图 1-4(a)］，以便于倾倒。

（6）将上层液尽可能地倒入已准备好的加入沸石的脂肪收集瓶中，避免倒出水层［见图 1-4(b)］。

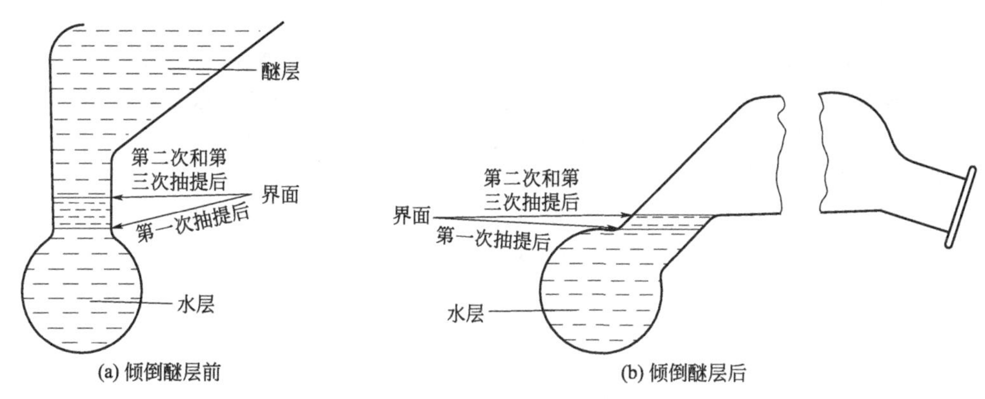

图 1-4　操作示意图

（7）用少量混合溶剂冲洗瓶颈外部，冲洗液收集在脂肪收集瓶中。应防止溶剂溅到抽脂瓶的外面。

（8）向抽脂瓶中加入 5mL 乙醇，用乙醇冲洗瓶颈内壁，按上（1）所述进行混合。重复（2）～（7）步骤的操作，用 15mL 无水乙醚和 15mL 石油醚，进行第 2 次抽提。

（9）重复（2）～（7）操作，用 15mL 无水乙醚和 15mL 石油醚，进行第 3 次抽提。

（10）空白试验与样品检验同时进行，采用 10mL 水代替试样，使用相同步骤和相同试剂。

3. 称量

（1）合并所有提取液，既可采用蒸馏的方法除去脂肪收集瓶中的溶剂，也可于沸水浴上蒸发至干来除掉溶剂。蒸馏前用少量混合溶剂冲洗瓶颈内部。

（2）将脂肪收集瓶放入 100℃±5℃的烘箱中干燥 1h，取出后置于干燥器内冷却 0.5h 后称量。

（3）重复以上操作直至恒重（直至两次称量的差不超过 2mg）。

五、分析结果的表述

试样中脂肪的含量按式(1-6) 计算，结果保留 3 位有效数字：

$$X=\frac{(m_1-m_2)-(m_3-m_4)}{m}\times 100 \tag{1-6}$$

式中　X——试样中脂肪的含量，g/100g；

m_1——恒重后脂肪收集瓶和脂肪的质量，g；

m_2——脂肪收集瓶的质量，g；

m_3——空白试验中，恒重后脂肪收集瓶和抽提物的质量，g；

m_4——空白试验中脂肪收集瓶的质量，g；

m——样品的质量，g；

100——换算系数。

六、精密度

当样品中脂肪含量≥15%时，两次独立测定结果之差≤0.3g/100g；

当样品中脂肪含量在5%～15%时，两次独立测定结果之差≤0.2g/100g；

当样品中脂肪含量≤5%时，两次独立测定结果之差≤0.1g/100g。

【检测任务七】鲜乳中嗜热链球菌抗生素残留检测

一、原理

本检验方法依据GB/T 4789.27—2008食品安全国家标准《食品卫生微生物学检验 鲜乳中抗生素残留检验》。本检验方法适用于检验鲜乳中能抑制嗜热链球菌的抗生素。

样品经过80℃杀菌后，添加嗜热链球菌菌液，培养一段时间后，嗜热链球菌开始增殖。这时候加入代谢底物2,3,5-氯化三苯四氮唑（TTC），若该样品中不含有抗生素或抗生素的浓度低于检测限，嗜热链球菌将继续增殖，还原TTC为红色物质。相反，如果样品中含有高于检测限的抑菌剂，则嗜热链球菌受到抑制，因此指示剂TTC不被还原，保持原色。

二、设备和材料

除微生物实验室常规灭菌及培养设备外，其他设备和材料如下：

（1）冰箱　2～5℃、－20～－5℃。

（2）恒温培养箱　36℃±1℃。

（3）带盖恒温水浴锅　36℃±1℃、80℃±2℃。

（4）天平　感量0.1g、0.001g。

（5）灭菌吸管　1mL（具0.01mL刻度）、10mL（具0.1mL刻度）或微量移液器及吸头。

（6）无菌试管　18mm×180mm。

（7）温度计　0～100℃。

（8）旋涡混匀器。

三、菌种、培养基和试剂

（1）菌种　嗜热乳酸链球菌。

（2）灭菌脱脂乳　经115℃灭菌20min。也可采用无抗生素的脱脂牛乳粉，以蒸馏水10倍稀释，加热至完全溶解，115℃灭菌20min。

（3）4%的2,3,5-氯化三苯四氮唑（TTC）水溶液　称取1g TTC，溶于5mL灭菌蒸馏水中，装褐色瓶内于2～5℃保存，临用时用灭菌蒸馏水稀释至5倍。如遇溶液变为玉色或淡褐色，则不能再使用。

（4）青霉素G参照溶液　精确称取青霉素G钾盐30mg，用无菌的磷酸盐缓冲液稀释成100～1000IU/mL，再将该溶液用灭菌的无抗生素的脱脂乳稀释至0.006IU/mL，分装于小试管密封备用。该液于－20℃可以储存6个月。

四、检验程序

鲜乳中抗生素残留检验程序如图1-5所示。

五、操作步骤

1. 活化菌种

取一接种环嗜热链球菌菌种，接种在9mL灭菌脱脂乳中，置36℃±1℃恒温培养箱中培养12～15h后，置2～5℃冰箱保存备用。每15天转种一次。

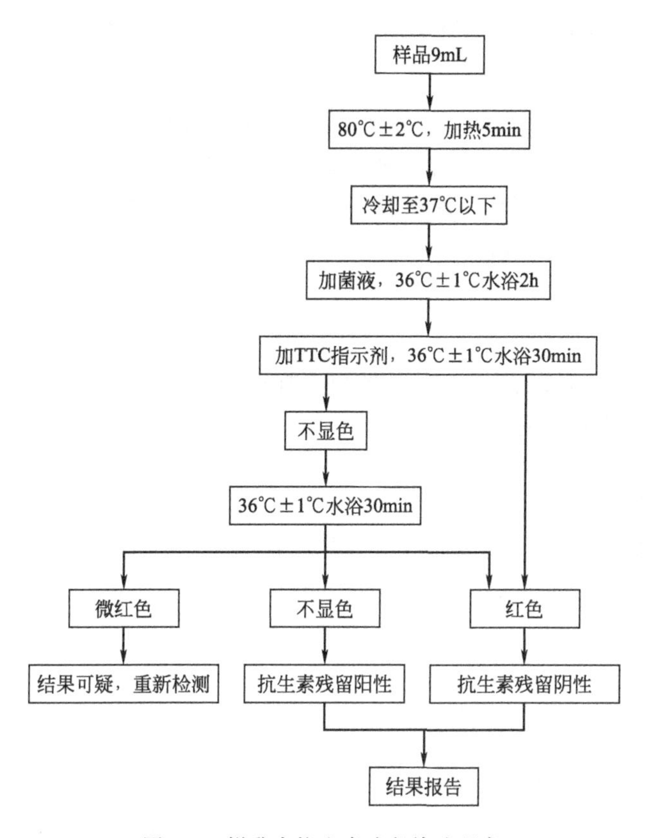

图 1-5 鲜乳中抗生素残留检验程序

2. 测试菌液

将经过活化的嗜热链球菌菌种接种于灭菌脱脂乳，36℃±1℃培养 15h±1h，加入相同体积的灭菌脱脂乳混匀稀释成为测试菌液。

3. 培养

取样品 9mL，置 18mm×180mm 试管内，每份样品另外做一份平行样。同时再做阴性和阳性对照各一份，阳性对照管用 9mL 青霉素 G 参照溶液，阴性对照管用 9mL 灭菌脱脂乳。所有试管置 80℃±2℃水浴加热 5min，冷却至 37℃以下，加入测试菌液 1mL，轻轻旋转试管混匀。36℃±1℃水浴培养 2h，加 4% TTC 水溶液 0.3mL，在旋涡混匀器上混合 15s 或振动试管混匀。36℃±1℃水浴避光培养 30min，观察颜色变化。如果颜色没有变化，于水浴中继续避光培养 30min 作最终观察。观察时要迅速，避免光照过久出现干扰。

4. 判断方法

在白色背景前观察，试管中样品呈乳的原色时，指示乳中有抗生素存在，为阳性结果；试管中样品呈红色为阴性结果。如最终观察现象仍为可疑，建议重新检测。

六、结果判断

最终观察时，样品变为红色，报告为抗生素残留阴性。样品依然呈乳的原色，报告为抗生素残留阳性。

本方法检测几种常见抗生素的最低检出限为：青霉素 0.004IU，链霉素 0.5IU，庆大霉素 0.4IU，卡那霉素 5IU。

【检测任务八】液相色谱法快速检测原料乳中的三聚氰胺

一、原理

本检验方法依据 GB/T 22400—2008 食品安全国家标准之《原料乳中三聚氰胺快速检测 液相色谱法》。本检验方法适用于检验鲜乳中三聚氰胺浓度范围在 0.30～100.0mg/kg，检测限为 0.05mg/kg。用乙腈作为原料乳中的蛋白质沉淀剂和三聚氰胺提取剂，强阳离子交换色谱柱分离，高效液相色谱-紫外检测器或二极管阵列检测器检测，外标法定量。

二、试剂和材料

1. 试剂

除另有说明外，所用试剂均为分析纯或以上规格，水为 GB/T 6682 规定的一级水。

(1) 乙腈（CH_3CN） 色谱纯。

(2) 磷酸（H_3PO_4）。

(3) 磷酸二氢钾（KH_2PO_4）。

(4) 三聚氰胺标准物质（$C_3H_6N_6$） 纯度大于或等于 99%。

(5) 三聚氰胺标准贮备溶液（1.00×10^3mg/L） 称取 100mg（准确至 0.1mg）三聚氰胺标准物质，用水完全溶解后，于 100mL 容量瓶中定容至刻度，混匀，4℃条件下避光保存，有效期为 1 个月。

(6) 标准工作溶液（使用时配制）

① 标准溶液 A（2.00×10^2mg/L） 准确移取 20.0mL 三聚氰胺标准贮备溶液，置于 100mL 容量瓶中，用水稀释至刻度，混匀。

② 标准溶液 B（0.50mg/L） 准确移取 0.25mL 标准溶液 A，置于 100mL 容量瓶中，用水稀释至刻度，混匀。

按表 1-9 分别移取不同体积的标准溶液 A 于容量瓶中，用水稀释至刻度，混匀。按表 1-10 分别移取不同体积的标准溶液 B 于容量瓶中，用水稀释至刻度，混匀。

表 1-9 标准工作溶液配制（高浓度）

标准溶液 A 体积/mL	0.10	0.25	1.00	1.25	5.00	12.5
定容体积/mL	100	100	100	50.0	50.0	50.0
标准工作溶液浓度/(mg/L)	0.20	0.50	2.00	5.00	20.0	50.0

表 1-10 标准工作溶液配制（低浓度）

标准溶液 B 体积/mL	1.00	2.00	4.00	20.0	40.0
定容体积/mL	100	100	100	100	100
标准工作溶液浓度/(mg/L)	0.005	0.01	0.02	0.10	0.20

(7) 磷酸盐缓冲液（0.05mol/L） 称取 6.8g（准确至 0.01g）磷酸二氢钾，加水 800mL 完全溶解后，用磷酸调节 pH 至 3.0，用水稀释至 1L，用滤膜过滤后备用。

2. 耗材

(1) 一次性注射器 2mL。

(2) 滤膜 水相，0.45μm。

(3) 针式过滤器 有机相，0.45μm。

(4) 具塞刻度试管 50mL。

三、仪器

(1) 液相色谱仪　配有紫外检测器或二极管阵列检测器。

(2) 分析天平　感量 0.0001g 和 0.01g。

(3) pH 计　测量精度±0.02。

(4) 溶剂过滤器。

四、测定步骤

1. 试样的制备

称取混合均匀的 15g (准确至 0.01g) 原料乳样品，置于 50mL 具塞刻度试管中，加入 30mL 乙腈，剧烈振荡 6min，加水定容至满刻度，充分混匀后静置 3min，用一次性注射器吸取上清液用针式过滤器过滤后，作为高效液相色谱分析用试样。

2. 高效液相色谱测定

(1) 色谱条件

① 色谱柱：强阳离子交换色谱柱，SCX，250mm×4.6mm，5μm，或性能相当者。条件允许，宜在色谱柱前加保护柱 (或预柱)，以延长色谱柱使用寿命。

② 流动相：磷酸盐缓冲溶液-乙腈 (70+30，体积比)，混匀。

③ 流速：1.5mL/min。

④ 柱温：室温。

⑤ 检测波长：240nm。

⑥ 进样量：20μL。

(2) 液相色谱分析测定

① 仪器的准备：开机，用流动相平衡色谱柱，待基线稳定后开始进样。

② 定性分析：依据保留时间一致性进行定性识别的方法。根据三聚氰胺标准物质的保留时间，确定样品中三聚氰胺的色谱峰。必要时应采用其他方法进一步定性确证。

③ 定量分析：校准方法为外标法。根据检测需要，使用标准工作溶液分别进样，以标准工作溶液浓度为横坐标，以峰面积为纵坐标，绘制校准曲线。试样测定时，使用试样分别进样，获得目标峰面积。根据校准曲线计算被测试样中三聚氰胺的含量 (mg/kg)。试样中待测三聚氰胺的响应值均应在方法线性范围内。当试样中三聚氰胺的响应值超出方法的线性范围的上限时，可减少称样量再进行提取与测定。

④ 平行试验：按以上步骤，对同一样品进行平行试验测定。

⑤ 空白试验：除不称取样品外，均按上述步骤同时完成空白试验。

五、结果计算

1. 计算公式

结果按式(1-7) 计算：

$$X = c \times \frac{V}{m} \times \frac{1000}{1000} \tag{1-7}$$

式中　X——原料乳中三聚氰胺的含量，mg/kg；

c——从校准曲线得到的三聚氰胺溶液的浓度，mg/L；

V——试样定容体积，mL；

m——样品称量质量，g。

2. 计算结果有效数字

通常情况下计算结果保留三位有效数字；结果在 0.1～1.0mg/kg 时，保留两位有效数字；结果小于 0.1mg/kg 时，保留一位有效数字。

3. 回收率

在添加浓度 0.30～100.0mg/kg 范围内，回收率在 93.0%～103%之间，相对标准偏差小于 10%。

【检测任务九】生乳中掺入异物的检验

一、掺水乳的检验

乳的密度与乳中所含的乳固体含量有关。当乳中掺水后，乳中非脂固体含量降低，密度也随之变小。故测定乳的密度可作为判定原料乳是否掺假的质量指标。乳样摇匀沿桶壁缓慢倒入量桶，防止产生泡沫，将乳密度计放入乳中使其沉到 1.030 处放手，使其自由浮动（桶壁与密度计不要接触），静置 1～2min 后读取弯液面上缘读数，同时测量并记录乳的温度，计算密度和比重。正常牛乳的相对密度≥ 1.027，低于此值为掺水可疑。

二、掺碱乳的检验

为了掩盖牛乳酸败的情况，防止牛乳因酸败而絮凝，一些不法商贩会向生乳中加入 Na_2CO_3或者 $NaHCO_3$。牛乳在正常情况下显示酸性特质，当掺入碱类物质时，pH 值即发生改变，溴麝香草酚蓝可在 pH 6.0～7.6 溶液中，颜色由黄色→黄绿→绿→蓝色，可根据颜色的变化进行概约的定量（见表 1-11）。取被检乳样 5mL 注入试管中，然后用滴管吸取 0.04%溴麝香草酚蓝酒精溶液，小心地沿管壁滴加 5 滴，使两液面轻轻地相互接触，切勿使两溶液混合，放置在试管架上，静置 3min，根据接触面出现的色环特征进行判定，同时以正常乳作对照。

表 1-11　乳中掺碱量与颜色反应的对应关系

掺碱量/%	无	0.05	0.1	0.3	0.5	0.7	1.0	1.5
颜色	黄色	浅绿	绿色	深绿	青绿	浅蓝	蓝色	深蓝

三、掺食盐乳的检验

生乳中掺水后相对密度下降，为增加相对密度，掺假者可能会在掺水后又掺盐来迷惑消费者。鲜乳中氯化物与硝酸银反应，生成氯化银沉淀，用铬酸钾指示剂，当牛乳中的氯化物与硝酸银作用后，过量的硝酸银与铬酸钾生成砖红色的 Ag_2CrO_4沉淀。正常情况下，牛乳中氯化物含量一般小于 0.15%，而羊乳通常小于 0.18%，但略高于牛乳。因此如果牛乳中掺入了羊乳，混合乳中氯化物含量将会大于 0.15%。检验过程中，取 2mL 牛乳于试管中，加入 100g/L 铬酸钾溶液 5 滴，摇匀，再加入 9.6g/L 硝酸银溶液 1.5mL，摇匀后，立即观察对比标准色卡，确定结果。注意，试剂加入顺序不同影响测定结果，先加入硝酸银其结果偏高 10%～20%，因此应按“牛乳＋指示剂＋硝酸银”或“指示剂＋牛乳＋硝酸银”的顺序进行，且硝酸银必须干燥后使用。

四、掺蔗糖乳的检验

掺水、盐或碱的乳，一般口感会变咸淡或变涩，因此有些不法商家为了掩盖口感的变差而加入大量劣质白糖。蔗糖在酸性溶液中水解产生的果糖与溶于强酸内的间苯二酚溶液加热后显红色沉淀反应。取间苯二酚盐酸溶液 1.5mL 于小试管中，加鲜乳 5 滴，水浴加热煮沸

2.5min，观察结果。如果溶液呈现褐色，则可判定有蔗糖掺入。

五、掺尿素乳的检验

目前各大乳品厂对生乳的收购基本都“按质论价”，蛋白质含量成为主要的评价指标。而国标中蛋白质的检测方法之一就是凯氏定氮法，而尿素中氮元素含量高，因此加入尿素可以提高凯氏定氮测量结果，从而“提高”蛋白质的含量。尿素与亚硝酸盐在酸性溶液中反应生成气体（二氧化碳等），亚硝酸盐与格里斯试剂发生偶氮反应生成紫红色化合物。

取被检牛乳3mL放入具有胶塞大试管中，再加入0.05%亚硝酸钠溶液0.5mL和浓硫酸1mL，将胶塞盖塞紧后，充分混匀，待泡沫消失后向试管中加入约0.1g格里斯试剂（称取89g酒石酸、10g对氨基苯磺酸及1g α-萘胺，在研钵中研成粉末状，装入棕色瓶中备用），充分混合（或稍加热），待25min后观察结果。被检乳不变色判为阳性，证明牛乳中含尿素。因尿素在酸性溶液中破坏了亚硝酸钠，故不能生成紫红色化合物。如被检乳变为红色，为阴性，表明乳中没有掺入尿素。本试验最好与正常牛乳做对照试验。本法灵敏度为0.01%，被检乳不能少于2.5mL。

六、掺三聚氰胺生乳的检验

三聚氰胺化学式为$C_3H_6N_6$，俗称密胺、蛋白精，它是一种三嗪类含氮杂环有机化合物，被用作化工原料。它是白色单斜晶体，几乎无味，微溶于水，可溶于甲醇、甲醛、乙酸等，不溶于丙酮、醚类，对身体有害，不可用于食品加工或食品添加物。然而由于三聚氰胺分子中含有大量的氮元素，而传统的“凯氏定氮法”在检测食品中的蛋白质含量时很难区分这类伪蛋白氮的存在，2008年国内某品牌乳粉事件的曝光，就是由于违法添加三聚氰胺所致，给广大人民群众的健康造成了很大的危害，引起了社会各界对乳制品安全的关注。

目前食品中三聚氰胺的检测方法主要有：高效液相色谱法、气相色谱-质谱联用法、液相色谱-质谱联用法、毛细管电泳法、酶联免疫法以及电化学检测法等。常用的高效液相色谱法中，使用分析纯的三聚氰胺，用流动相稀释成1μg/mL、10μg/mL、25μg/mL、50μg/mL、100μg/mL等浓度的一系列标准工作液，色谱分析条件为：强离子交换色谱柱SCX或C_{18}色谱柱（250mm×4.6mm，5μm）；流速：1.5mL/min；流动相：磷酸盐缓冲液-乙腈＝70∶30（体积比）；检测波长：240nm；进样量：20μL；柱温：室温。以三聚氰胺标准溶液的浓度为横坐标、峰面积为纵坐标，绘制标准曲线，保证三聚氰胺在1～100μg/mL的浓度范围呈良好的线性关系，相关系数R在0.999以上。样品乳经预处理后按照同样的方法进行分析，代入线性方程，即可测得三聚氰胺的含量。该方法操作简单、灵敏度和精密度高、检测线性范围宽，加标回收率良好，能够满足实验室的生鲜乳三聚氰胺检测的需要。

七、掺豆浆乳的检验

豆浆中含有皂角素，皂角素与氢氧化钾（或钠）作用呈黄色的显色反应。取乳样5mL于试管中，加入乙醇、乙醚等量混合液3mL，再加入28%氢氧化钾溶液2mL，充分混匀，在5～10min内观察其颜色变化，同时用正常乳作对照，若有豆浆存在时呈黄色，无豆浆时颜色不变。

也可以使用甲醛沉淀法来检测乳中是否有豆浆掺入。取2mL检样乳于试管中，加入40%的甲醛液0.2mL，轻轻转动试管混匀，再加入0.1%甲基红指示剂2滴，再加入1.5%醋酸溶液0.1mL，轻转试管混匀，用手斜置试管，缓缓旋转4～5周，观察试管口处乳层有无沉淀生成。若有明显沉淀，表明有豆浆存在。但注意不可把乳皮（是片状不是颗粒状）误认为是沉淀。

八、掺白明胶乳的检验

白明胶也称动物胶，是动物蛋白质。将其溶于热水后掺入牛乳中可增加牛乳密度，使之变得黏稠，再加水可增加乳的体积。取乳样 5mL 于试管中，加入 25%硝酸汞溶液 1mL 混匀，于 40000r/min 离心 1min。用胶头吸管吸取离心透明乳清约 3mL 于试管中，再加等量的饱和苦味酸溶液。如有白明胶存在，则有云雾状沉淀发生；若白明胶含量高，则沉淀呈现黄色；若牛乳中无白明胶，则溶液清澈透明。因苦味酸是极毒的黄色晶体，遇到金属或金属氧化物极易引起爆炸，因此使用本试剂时绝对不能与金属物质接触；并且用重金属盐沉淀牛乳酪蛋白时，如有白明胶则其沉淀物成块状，白明胶越多，成块越大。

九、掺入防腐剂双氧水乳的检验

过氧化氢（俗称双氧水）具有杀菌防腐作用，因此一些不法商家，在设施不达标的情况下，为了防止乳品腐败，遂违法添加双氧水防腐。过氧化氢在酸性条件下，能使碘化物氧化析出碘，与淀粉反应呈蓝色。吸取 1mL 鲜乳于试管中，加入 0.2mL 碘化钾淀粉溶液，混匀。加入硫酸溶液 1 滴，摇匀，1min 内观察颜色变化。正常乳呈乳白色，而掺防腐剂乳呈蓝色，且随着掺入量的增加颜色逐渐加深。由于过氧化氢酶将过氧化氢的氧转移至有机的氧化还原指示剂，形成一种蓝色的氧化产物，因此也可以使用商业的过氧化氢检测试纸进行半定量检测。

十、掺甲醛防腐剂乳的检验

甲醛常被作为防腐剂而掺入牛乳中，鲜乳中的甲醛在酸性溶液中与三氯化铁产生紫色反应。取乳样 2mL 于小试管中，加入三氯化铁盐酸溶液 0.5mL，混匀，于沸水中水浴 1min，观察颜色，正常乳呈黄色或淡黄褐色，掺甲醛乳呈紫色。

【自查自测】

一、填空题

1. 生乳检验的相关标准包括（　　）、（　　）和（　　）三大类。
2. 采样员应将（　　）、（　　）和结果粘贴在采样瓶上。
3. 鲜乳收购检测后，如果不立即加工，则应降至（　　）℃以下贮藏。
4. 鲜乳过滤的方法有（　　）、（　　）和（　　）等。
5. 高效液相色谱法测定食品中是否含有三聚氰胺时，检测波长为（　　），进样量为（　　）。

二、选择题

1. 温度的要求是生乳在奶车中的温度应不高于（　　）℃。

A. −8　　B. 4　　C. 8　　D. 18

2. 国际乳品联合会（IDE）认为乳在（　　）℃以上则影响牛乳质量。

A. 4　　B. 8　　C. 10　　D. 15

3. 液相色谱法快速检测原料乳中的三聚氰胺的检测限为（　　）mg/kg。

A. 0.005　　B. 0.05　　C. 0.5　　D. 5

4. 如果牛乳中掺有淀粉、米汁，碘检结果会出现（　　）色。

A. 灰　　B. 红　　C. 绿　　D. 蓝

5. 不法商贩掺入（　　）是为了提高检测结果中蛋白质的数值。

A. H_2O_2　　B. HCHO　　C. $C_3H_6N_6$　　D. $C_6H_{12}O_6$

三、判断题

1. 如果样品中含有高于检测限的抗生素或抑菌剂，则嗜热链球菌的生长将受到抑制，因此指示剂 TTC（氯化三苯基四氮唑）将被还原成红色。（　　）

2. 验收原料乳时除根据标准进行感官指标的检验外，还要进行理化性质、微生物方面的检查。（　　）

3. 正常牛乳的 pH 平均为 6.62，乳房炎乳的 pH 为 6.29。(　　)

4. 由于牛乳含有蛋白质、柠檬酸盐、磷酸盐、脂肪酸、二氧化碳等碱性物质，所以牛乳呈微碱性。(　　)

5. 乳中抗生素检测使用的青霉素参照液－4℃可以储存 6 个月。(　　)

四、简答题

1. 原料乳的质量合格的指标是什么?

2. 各项原料乳掺假掺杂的方法和目的分别是什么?

3. 除了本项目中介绍的原料乳检测分析方法，对于原料乳还需做哪些方面的检测?

4. 生乳检验的具体项目通常包括哪些?

5. 以 TTC 检验鲜乳中抗生素残留的原理是什么?

情境二　乳制品生产的单元操作

项目一　乳的收集、运输及贮存

生鲜牛乳是乳制品生产加工的基本原材料，就原料乳的生产流程来说，首先是由奶牛场和奶牛饲养户进行榨乳，然后将所榨取的原料乳进行冷却并贮存一定时间后运送到乳制品加工厂，随后乳制品加工厂根据生产的实际需要，将原料乳进行贮存和加工。

【知识储备】

一、乳的收集

1. 榨乳

榨乳主要分为人工榨乳和机械榨乳两种工艺。小规模的奶牛饲养户主要采用人工榨乳的集乳工艺，大规模的现代化奶牛场主要采用机械榨乳的集乳工艺。传统的人工榨乳，劳动强度大、劳动生产率低、劳动条件差，牛乳的卫生质量经常得不到保障。因此，榨乳作业机械化与自动化是商品化牛乳生产的必要手段。

机械榨乳是利用真空系统建立起稳定的真空环境，通过脉冲器控制，利用榨乳杯交替实现吮吸及按摩两个动作，从而通过乳头短管将牛乳从乳房里吮吸出来，并通过封闭管道吸送至牛乳收集容器里。在整个过程中，牛乳不与外界接触，因而卫生质量易于保证。榨乳设备通常包括：真空系统、乳杯组、脉动器、牛乳收集系统和设备清洗系统等（部分如图 2-1 所示）。

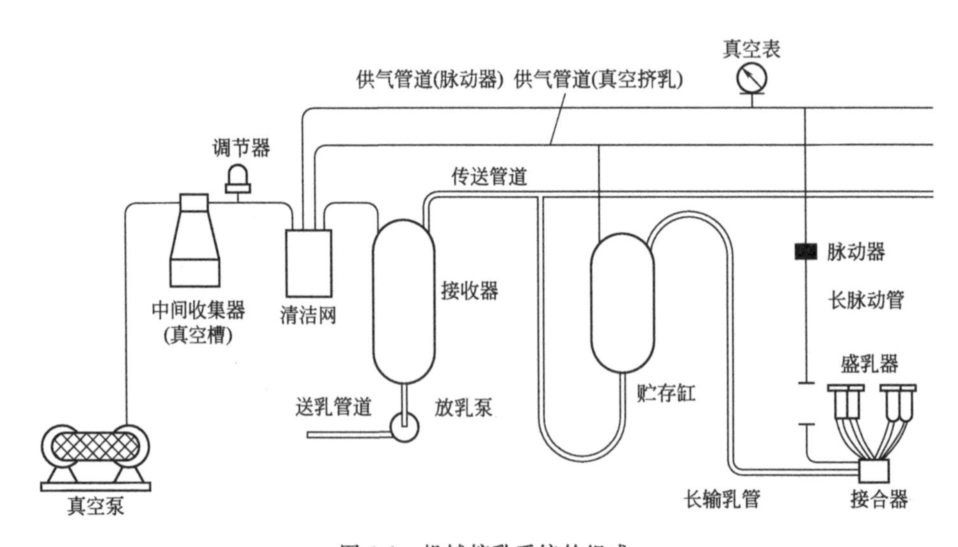

图 2-1　机械榨乳系统的组成

2. 使用运乳桶收集

运输牛乳的运乳桶有各种容量规格，最常用的运乳桶容量为 30L 或 50L。装有乳的运乳桶从农场被运到路边，马上就由收乳车运走。为防日晒，路边的运乳桶应用苫布盖上或放于阴凉棚内，或最好放置在聚苯乙烯保温套中。

3. 使用乳槽车收集

用乳槽车收集牛乳，乳槽车必须一直开到贮奶间。乳槽车上的输乳软管与农场的牛乳冷却罐的出口阀相连。通常乳槽车上装有一个流量计和一台泵，以便自动记录收乳的数量。另外，收乳的数量可根据所记录的不同液位来计算。一定容积的奶槽，一定的液位代表一定体积的乳。多数情况下乳槽车上装有空气分离器。

冷藏贮罐一经抽空，乳泵应立即停止工作，这样可避免将空气混入牛乳中。乳槽车的乳槽分成若干个间隔，以防牛乳在运输期间晃动，每个间隔依次充满，当乳槽车按收乳路线收完乳之后，应立即将牛乳送往乳品厂。

二、乳的冷却

刚挤下的牛乳温度在36℃左右，是微生物生长最适宜的温度，如果不及时冷却，则混入乳中的微生物就会迅速繁殖，使乳的酸度迅速增高，不仅降低乳的质量，甚至使乳凝固变质。所以挤奶后，应立即冷却至4℃以下，并且一直保持这一温度直至送到乳品厂。如果在这一期间某一冷却环节中断，例如运输过程中乳温升高，牛乳中的微生物就开始繁殖，会产生各种代谢产物和酶类，虽然以后的冷却将阻止这一进程，但牛乳的质量已经受到损害，细菌数增高，同时各种代谢产物及酶类也将影响终产品的质量。

保证牛乳质量的第一步必须在农场进行，挤奶条件要尽可能符合卫生要求，挤奶系统的设计应避免空气的进入，冷却设备要符合要求。为达到卫生要求，农场需有用于低温贮存的专门场所。冷藏贮罐正在普及，这些罐的容量为250～10000L，贮乳罐装有一个搅拌器和冷却设备以达到一定的要求，例如在罐中的所有牛乳必须在挤奶后2h之内冷却到4℃以下。

对于产量较大的大型农场，常常安装单独的冷却器，将牛乳在进入大罐前首先进行冷却，这样就避免了刚挤下的热乳与罐中已经冷却的牛乳相混合时造成乳的质量受影响。

三、乳的验收

生鲜牛乳的验收取样一般由乳品厂检验中心指定人员进行，乳槽车押运人员监督。取样前，应在乳槽内上下连续打靶20次以上，均匀后取样，并记录乳槽车押运员、罐号、时间，同时检查乳槽车内的卫生。

1. 感官评定

正常生鲜牛乳为乳白色或略带微黄色的均匀胶体，无黏稠、浓厚、分层现象；不得有肉眼可见的机械杂质；具备乳的正常滋气味，不得有苦、咸、涩、臭等异味。

（1）原料乳色泽的评定　原料乳验收前，收奶员应检查其是否含有偶然混入的异物、杂质，然后仔细观察其颜色是否正常。有的乳品企业规定在原料乳泵出后，还要检查奶罐底部是否有肉眼可见的杂质（如泥沙）或沉淀。如原料乳中有杂质，尚可视具体情况降价收购，但原料乳出现颜色偏黄或呈淡红色的情况，则可确认为乳房炎乳，不得收购。

（2）滋气味的评定　正常生鲜牛乳有其独特的奶香味。取20～50mL有代表性样品煮沸，使得牛乳有足够的气味挥发，此时所做鉴定结果更为准确。任何管理不善，都有可能导致原料乳产生异味，造成产品口感欠缺。生鲜牛乳产生异味的原因主要有：

① 青贮味、豆腥味。同奶牛的饲料品种、饲草配比有关，有时可能是饲草腐败所致。

② 牛舍味。系牛场卫生环境不洁或奶牛体内酮体类物质过多而引致。

③ 化学气味。牛乳吸附性强，其周围存放有气味强烈的物质，如汽油、氯水、化肥、农药、碘消毒剂等引起。

④ 金属味。来自盛乳容器，如挤奶管道、奶罐等。

⑤ 酸败味。乳温变化使解脂酶（嗜冷菌产生的解脂酶）反应时间延长造成。

⑥ 腐败味。主要是因为牛乳在冷藏期间细菌群系以假单胞菌为主，它的代谢产物可产生腐败味。

⑦ 麦芽味。乳酸链球菌的代谢产物作用引起。

⑧ 氧化味。牛乳的过度冷却，使细菌缺乏适宜的条件而失活，会出现氧化还原反应；另外，管路泄漏、泵奶、激烈的搅拌、低液位奶罐车的颠簸等因素，都可能引致混入空气，加快牛乳的氧化。

⑨ 咸味。泌乳后期和患乳房炎牛所产的乳，会有咸味；掺入电解质类物质，如食盐、明矾、硝酸盐、亚硝酸盐、石灰水、洗衣粉等也会产生咸味。

⑩ 苦味。乳长时间冷藏会产生苦味，泌乳初期奶牛产生的牛乳也有苦味。

正常情况下，乳品企业在原料乳验收过程中发现以上情况时，应请技术人员进行分析，若确定此情况无法经生产工艺予以消除，则应拒收；若确定是由某些外在因素引起的异常气味，经生产过程中的“脱气”等工序后可以消除，且不会对未来产品质量产生影响，就可以考虑降价接收。

（3）组织状态的评定　正常的生鲜牛乳应是状态均匀、具有良好流动性的液体，无沉淀、无凝块，不得呈黏稠状。出现黏稠状的原料乳很少见，多是因为乳中不同细菌生长所引起，如好氧菌在牛乳中产生气体；另一种原因是加入了胶体类物质，如动物胶、米汤、淀粉、豆浆等，以增加乳的密度。

2. 理化指标

（1）温度　一般收购单位要求乳温不高于 10℃。国际乳品联合会（IDF）认为牛乳在 4.4℃保存最佳，10℃稍差，15℃以上则影响牛乳质量。瑞典规定原料乳保存时温度不能超过 15.5℃，并要求牧场在挤奶后 1h 内降温至 10℃、3h 内降温至 4.4℃。

（2）酒精试验　酒精试验是牛乳新鲜度的鉴定方法，一般收购单位要求 68%酒精试验阴性。此法还可检验出生鲜牛乳的酸度，以及盐类平衡不良乳、初乳、末乳、冻结乳及乳房炎乳等。酒精试验与酒精浓度有关，其结果可判断出乳的酸度（对于钙离子、镁离子含量高引致的低酸度酒精阳性乳，不适于用此判断方法），从酸度可鉴别乳的新鲜度和微生物污染状况。

（3）冰点　生鲜牛乳冰点值为－0.565～－0.525℃。作为溶质的乳糖与盐类是冰点下降的主要因素，但酸败乳（即酸度≥20°T）冰点会降低；另外，贮藏与杀菌条件对乳的冰点也有影响。牛乳中掺水是冰点升高因素之一。

（4）滴定酸度　此法用于确定生鲜牛乳的酸度和热稳定性，一般乳品企业多将此收购指标定在 15～19°T。这种以标准酸碱中和法测定酸度的方法虽然准确，但不及酒精试验的操作方便快捷，故二者常交互使用。

（5）脂肪含量　一般乳品企业将 3.1%脂肪含量作为原料乳定价的基准数值，价格随之上下浮动。1999 年之前，我国多数乳品企业的计价体系中主要参数就是脂肪含量，再辅以乳相对密度以确定等级，即为牛乳的基价参数，曾有人称之为“按脂论价”。乳脂中 97%～99%的成分是乳脂肪，还含有 1%的磷脂、游离脂肪酸及脂溶性维生素等。这里所说的乳脂肪是指采用罗兹-哥特里法测得的那一部分乳脂质，其含量可高至 4.5%，若低至 2.6%以下，可能是低成分乳，使用时要慎重。

（6）蛋白质含量　一般乳品企业将 2.9%蛋白质含量作为原料乳定价的基准数值，价格随之上下浮动。1999 年开始，北京、天津、上海等地的乳品企业开始考虑将蛋白质指标纳入原料乳收购的计价体系，并且每个计价单位的价格略高于乳脂肪的计价，乳中蛋白质正常含量为 2.8%～3.8%，若低至 2.5%以下，可能是低成分乳，应慎重使用。

(7) 乳干物质　正常乳中含有 11%～13%的干物质，它说明了乳的营养价值。但实际上国标中对乳制品理化指标的规定，多是针对非脂干物质的，因此其含量又同乳的密度相关。原料乳干物质含量低时，会影响菌体的生长发育和酸奶的凝固性。

(8) 乳密度　国标规定乳密度标准值为 1.028。乳密度反映了乳中各种组分分配比例，也间接体现了其中盐类成分的高低。

(9) 杂质度　一般乳品企业将 4mg/kg 杂质度含量作为原料乳验收合格的标准。乳制品生产许可审查细则中明确规定了原料乳中杂质度的检测要求。

3. 微生物指标

(1) 细菌数　一般乳品企业将细菌菌落总数为 5×10^5 CFU/mL 判定为一级微生物指标。这也是原料乳收购计价的一个考核指标。试验证明，菌量越多抗热力越强，生产过程中，原料乳中微生物数量过大，会导致杀菌不彻底，成品中残留菌量超标，产品容易变质，保质期不能保证。另外，微生物活的菌体特别是嗜冷菌和耐热菌产生的胞外酶可耐受较高温度，甚至在超高温瞬时杀菌（UHT）产品中也会有具有活性的酶残存，严重时导致产品变质、缩短保质期，从而降低产品食用安全性。

(2) 体细胞数　牛乳中体细胞（SCC）主要是血液中的白细胞，多为多形核白细胞（PMN），在乳导管感染期间，大多数体细胞是 PMN。体细胞数升高会加速 UHT 产品凝胶化，缩短巴氏杀菌产品的保质期，延长发酵产品的凝固时间及降低干酪产品的产率并引起质构缺陷。已有大型乳品企业定期对牛乳体细胞数进行检测，并作为原料乳计价参考依据，这将使原料乳的质量评价体系更为科学化。

(3) 致病微生物　主要指口蹄疫病毒、感染性牛疱疹病毒等。此项目检测事关人体健康安全，但乳品企业又无法控制，所以主要采取定期索取牧场奶牛检验检疫证明和对牧场进行现场考查的方式实施间接监控，一旦发现可疑情况，应立刻采取措施，直至情况排除。

四、乳的运输

牛乳从奶牛场或收乳站用乳桶或乳槽车送到乳品厂进行加工。目前我国乳源分散的地方多采用乳桶运输，乳源集中的地方或运输距离较远的地方多采用乳槽车运输。运输过程中需注意以下几点：

① 运输乳所使用的容器须保持清洁卫生，并进行严格杀菌。

② 防止乳在运输过程中升温，特别是在夏季，运输最好在夜间或早晨进行，或用隔热材料盖好桶。

③ 奶桶盖内要有橡皮垫，并应消毒，装奶后须将桶盖盖严，防止掉入污物或向外洒奶。

④ 夏季必须装满盖严，以防震荡，否则会加速脂肪球膜破损，解脂酶分解脂肪；冬季不能装得太满，避免因冻结而使容器破裂。

⑤ 长距离运输乳时，最好采用乳槽车，可减缓乳在运输过程中的升温。

1. 运输设备

(1) 运乳桶　运乳桶一般适用于小规模的乳牛饲养户和乳源分散的小型收乳站。每个乳桶都有一个编码，代表不同的农场。运乳桶通常采用不锈钢和铝合金制造，每桶容量在40～50L。其总体结构要求便于搬运，桶身具有足够的刚度、硬度和耐酸碱度，内壁光滑，便于清洁，桶盖和桶身结合紧密，以保证在运输过程中无泄漏。

(2) 乳槽车　乳槽车适用于乳源集中、生产规模较大的奶牛场和乳品厂。乳槽车由汽车、乳槽、乳泵室、站立平台、人孔、盖、自动气阀等构成，容量一般在 5～10t，部分大型乳槽车可达 20t 以上（如图 2-2 所示）。

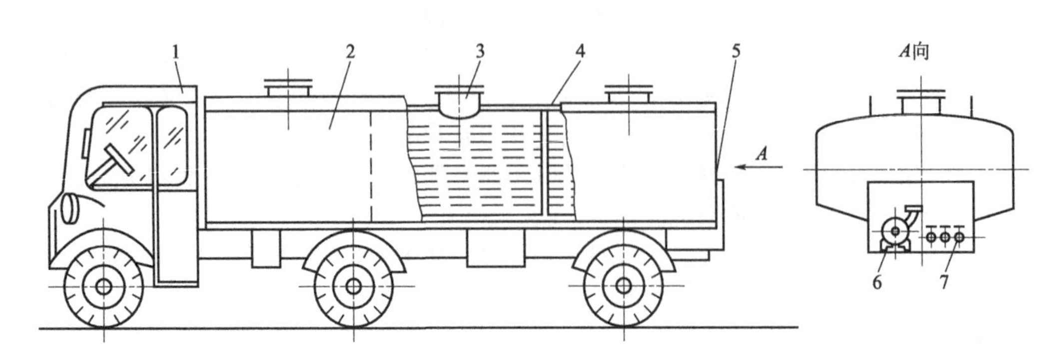

图 2-2　乳槽车

1—汽车；2—乳槽；3—人孔；4—保温层；5—乳泵室；6—乳泵；7—球阀

乳槽由不锈钢材料制成，乳槽内胆横截面呈椭圆形，内外壁间由保温材料填充，以避免运输途中乳温上升太多，一般要求夏季运输乳温上升不超过1℃。乳泵室内安装有离心泵、三通旋塞、流量计、输乳管道等。乳槽顶部设置的人孔及两侧站立台用于乳槽清洗。自动气阀用于在进乳和排乳的过程中保持乳槽内部与大气相通，避免槽内形成高压和真空而损坏乳槽，同时在运输途中保持乳槽密闭。

2. 接收设备

（1）运乳桶接收系统　运乳桶运送牛乳的接收系统，配置有磅乳槽和受乳槽。其中磅乳槽用于称量计重，而受乳槽用于牛乳的缓冲暂存。

在自动化运乳桶接收系统中，配置有机械倒乳称重装置（图 2-3）和自动清洗装置。将运乳车送来的运乳桶置于传送带上，途中将桶盖自动掀开，牛乳在称重处被自动倒入能显示重量的称量斗中，称重后操作人员根据农户的编号输入乳量。原料乳在称重之后，被泵送到贮存罐以待加工。空桶则被传送到清洁车间，进行清洁。最后，运乳桶被送到装货台以备运回奶牛场。

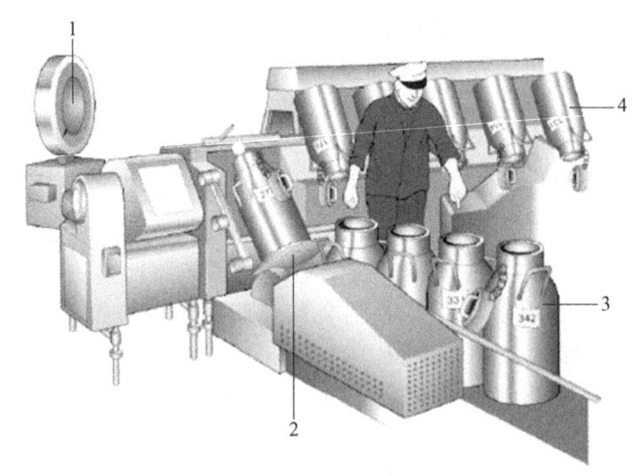

图 2-3　机械乳桶倒乳称重装置

1—指针式磅秤；2—倒乳装置；3—装乳桶；4—空桶

（2）乳槽车接收系统　利用乳槽车将奶牛场或收乳站收集的牛乳运至乳品厂后，牛乳首先经过滤器和脱气器，通过离心分离机净乳除去白细胞、乳腺组织、灰尘等其他物理杂质，随后经冷却器冷却至低温后，送到贮乳罐贮存，以备进一步加工。乳槽车接收流程如图 2-4 所示。

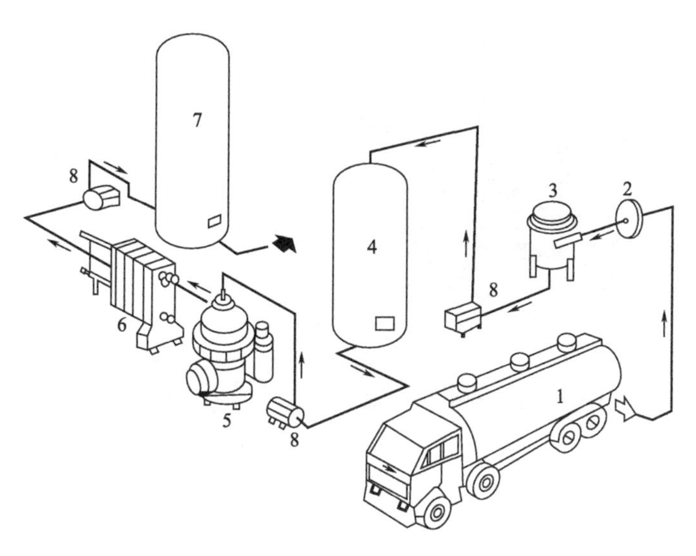

图 2-4 乳槽车接收流程

1—乳槽车；2—过滤器；3—脱气装置；4—缓冲贮罐；5—离心分离机；
6—冷却器；7—贮乳罐；8—乳泵

乳槽车直接驶入乳品厂的收乳间，收乳间通常能同时容纳数辆乳槽车。接收时的牛乳计量方式有重量法和容积法。

重量法计量装置有乳槽车地磅（图 2-5）和称量罐（图 2-6）两种形式。其中乳槽车地磅称量时分别称得乳槽车卸乳前后的质量，所得差值即为接收牛乳量。而称量罐的支脚内设置有称量传感器，通过置零可将所得质量电信号直接送到记录仪处。

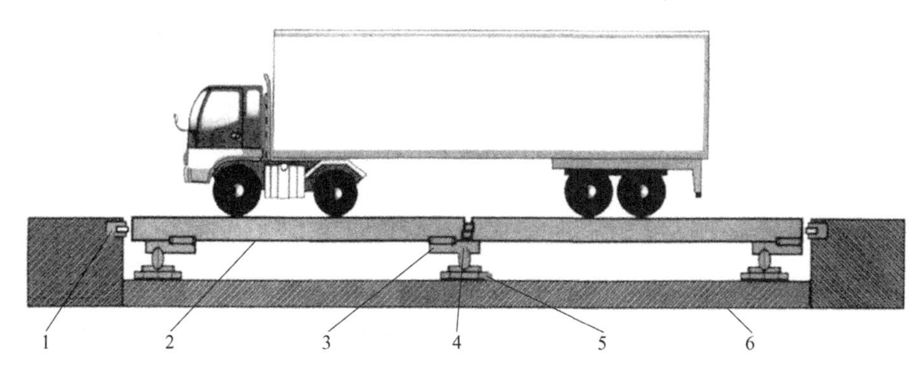

图 2-5 乳槽车地磅称量系统

1—限位器；2—承重平台；3—传感器；4—连接器；5—安装底板预埋件；6—基础

容积法计量装置为流量计，以翼轮泵和转子泵比较常见。乳槽车的出口与一台脱气装置相连，牛乳经过脱气被泵送到流量计，然后被送入一个贮乳罐。在此过程中，流量计将连续显示牛乳的总流量。当所有牛乳排净后，利用记录卡记录下牛乳的总量。在这种计量装置中，由于在计量乳的同时也会将乳中的空气计入，造成计量误差较大，因此在使用时必须要防止空气进入牛乳，故在流量计前安装一台脱气装置，以提高计量的精度（图 2-7）。此外，通常乳槽车在称重前需要先通过车辆清洗间进行冲洗，这在恶劣天气时尤为重要。

（3）真空收乳装置　真空收乳装置如图 2-8 所示。真空收乳一般配备有两个罐体，工作时一只进乳、一只放乳，轮流交替使用。当罐体 A 抽真空时，收纳的原乳用软管接到三位

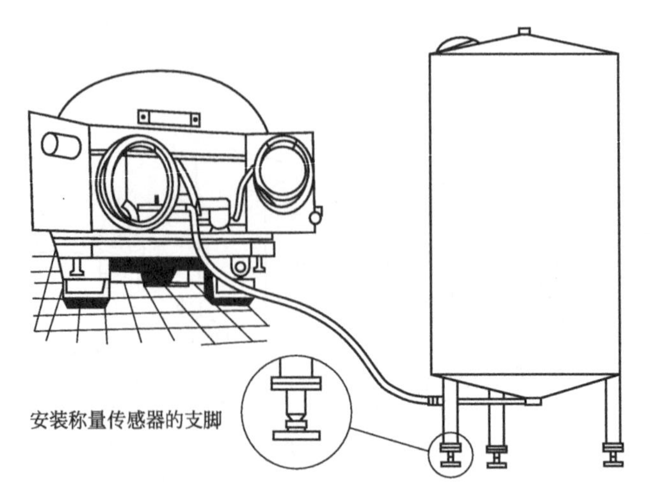

图 2-6　称量罐称量系统

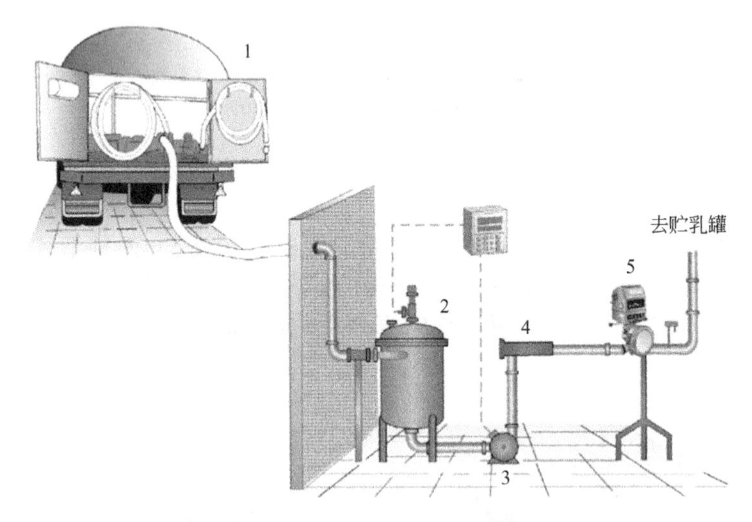

图 2-7　容积计量接收流程

1—乳槽车；2—脱气器；3—乳泵；4—过滤器；5—流量计

二通阀 2 上，使鲜乳吸入 A 罐，此时截止阀 9 关闭。吸乳完毕根据液位计量管（玻璃）计量。当 A 罐吸入的鲜乳达到最高液位时停止吸乳，解除 A 罐中的真空，并将抽气阀 1 和进乳阀 2 转向 B 罐，使 B 罐进行收乳。此时，打开 A 罐的放乳阀，用连接的乳泵将罐内的鲜乳泵到下一工序——净乳、冷却和贮乳设备中去。

罐体一般采用不锈钢制造。阀 1、阀 2、阀 6 和阀 9 均应采用快开阀或电磁阀，并装在易于操作的地方，便于开关。罐体积一般设计为 0.5～1.0m^3。真空收乳装置的优点是结构简单，操作方便。按上述收乳装置系统采用体积计量。如于罐体座脚处装置压力传感器，将信号传至控制箱，则可按重量计数；如配以程序控制，控制各阀门的开关和鲜乳的流向，则可达到自动收纳鲜乳的目的。

五、乳的贮存

未经处理的原乳贮存于大型立式贮奶罐中，罐容积为 25000～150000L，通常容积范围在 50000～100000L。较小的贮奶罐通常安装于室内，较大的则安装在室外以减少厂房建筑费用。

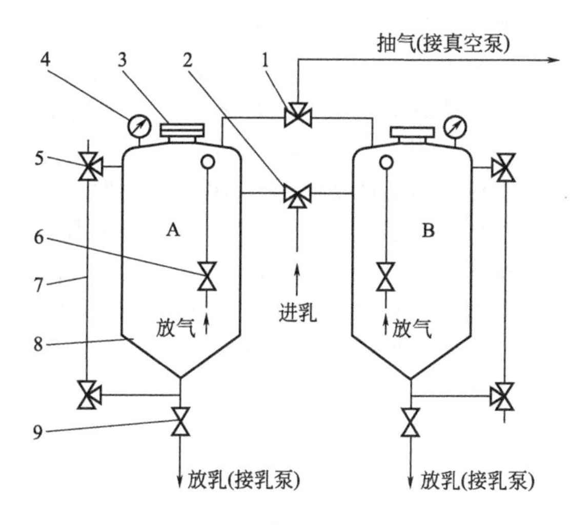

图 2-8　真空收乳装置系统图

1—三位二通阀（抽气开关）；2—三位二通阀（进乳开关）；3—人孔；4—真空表；
5—三位二通阀（连通开关）；6—截止阀（放气开关）；7—液位计量管；
8—罐体；9—截止阀（收乳开关）

1. 乳的贮存设备基本结构

一般贮乳罐配有牛乳温度检测装置、液位检测装置、搅拌器、视孔、人孔、灯孔、牛乳进出口和工作扶梯等（可参见图 2-9），在大中型罐内还配置有 CIP 清洗系统（俗称就地清洗系统）。凡与牛乳接触的器壁和附件均采用不锈钢材料制造，也有采用铝材或耐酸搪瓷等材料制造的。

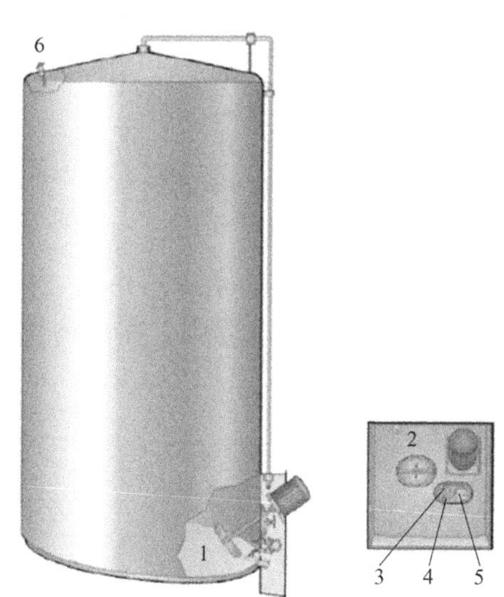

图 2-9　带探孔、指示器等的乳仓

1—搅拌器；2—探孔；3—温度指示；4—低液位电极；5—气动液位指示器；6—高液位电极

罐内温度一般可使用一个普通的温度计监测，随着温度传感器越来越多的应用，信号被送到中央控制台用于监测显示。

罐内的液位指示通常采用气动液位指示器通过测量静压来检测罐内牛乳的高度，并将读数传送至仪表盘。罐内通常安装有液位检测的低液位电极、溢流保护电极和空罐指示电极。

低液位电极安装于罐底部的搅拌器上方，当罐中的液位高于该电极时方可启动搅拌器，而低于该电极时，关闭搅拌器。溢流保护电极安装在罐上部的高液位处，当罐装满时，为防止溢流，关闭进口阀，然后牛乳由管道改流到另一个贮乳罐。空罐指示电极安装在排乳管道中，在排乳操作中指示罐内牛乳已完全排空，并发出信号启动其他罐的排乳，或停止该罐的排乳。空罐指示电极的应用可避免在后续的清洗过程中损失残留的牛乳。

搅拌器主要用来增加容器内牛乳温度的均匀性，并有防止脂肪从牛乳中分离出来的作用。贮乳罐中一般使用叶轮搅拌器。在较高的贮乳罐中，需要在不同的高度安装两个搅拌器以达到预期效果。由于过于剧烈的搅拌将导致牛乳中混入空气和脂肪球的破裂，从而使游离的脂肪在牛乳中酯酶的作用下分解，所以搅拌过程要求温和、平稳。

2. 乳的贮存设备的基本类型

（1）室内型贮乳罐　室内型贮乳罐为小型贮乳罐（图 2-10），容量一般在 10t 以下，通常为 2～5t。它除可用于贮存牛乳外，还可用于牛乳的标准化和定量配料。罐的内外壁均采用不锈钢制成，表面光滑。

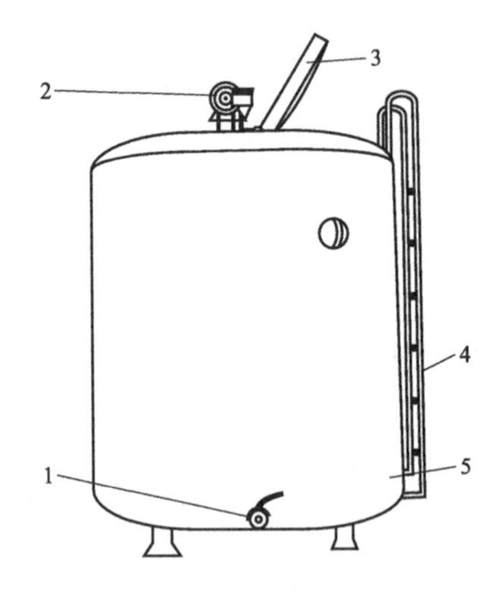

图 2-10　室内贮乳罐

1—旋阀；2—搅拌器驱动装置；3—罐盖；4—扶梯；5—罐体

（2）室外型贮乳罐　室外型贮乳罐的容量一般在 25～150t，以 50～100t 较为常见（图 2-11），大多数为立式，均外加保温层、内装 CIP 清洁装置。罐的内壁由不锈钢制成，表面光滑，

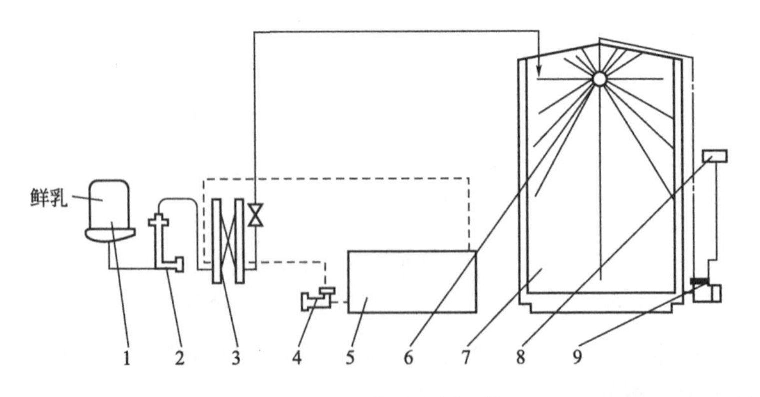

图 2-11　室外贮乳罐系统

1—平衡槽；2,9—乳泵；3—冷却器；4—冰水泵；5—冰水缸；6—喷洗头；
7—贮乳罐；8—洗涤液高位槽

外壁有碳钢板和不锈钢板两种结构。与室内型相比，室外型贮乳罐的配置更加完善，罐上有控制盘，置于室内的中心控制台。

【自查自测】

一、填空题

1. 榨乳主要分为（　　）榨乳和（　　）榨乳两种工艺。
2. 榨乳设备通常包括（　　）、（　　）、（　　）、（　　）和（　　）。
3. （　　）有榨乳设备的“心脏”之称。
4. 接收时的牛乳计量方式有（　　）和（　　）。
5. 牛乳收集系统包括从（　　）到（　　）之间所有的管道及设备。
6. 国际乳品联合会认为牛乳在（　　）℃保存最佳。

二、简答题

1. 生鲜牛乳产生异味的原因主要有哪些？
2. 牛乳运输过程中需注意的事项有哪些？
3. 原料乳在送入工厂后，要进行哪些检验？
4. 运乳桶作为牛乳的运输设备应具备怎样的结构特征？

项目二　离心分离

【知识储备】

在乳制品生产中离心分离的目的主要是得到稀奶油和甜酪乳、分离出甜奶油或乳清、对乳或乳制品进行标准化以得到要求的脂肪含量；另一个目的是清除乳中的杂质，主要是颗粒性杂质、白细胞等。离心分离也用于除去细菌和芽孢。

一、离心分离机

离心分离机是乳品厂较精密的专用设备之一，主要用于牛乳的净化以及奶油的分离与均质。离心分离机是利用离心力，分离液体与固体颗粒或液体与液体的混合物中各组分的机械。因此，离心分离机主要用于将悬浮液中的固体颗粒与液体分开；或将乳浊液中两种密度不同，又互不相溶的液体分开，如从牛乳中分离出奶油。

离心分离机有一个绕本身轴线高速旋转的圆筒，称为转鼓，牛乳加入转鼓后，被迅速带动旋转，在离心力的作用下各种成分被分离。最早的离心分离机都是间歇操作和人工排渣的，较早的分离机中的转鼓仅是一个空筒，后来转鼓内增加了轴向叠置的圆锥形碟片，碟片的增加使沉降面积扩大、沉降距离缩短，分离效果显著改善，并提高了处理能力，这一技术的应用使碟片分离机迅速发展了起来。

1. 离心分离机的类型

现代的分离机有三种类型，即开放式、半密闭式和密闭式离心分离机。

(1) 开放式离心分离机　牛乳进入离心机前置于机身最高端，依靠重力作用从入口进料，同时使稀奶油和脱脂乳在常压下排出。一般有手摇式和电动式两种。这种机型主要用于实验室或小型的加工厂。

(2) 半密闭式离心分离机　出口带有压力盘的离心分离机是人们熟知的半开式类型（图2-12)。在半开式的分离机中，牛乳通过一个位于顶部的轴从进口管进入分离钵。牛乳进入分配器后，被加速到与分离钵的旋转速度相同，然后上行进入碟片组间的分离通道。离心力将牛乳向外甩出形成环状的圆柱形内表面。由于此过程和常压空气接触，因此，表面上牛乳的压力与大气压力相似，但压力随着距旋转轴的距离的增加而逐渐增加，到钵的边缘时达到最高值。较重的固体颗粒被分离出来，并沉积在沉降空间内；稀奶油向转轴方向移动，并通

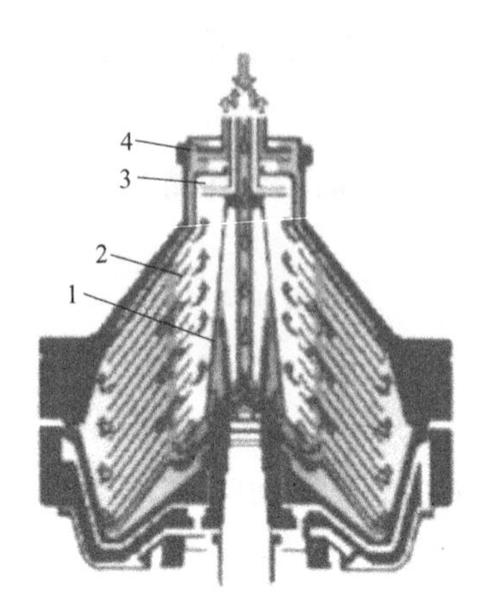

图 2-12 半密闭式分离机

1—分配器；2—碟片组；3—稀奶油压力室；4—脱脂乳压力室

过稀奶油的压力盘排出通道；脱脂乳从碟片组的外边缘离开，穿过顶钵片与分离钵罩之间的通道，进入脱脂乳压力盘排出。

（3）密闭式离心分离机　在密闭式的分离机（图 2-13）中，牛乳通过钵孔进入钵体，并很快加速到钵体的转速，然后继续通过分配器进入碟片组。密闭式分离机的钵体在操作过程中被牛乳完全充满，中心处没有空气，所以密闭式分离机可以被认为是密闭管路系统的一部分。外部泵产生的压力足以克服产品从分离机进口到稀奶油和脱脂乳出口排出泵间的流动阻力。但要计算泵叶轮的直径，以满足出口压力要求。

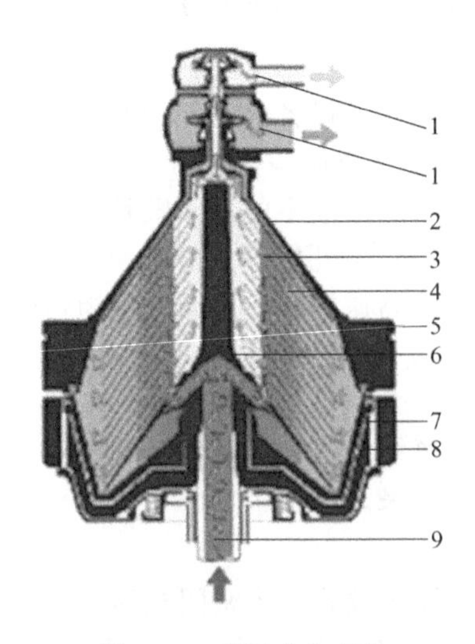

图 2-13 密闭式分离机

1—出口泵；2—钵罩；3—分配孔；4—碟片组；5—锁紧环；6—分配器；7—滑动钵底部；8—钵体；9—空心钵轴

密闭式分离机上的阀是隔膜阀，通过隔膜上的压缩空气来调节所要求的产品压力。在分离过程中，隔膜上承受恒压空气的压力，隔膜下面承受产品（脱脂乳）的压力。如果脱脂乳的压力降低，那么预定的空气压力将推动隔膜下移，与隔膜固定在一起的阀杆也跟着向下移动，通道变窄。这种节流使脱脂乳出口压力增到设定的值。当脱脂乳压力继续增加，阀杆反向运动，预定的压力又得以恢复。

2. 牛乳在离心分离机中的分离过程

在离心分离机中，碟片被固定在顶罩和钵体中心的分配器上。牛乳从空心钵轴进入距碟片边缘有一定距离的垂直排列的分配孔中，牛乳在碟片间形成的分离通道内，在离心力的作用下，其中的颗粒或液滴（脂肪球）根据它们相对于连续介质（脱脂乳）的密度而在分离通道内被分离，如图 2-14 所示，其具体分离过程为：

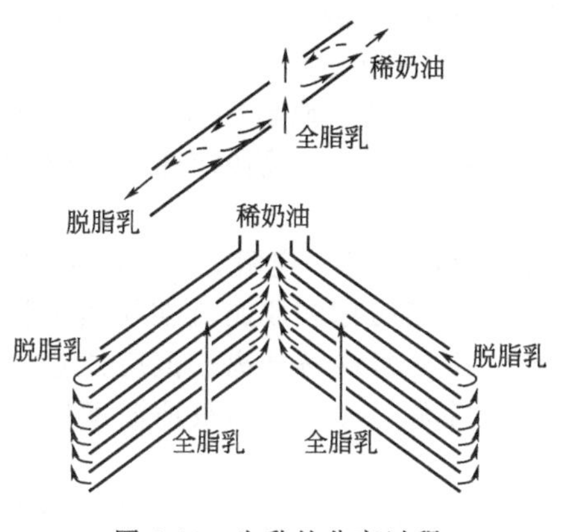

图 2-14 牛乳的分离过程

(1) 脂肪球的密度小，沿分离通道向上向内运动，汇聚在轴中心后，从稀奶油排出口排出。

(2) 脱脂乳沿分离通道向下向外运动，到达碟片边缘后，向上运动经最上部不开孔的碟片与分离钵锥罩之间的通道，经脱脂乳排出口排出。

(3) 牛乳中密度较大的杂质沿分离通道被甩向分离机四周的沉渣室，杂质被定期排出。现代的离心分离机都有自动排渣系统，沉渣排放的情况取决于离心机的类型，但基本上都是把一定体积的水加入排水装置中作为“平衡水”。当水从滑动钵底部排出时，滑动钵立刻下降，沉渣就沿钵的周边排出。关闭钵体的新“平衡水”由伺服系统自动供给。“平衡水”推动滑动钵底部，克服密封环的阻力上移关闭排渣口。沉渣排放时间约为零点几秒。离心机的框架吸收了离开旋转钵的沉渣的能量，沉渣借助重力从机架排出到下水道、容器或泵中。

3. 使用离心分离机时的注意事项

在选择分离机时，要根据实际情况考虑，生产能力要适当，以提高设备利用率，减少动力消耗。工作时分离机高速转动，要有坚实的地基。转动主轴要垂直于水平面，各部件应精确地安装，必要时需在地脚上配置橡皮圈，能起到缓冲作用。对转动部分，必须定期更换新油，清除污油，防止杂质混入。

开车前必须检查传动机械与紧固件，观察松动方向是否符合要求，不允许倒转，以防止机件损坏。观察电动机和水平轴的离心离合器是否同心灵活，必要时经行空车试转，听其是否有不正常的杂音。封闭压力式分离机在启动和停车时，都要由水代替牛乳，在启动后 2～3min 内就应取样分析，鉴定分离效果。

连续作业时间应视物料的物理性质、杂质含量而定，一般为 2～4h，即需停车清洗。为保证质量要求，最好是配备 2 台分离机，制订出周密的作业计划及运转时间表，如发现分离后的物料不符合规定指标，经调节机件后不见效，则应立即停机检查。

二、影响分离效果的因素

从离心分离机方面考虑，主要影响因素有：分离机的转速，转速越大，分离效果越好；碟片的形状及数目；分离钵的直径，直径越大，分离效果越好。

从牛乳方面考虑，主要影响因素有：原料乳中脂肪球的直径，直径越大，分离效果越好，当脂肪球的直径小于 0.2μm 时，则不能被分离出来；原料乳中杂质的含量与杂质的大小；分离机中牛乳的流速，若牛乳流速低，那么牛乳在分离通道内时间长，可将直径小的脂肪球分离，脱脂效率高；在分离前将物料预热，会提高分离效果，牛乳预热后可以使脂肪球的直径增加；脂肪球与脱脂乳的密度差增大；脱脂乳的黏度降低，根据斯托克斯定律，上浮速度增大，分离效果也随之提高。

用分离机分离牛乳时，分离机的转速、乳的温度、乳的杂质度以及乳的流量等都是影响分离效果的直接因素。

（1）分离机的转速　分离机的转速随各种分离机的机械构造而异。通常手摇分离机的摇柄转速为45～70r/min时，分离钵的转速在4000～6000r/min。一般地，转速越快分离效果越完善，但由于分离机的结构和人的体力限制，不能使分离机旋转过快。正常的工作应当保持在规定转速以上，但最大不超过其规定转速的10%～20%，过多地超过负荷，会使机器的寿命大大缩短，甚至损坏；如果转速过慢，则分离不完全，会降低奶油的产量，故必须正确掌握分离机的转速。

（2）乳的温度　温度低时，乳的密度较大，使脂肪的上浮受到一定阻力，分离不完全，故乳分离前必须加热。加热后的乳密度大大降低，同时由于脂肪球和脱脂乳在加热时膨胀系数不同，脂肪球的密度较脱脂乳减低得更多，促进了乳更加容易分离。但应注意，使用开放式分离机时，如乳温过高，会产生大量泡沫不易消除，故分离的最适温度应控制在32～35℃。

（3）乳中的杂质含量　由于分离机的能力与分离钵的半径呈正比关系，如乳中杂质度高时，分离钵的内壁很容易被污物堵塞，其作用半径就渐渐缩小，分离能力也就降低，故分离机每使用一定时间即需清洗一次。同时在分离以前必须把原料乳进行严格的过滤，以减少乳中的杂质。

此外，当乳的酸度过高而产生凝块时，因凝块容易粘在分离钵的四壁，也与杂质一样会影响分离效果。

（4）乳的流量　在单位时间内乳流入分离机内的数量越少，则乳在分离机内停留的时间就越长；分离杯盘间乳层越薄，分离也就越完全。但分离机的生产能力也随之降低，故对每一台分离机的实际能力都应加以测定。对未加测定的分离机，应按其最大生产能力（标明能力）减低10%～15%来控制进乳量。

三、离心分离机在生产上的应用

1. 净乳

用离心分离机除去乳中的杂质。牛乳在挤奶等过程中被饲料、尘埃、牛毛和昆虫等污染，这些杂质的密度比牛乳大，在离心分离机中被甩入沉渣室定期排出，使牛乳净化、杂质度符合标准。

2. 脱脂

用离心分离机脱去乳中的脂肪，形成稀奶油和脱脂乳，稀奶油制成奶油和无水奶油，脱脂乳制成脱脂乳制品。

3. 标准化

在实际生产中为了达到乳制品标准的要求，用离心分离机调整原料乳中脂肪与非脂乳固体的比例，使其符合成品的比例要求。在干酪生产中若乳脂肪含量较高，则质地疏松；乳脂肪含量过低，则质地太硬。因此，在生产前需要用离心分离机进行标准化。

4. 离心除菌

牛乳中的细菌特别是耐热的芽孢比牛乳的密度大，可用离心分离机除去。离心除菌是利用特殊设计的密封分离机，称为离心除菌机，从牛乳中将细菌，尤其是一些特殊种属细菌形成的芽孢分离出去的加工方法。

离心除菌经实验证明是一种有效减少乳中芽孢数的方法，因为芽孢的密度比乳大，离心除菌通常将乳分离成几乎不含细菌的部分和含有细菌和芽孢的浓缩物部分，后者占进入离心除菌机原料的3%。离心除菌是乳预处理的一部分，以提高用于干酪和乳粉生产的原乳的质量为目的。离心除菌机与离心分离机串联使用，安装在上游或下游。当经过在线标准化后的过量稀奶油的质量要求非常重要时，则离心除菌机必须安装在离心分离机的上游，通过这样处理会使稀奶油的质量提高，因为需氧芽孢菌的芽孢如蜡状芽孢杆菌的数量会明显减少。通常离心除菌时选用的温度与离心分离时相同，如 55～65℃或更典型为 60～63℃。现代乳品厂使用的都是一机多用分离机。

【自查自测】

一、填空题

1. 现代的分离机常见的有（ ）、（ ）和（ ）三种类型。
2. （ ）离心分离机主要用于实验室或小型的加工厂，一般有（ ）和（ ）两种。
3. 出口带（ ）的离心分离机是半密闭式离心机。
4. 离心机的分离钵的直径（ ），分离效果越好。
5. 离心过程中，原料乳中脂肪球的直径（ ），分离效果越好。
6. 在离心分离前将物料预热可以使脂肪球的直径（ ）。

二、简答题

1. 简述牛乳在离心分离机中的分离过程。
2. 简述影响分离效果的主要因素。
3. 简述使用离心分离机时的注意事项。

项目三 乳的标准化

【知识储备】

一、乳的标准化基本概念

一头奶牛每天可以挤奶 2～3 次，每天的产奶量为 10～30L。按质量计，一般情况下，可认为在生鲜牛乳中水分平均含量为 87%，其余是牛乳中的“乳干物质”，主要包括约 3.5%的脂肪、3.4%的蛋白质、4.9%的乳糖、0.7%的矿物质，以及维生素等营养成分，具体成分含量还因各种因素而变，详见前文所述。如果不计“乳干物质”里的脂肪，剩余成分常被称为“非脂乳干物质”。

原料乳中脂肪与非脂乳干物质的含量随乳牛品种、地区、季节和饲养管理等因素不同而有较大的差别。在牛乳的各种常规成分中，波动幅度最小的是矿物质含量，其次是乳糖含量；波动幅度最大的是脂肪含量，其次是蛋白质含量。即使是同一头奶牛，每天不同时间挤出牛乳的脂肪含量也不完全相同，晚上挤出的牛乳的脂肪含量比早上多，在同一次挤奶过程中，最后挤出的牛乳脂肪含量可能是最初挤出的 2～3 倍。奶牛年龄越大，所生产牛乳的脂肪含量越低。

因此，商业化提供牛乳和乳制品时，为了稳定产品的色香味和质地，需要采用适当的设备和技术，来调整和固定牛乳中脂肪、蛋白质、水等主要成分的含量，这些操作统称为“乳的标准化”。

二、脂肪标准化的原理与计算

1. 标准化的原理

乳脂肪的标准化可通过添加或去除部分稀奶油或脱脂乳进行调整，当原料乳中脂肪含量不足时，可添加稀奶油或除去一部分脱脂乳；当原料乳中脂肪含量过高时，则可添加脱脂乳或提取部分稀奶油来调整。

2. 标准化的计算

乳脂肪的标准化可通过添加稀奶油或脱脂乳进行调整，混合的计算方法如图 2-15 所示，图中，W_A表示原料乳的脂肪含量，%；W_B表示脱脂乳或稀奶油的脂肪含量，%；W_C表示标准化后乳中的脂肪含量，%；M_A表示原料乳的质量，kg；M_B表示脱脂乳或稀奶油的质量，kg，则：

$$M_A \times W_A + M_B \times W_B = W_C \times (M_A + M_B)$$

$$M_B = \frac{M_A(W_A - W_C)}{W_C - W_B}$$

如以100kg脂肪含量为4%的原料乳生产脂肪含量为3%的标准化乳制品，应取40%的稀奶油多少千克？用矩形图（图2-16）解为：

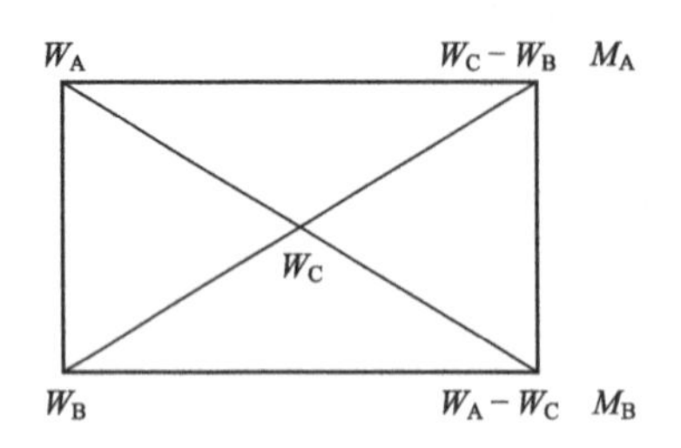

图2-15 脂肪含量计算示意图1

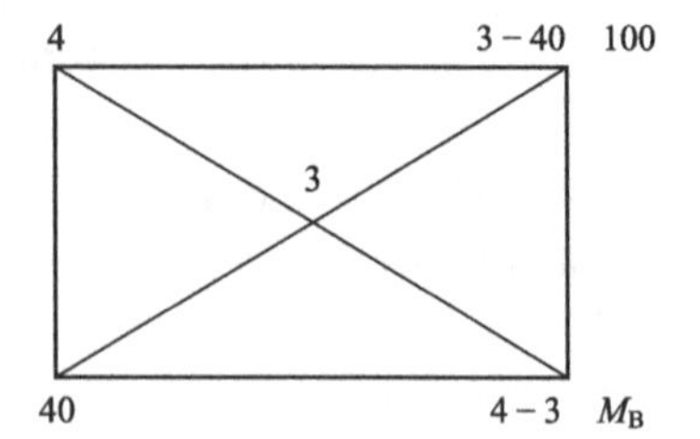

图2-16 脂肪含量计算示意图2

$$M_B = \frac{M_A(W_A - W_C)}{W_C - W_B} = \frac{100 \times (4-3)}{(3-40)} = -2.7\text{kg}$$

其示意图如图2-17所示。

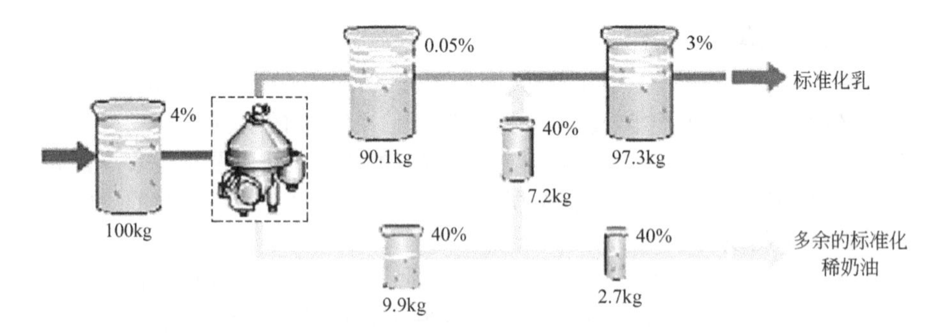

图2-17 脂肪含量计算示意图3

三、脂肪标准化的方法

1. 主要的三种标准化方法

（1）预标准化　预标准化是指在巴氏杀菌之前把全脂乳分离成稀奶油和脱脂乳。如果标准化乳脂率高于原料乳中的脂肪含量，则需将稀奶油按计算比例与原料乳在罐中混合以达到要求的含脂率；如果标准化乳脂率低于原料乳中的脂肪含量，则需将脱脂乳按计算比例与原料乳在罐中混合达到标准化的目的。

（2）后标准化　后标准化是在巴氏杀菌之后进行，方法与预标准化相同，但此方法二次污染的可能性很大。

以上两种标准化方法都需要使用大型的、等量的混合罐，分析和调整工作也很费时费工。

（3）直接标准化　将牛乳加热至55～65℃，然后按预先设定好的脂肪含量，分离出脱脂乳和稀奶油，并且根据最终产品的脂肪含量，由设备自动控制回流到脱脂乳中的稀奶油的流量，多余的稀奶油会流向稀奶油巴氏杀菌机。

此方法的主要特点为：快速、稳定、精确、与分离机联合运作、单位时间内处理量大。

2. 脂肪的分离

（1）净化　净化即从液体中分离出固体颗粒。在离心净乳机中，牛乳在碟片组的外侧边缘进入分离通道并快速地流过通向转轴的通道，并由一上部出口排出，流经碟片组的途中固体杂质被分离出来并沿着碟片的下侧被甩回到净化钵的周围，在此集中到沉渣空间，由于牛乳沿着碟片的半径宽度通过，所以流经所用的时间足够非常小的颗粒进行分离。离心净乳机和分离机最大的不同在于碟片组的设计。净乳机没有分配孔，净乳机有一个出口，而分离机有两个。

（2）分离　在离心分离机，碟片组带有一垂直的分布孔，牛乳进入距碟片边缘一定距离的垂直排列的分布孔中，在离心力的作用下，牛乳中的颗粒和脂肪球根据它们相对于连续介质（即脱脂乳）的密度而开始在分离通道中径向朝里或朝外运动。

而在净乳机中，牛乳中高密度的固体杂质迅速沉降于分离机的四周，并汇集于沉渣空间。由于此时通道里的脱脂乳向碟片边缘流动，这有助于固体杂质的沉淀。

稀奶油，即脂肪球，比脱脂乳的密度小，因此在通道内朝着转动轴的方向运动，稀奶油通过轴口连续排出。

脱脂乳向外流动到碟片组的空间，进而通过最上部的碟片与分离钵罩之间的通道，由此排出。

（3）脱脂效率　从牛乳中能分离出多少脂肪量取决于分离机的设计情况及分离机中牛乳的流量和脂肪球的尺寸分布。

脂肪球的大小在从奶牛分娩后到干乳的整个泌乳期间是不断变化的。在分娩之后的牛乳中大粒径的脂肪球占优势，当趋向泌乳末期时，小脂肪球的数量上升。极小的脂肪球，通常＜1μm，在给定的速度下还没来得及上升就被脱脂乳带出了分离机，脱脂乳中残留的脂肪含量通常介于0.04%～0.07%，据此，称该设备的脱脂能力为0.04～0.07。

如果牛乳通过该设备的流速减小，那么牛乳通过分离通道的流速也会减小，这就给脂肪球更多的上升时间，并从稀奶油出口排出。换句话说，分离机的脱脂效率随着流量的减小而稍有增加，反之亦然。

（4）稀奶油的脂肪含量　从分离机中分离出的稀奶油的脂肪含量由稀奶油的流量决定，稀奶油的脂肪含量与它的流量成反比。各种类型的仪器可以用来连续测量稀奶油的脂肪含量。仪器发出的信号调节稀奶油的流量从而获得正确的脂肪含量。

（5）固体杂质的排出　分离钵的沉降空间里收集的固体杂质有稻草、毛发、乳房细胞、白细胞、红细胞、细菌等。在使用残渣存留型的牛乳分离机时，必须经常把钵体拆开，定期进行人工清洗沉渣空间，这需要大量的体力劳动。现代化的自净或残渣排除型的分离机配备了自动排渣设备，将沉积物按预定的时间间隔自动排除，分离机不再需要人工清洗。在牛乳分离的过程中，固体杂质的排出通常30～60min进行一次。

【自查自测】

一、名词解释

乳干物质，非脂乳干物质，乳的标准化

二、填空题

1. 在牛乳的各种常规成分中，波动幅度最小的是（　　）含量，波动幅度最大的是（　　）含量。

2. 进入分离机的全脂牛乳以两种液流排出，即（　　）和（　　）。

三、简答题

简述脂肪标准化的原理。

项目四 均　　质

【知识储备】

一、均质的概念

完成了标准化的牛乳，脂肪球仍将不停上浮，而且大直径的脂肪球还将继续聚集成簇，从而加速上浮，结果使分离出来的稀奶油或者完成了标准化的牛乳的脂肪含量再一次分布不均。为了解决这一问题，1890 年前后，应运而生了一种专门细化脂肪球颗粒的设备，名为“均质机”。其工作原理是：在一定压力下，迫使温度为 60℃左右的牛乳在千分之几秒的极短时间内，高速通过细微的狭缝，大直径的脂肪球膜在一刹那间爆破，大颗粒的脂肪球也被碎化。

均质的目的是为了防止脂肪上浮分层、减少酪蛋白微粒沉淀、改变原料或产品的流变学特性和使添加成分均匀分布。均质后脂肪球变小，乳的颜色更白，更易引起食欲，同时降低了脂肪氧化的敏感性，有更强的整体风味、更好的口感，发酵乳制品稳定性更佳。

二、高压均质机

高压均质机也称“高压流体纳米均质机”，它可以使悬浊液状态的物料在超高压作用下，高速流过具有特殊内部结构的容腔（高压均质腔），使物料发生物理、化学等一系列变化，最终达到均质的效果。

高压均质机是液体物料均质细化和高压输送的专用设备和关键设备，均质的效果影响产品的质量。均质机的作用主要有：提高产品的均匀度和稳定性；增加保质期；减少反应时间（如乳制品发酵反应）从而节省大量催化剂或添加剂；改变产品的稠度，改善产品的口味和色泽等。均质机广泛应用于食品、乳品、饮料、制药、精细化工和生物技术等领域的生产、科研和技术开发中。

1. 高压均质机的结构

高压均质机基本结构如图 2-18 所示，常见的是三柱塞往复泵，它主要由传动系统、柱塞泵、均质阀等部分组成。

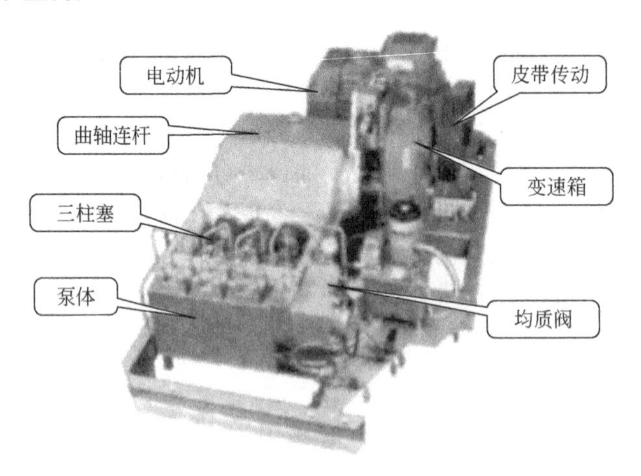

图 2-18　高压均质机的组成

（1）传动系统　传动系统是由电动机、皮带轮、变速箱、曲轴连杆、柱塞等组成。通过曲轴连杆机构和变速箱将电动机高速旋转运动变成低速往复直线运动。实践中采用两级变速，即皮带轮及齿轮变速为好。变速后，使柱塞往复运动的速度控制在 130～170r/min。这种速度下，机器运转稳定、噪声低，柱塞及其密封耐用性好。

(2) 柱塞泵　由活塞带动柱塞，在泵体内作往复运动，在单向阀配合下，完成吸料、加压过程，然后液料进入集流管。

(3) 均质阀　均质阀接受集流管输送过来的高压液料，完成超细粉碎、乳化、匀浆任务。它有两级均质阀及二级调压装置，如图 2-19 所示。阀中接触料液的材质必须具备无毒、无污染、耐磨、耐冲击、耐酸、耐碱、耐腐蚀的条件。压力指示通常用指针式耐震压力表。为防止压力表使用中失控而损坏设备，常常配有电流表同时监控。图 2-20 所示为三柱塞往复泵。常见的三柱塞往复泵的柱塞泵是由 3 个工作室、3 个柱塞、3 个单向的进料阀和 3 个单向的出料阀等组成。3 个工作室互不相连，但进料管和排料管相通，在设计上曲轴使连杆相位差为 120°，它们并联在一起，使排出的流量基本平衡。

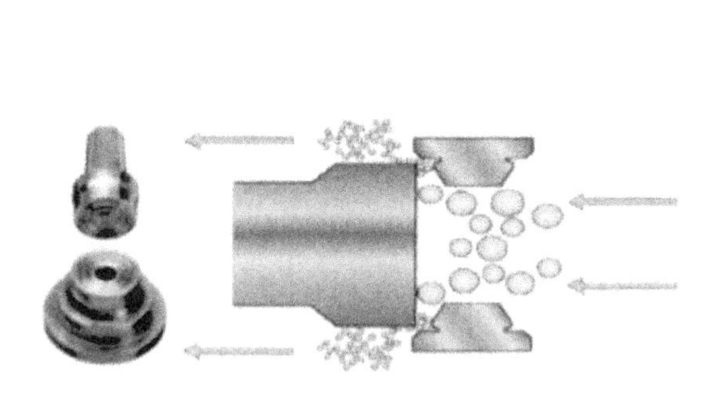

图 2-19　均质阀与均质的原理

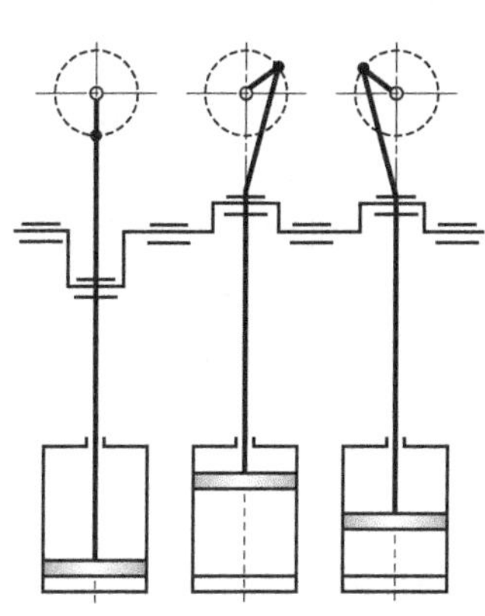

图 2-20　三柱塞往复泵

2. 高压均质机的工作过程

如图 2-21 所示为均质机的工作过程。柱塞的一段伸入到泵体的泵腔内，在传动机构的带动下柱塞在泵腔内往复运动，当柱塞向右移动时泵腔内形成低压，排料阀关闭、进料阀打开，物料被吸入；当柱塞向左移动时泵腔内形成高压，进料阀关闭、排料阀打开，物料被排出。由于曲轴使连杆相位差为 120°，它们并联在一起，使排出的流量基本平衡。柱塞随曲轴旋转作往复运动，在主泵体内通过进料阀、出料阀以及均质阀，完成进料、压缩、泄放、进料、压缩、泄放，如此周而复始运行。

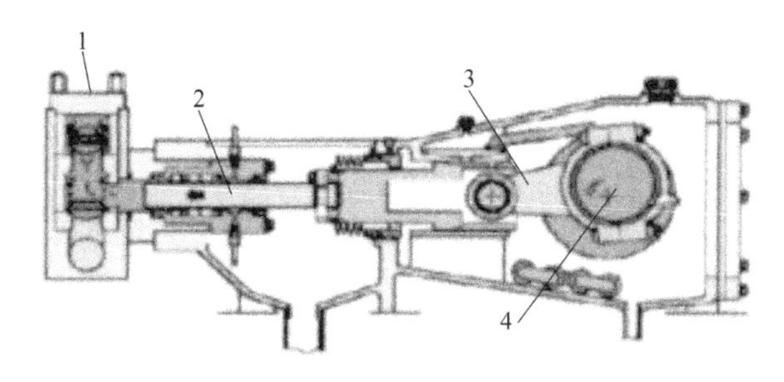

图 2-21　均质机的工作过程

1—泵体；2—柱塞；3—连杆；4—曲轴

对于每一个柱塞泵来说，进料和泄放都是间歇的，管道的液流必然是脉冲状态，即使是多柱塞合成的液流也成脉动状态，这个脉冲（动）频率会引起管道的振动，如果柱塞运行速度为 130～170r/min，柱塞每一个行程周期仅为 0.36～0.46s，进出料单向阀开启时间仅为

0.18～0.23s，表明主泵体在短时间内完成进料、压缩和泄放全过程首先必须具备稳定的进料速度和进料压力。实践中，选择合理的均质机的进、出料管径以及输送泵和缓冲管，是十分必要的。柱塞往复速度设计在130～160次/min。

3. 高压均质机的特点

相对于离心式分散乳化设备（如胶体磨、高剪切混合乳化机等），高压均质机具有以下特点：

（1）细化作用更为强烈，这是因为工作阀的阀芯和阀座之间在初始位是紧密贴合的，只是在工作时被料液强制挤出了一条狭缝；而离心式乳化设备的转定子之间为满足高速旋转并且不产生过多的热量，必然有较大的间隙（相对均质阀而言）；同时，由于均质机的传动机构是容积式往复泵，所以从理论上说，均质压力可以无限地提高，而压力越高，细化效果就越好。

（2）均质机的细化作用主要是利用了物料间的相互作用，所以物料的发热量较小，因而能保持物料的性能基本不变。

（3）均质机能定量输送物料，因为它依靠往复泵送料。

（4）均质机耗能较大。

（5）均质机易损，维护工作量较大，特别是在压力很高的情况下。

（6）均质机不适合于物料黏度很高的情况。

【自查自测】

一、填空题

1. 高压均质机是一种往复泵，常见的是（　　）往复泵，它主要由（　　）、（　　）、（　　）等部分组成。

2. 高压均质机的传动系统是由（　　）、（　　）、（　　）、（　　）、（　　）、（　　）等组成。

3. 均质阀接受集流管输送过来的高压液料，完成（　　）、（　　）、（　　）任务。

二、简答题

1. 简述均质的目的。
2. 简述高压均质的原理。
3. 简述高压均质机的特点。
4. 简述高压均质机的工作过程。

项目五　清洗与消毒

【知识储备】

一、清洗

对于乳品企业来说，由于牛乳是大多数微生物生长繁殖的理想培养基，一旦原料乳或产品受到微生物的污染，就很容易在生产中造成严重的产品污染事故。因此，工厂内的各项清洗对所有的乳品厂来说都具有至关重要的作用。

1. 清洗的定义

清洗就是通过物理和化学的方法去除被清洗表面可见和不可见的杂质的过程。而清洗所要达到的清洗标准是指被清洗表面所要达到的清洁程度，有下面几种表示方法：

（1）微生物清洁　指被清洗表面通过消毒，杀死了极大部分附着的致病微生物。微生物清洁通常会伴有物理清洁，但不一定伴有化学清洁。

（2）无菌清洁　指被清洗表面上附着的所有的微生物均被杀灭。这是超高温瞬时灭菌和无菌操作的基本要求。同微生物清洁一样，无菌清洁通常伴有物理清洁，但不一定伴有化学清洁。

（3）化学清洁　指不仅去除了被清洗表面上肉眼可见的污垢，而且还去除了微小的、通常为肉眼不可见但可嗅出或尝出的沉积物。

（4）物理清洁　指从被清洗表面去除了肉眼可见的污垢。物理清洁可能会在被清洗表面留下化学残留物，但这通常是有意识的行为，以达到阻止微生物在被清洗表面繁殖的目的。

2. 清洗的目的

对乳品工厂而言，设备的清洗仅达到物理清洁或化学清洁的标准是不足以满足生产卫生质量要求的，因为乳品工厂中清洗的目的在于：满足食品安全的需要，减少微生物污染以获得高质量的产品，符合法规要求，维护设备的有限运转以避免出现故障，使生产人员满意。所以，微生物清洁是乳品工厂设备清洁所希望达到的标准。达到微生物清洁的前提是物理清洁和化学清洁。

3. 常用清洗剂的种类

我国大部分乳品企业最为常用的清洗剂有两大类：碱性清洗剂和酸性清洗剂。随着科学技术的不断发展，人们已能根据被清洗物污垢的性质、加工设备材料、水的硬度、是否具有杀菌特性等诸多因素开发出清洗效果更好的清洗剂，如表面活性剂、金属离子螯合剂、氧化还原剂、酶制剂等。

（1）碱性清洗剂　无机碱类最常用的有氢氧化钠、正硅酸钠、硅酸钠、磷酸三钠、碳酸钠、碳酸氢钠等。

氢氧化钠在使用时逐渐转化成碳酸盐，在缺乏足够悬浮或多价螯合剂的情况下，它们最终会在设备和器皿的表面形成鳞片或结霜。正硅酸钠、硅酸钠和磷酸三钠对清洗顽垢很有效，它们也具有缓冲和冲洗特性。由于碳酸钠和碳酸氢钠碱度低，一般用作可与皮肤接触的清洗剂。

（2）酸性清洗剂　通常使用的酸有无机酸如硝酸、磷酸、氨基磺酸等，有机酸如羟基乙酸、葡萄糖酸、柠檬酸等。这些酸在设计的配方中是用来除去碱性洗剂不能除掉的顽垢。有些乳品设备只用碱或碱性混合剂来清洗是不能达到最佳效果的，尤其是热处理设备，因此用酸洗是非常必要的。如“乳石”的除去必须用酸。因为酸能烧伤皮肤，所以处理清洗剂时要十分小心。

（3）表面活性剂　表面活性剂有阴离子型、阳离子型、两性离子型、非离子型四种类型。

阴离子表面活性剂是表面活性剂中发展历史最悠久、产量最大、品种最多的一类产品。阴离子表面活性剂按其亲水基团的结构分为磺酸盐和硫酸酯盐，它们是目前阴离子表面活性剂的主要类别。

阳离子表面活性剂主要是含氮的有机胺衍生物，由于其分子中的氮原子含有孤对电子，故能以氢键与酸分子中的氢结合，使氨基带上正电荷。因此，它们在酸性介质中才具有良好的表面活性；而在碱性介质中容易析出而失去表面活性。

两性离子表面活性剂，其生产品种绝大部分是羧基盐类型。其中阴离子部分是羧基，阳离子部分由铵盐构成的叫氨基酸型两性表面活性剂，阳离子部分由季铵盐构成的叫甜菜碱型两性表面活性剂。

非离子表面活性剂是指分子中含有以在水溶液中不离解的醚基为主要亲水基的表面活性剂，其表面活性由中性分子体现出来。非离子表面活性剂具有很高的表面活性，具有良好的增溶、洗涤、抗静电、钙皂分散等性能，且刺激性小，还有优异的润湿和洗涤功能。

（4）金属离子螯合剂　在清洗用水的硬度较高时，碱洗过程中会发生一定的化学反应，导致形成不溶性碳酸盐。使用螯合剂的作用就是防止钙、镁盐沉淀在清洗剂中形成不溶性的化合物，还可以防止洗下的污物再产生絮集。有几种不同的螯合剂可供选择，选择哪一种取决于洗液 pH 值。常用的螯合剂包括三聚磷酸盐、多聚磷酸盐等聚磷酸盐以及较适合作为弱碱性手工清洗液原料的 EDTA（乙二胺四乙酸）及其盐类、葡萄糖酸及其盐类等。

4. 影响清洗效果的因素

为了能够充分发挥清洗的各项作用，达到微生物清洁的标准，就必须有有效的清洗方法作为保证，其主要表现就是对清洗过程中五个要素的控制是否合理。

五个清洗要素包括清洗剂、清洗液中清洗剂的浓度或含量（清洗液浓度）、清洗时间、清洗温度以及清洗流量。这五个要素中的任何一个都是重要的，特别是在实际操作中考虑到生产成本和生产效率的需要，必须对以上五个要素进行逐一有效控制，以保证它们之间的相对平衡。

（1）清洗剂　清洗剂所选用的范围较广，选用不同的清洗剂所能达到的清洗效果也不相同。有关清洗剂的特性将在后面做详细介绍。

（2）清洗液浓度　提高清洗液浓度后可适当缩短清洗时间或弥补清洗温度的不足。但是，清洗液浓度提高后会造成清洗费用的增加，而且浓度的增高并不一定能有效地提高清洁效果，有时甚至会导致清洗时间的延长，有关其中的作用机理，目前尚不清楚。

清洗过程中，为确保清洗液浓度能够维持均匀、稳定的状态，最好采用自动添加系统。若采用人工添加方式，则尽可能地保证在整个清洗循环过程中均匀地加入清洗剂，以避免产生清洗剂一次性加入后造成的在循环管路中局部清洗剂浓度过高的不均匀现象。同时，在清洗过程中要随时监控清洗液的浓度，或至少要在酸、碱排空时测定清洗液的浓度。

（3）清洗时间　清洗时间受很多因素影响，如清洗剂种类、清洗液浓度、清洗温度、产品类型、生产管线布置以及设备的设计等。清洗时间增加意味着人工费用增加的同时，由于停机时间的延长，也会造成生产效率下降和生产成本提高。但是，如果一味地追求缩短清洗时间，将可能会导致无法达到清洗效果。

（4）清洗温度　清洗温度是指清洗循环时清洗液所保持的温度，这个温度在清洗过程中应该是保持稳定的，而且其测定点是在清洗液的回流管线上。清洗温度的升高一般会帮助缩短清洗时间或降低清洗液浓度，但是相应的能量消耗就会增加。由于乳品工厂中的清洗主要是针对加工过程中产生在设备内表面上的乳垢，因此清洗温度一般不低于 60℃。温度的升高会提高化学反应的速度，一般来说，温度每升高 10℃，化学反应速度会提高 1.5～2.0 倍。因此，对一般的加工设备清洗而言，若使用氢氧化钠，温度为 80～90℃；若使用硝酸，温度为 60～80℃。清洗超高温瞬时灭菌设备时，清洗温度将有明显提高。对于复合清洗剂所应选用的清洗温度则要遵照供应商给出的建议。

（5）清洗流量　保证清洗过程中清洗液的流量实际上是为了保证清洗时的清洗液流速，这样可以使清洗过程中能够产生一定的机械作用，即通过提高流体的湍动性来提高冲击力，从而取得一定的清洗效果。提高清洗时清洗液流量可以缩短清洗时间，并补偿清洗温度不足所带来的清洗不足。但是，提高流量所带来的设备和人工费用也会随着增加。作为一般的清洗原则，清洗液流速至少应符合管路内 1.5m/s、垂直罐中 200～250L/(m^2・h)、卧式罐中 250～300L/(m^2・h) 的要求。而热交换器清洗时的流速应比生产时高出 10%。

5. 清洗用水的供应

清洗用水的质量直接关系到清洗效果的好坏，水是清洗程序中不可缺少的辅助因素。国内乳品工厂由于工厂所在地的差异、水源地的差异等原因，水的质量也就相差较大。但总体而言，乳品工厂中的清洗用水十分重要，如果处理不好，从某种程度上会损坏设备，甚至造成产品的再次污染。

(1) 清洗用水的质量要求　清洗过程中的溶解作用、热作用以及机械作用都需要有水的参与才能完成，否则清洗将无法取得良好的效果。清洗用水应达到国家生活饮用水标准，其中，最重要的是水的理化指标和微生物学指标。

水的 pH、氯含量和硬度水平是主要的清洗用水理化指标，其中水的硬度是影响就地清洗（CIP）和杀菌效果的重要因素。因为水的硬度是形成乳石的主要原因，随着硬度的增加，乳石呈增加趋势，清洗剂消耗量也随之增加。同时，使用高硬度的水进行清洗后可能会在杀菌设备表面形成 $CaCO_3$ 膜，这将对高温短时灭菌、超高温瞬时灭菌和其他高温设备生产前的杀菌造成负面影响。水的硬度分为暂时硬度和永久硬度两种，而对 CIP 产生影响的是暂时硬度。在清洗过程中，暂时硬度越小越好，但不能为零，否则会造成对设备的腐蚀和洗瓶机洗瓶时的清洗困难。所以，清洗用水最好用软化水，总硬度在 0.1～0.2mmol/L（5～10mg/L $CaCO_3$）是最理想的。

清洗用水微生物学指标包括细菌总数和大肠菌群两项。考虑 CIP，最后水冲洗可能对产品带来的污染，清洗用水必须保证无致病菌的存在，并要定期检查清洗用水细菌总数和大肠菌群数量。

(2) 清洗用水的常见问题　在清洗过程中，由于对清洗用水的处理或使用不当，可能会对清洗效果、能源利用甚至终产品质量造成不必要的负面影响。其中一些常见的问题如下所述。

① 由于清洗用水没有氯化，或冲水罐敞开，致使水受到空气或虫害的污染，从而导致清洗和杀菌后的设备由于最后冲洗用水的污染而出现再污染。

② 清洗剂循环后，若最后用硬水进行冲洗，可能引起设备、管路中出现鳞片状沉淀。

③ 用硬水洗瓶、洗箱会腐蚀机器，堵塞喷头，增加能量消耗。

④ 硬水结垢后会堵塞罐内喷嘴以及过滤器。

二、消毒

消毒是指用消毒杀菌介质杀灭微生物，从而使微生物污染降到公共卫生要求的安全水平，或者在没有公共卫生要求的情况下降到一个很低的水平的过程。

1. 消毒方法

乳品厂常用的消毒方法有物理法和化学法两种，应根据不同的杀菌对象选择合适的消毒方法，具体的消毒方法见表 2-1。

表 2-1　消毒方法分类

项目	分类	方法
加热灭菌法	火焰灭菌法	喷灯，酒精灯火焰中 20s
	干热灭菌法	135～145℃，3～5h；160～170℃，2～4h；180～200℃，0.5～1h；200℃以上，0.5h
	高压蒸汽灭菌法	121℃，100kPa，20min
	煮沸灭菌法	沸水中浸没煮沸 15min 以上，沸水中可加碳酸钠 1%～2%
	间歇灭菌法	80～100℃水中或蒸汽中，每 24h 加热一次，每次 30～60min，如此反复 3～5 次
照射灭菌法	放射性灭菌法	^{60}钴或^{137}铯之 γ 射线
	紫外线灭菌法	200～300nm 紫外线
	高频灭菌法	915MHz 或 2450MHz 高频
化学灭菌法	气体灭菌法	环氧乙烷、甲醛等气体
	药液灭菌法	乙醇、过氧化物、次氯酸盐、含碘杀菌剂、季铵盐化合物等

2. 影响消毒效果的因素

（1）被消毒物的清洗情况　在清洗和消毒过程中，清洗是首要的，否则残留的有机物对微生物起着很好的保护作用，有效的清洗是取得良好消毒效果的根本保证。清洗后的器具、设备、管道不用时应保持干燥状态，以抑制微生物的繁殖，从而降低被消毒物的污染程度。

（2）消毒剂的浓度　在通常情况下，消毒剂浓度提高，杀菌效果增加，但浓度超过可冲洗浓度标准会有消毒剂残留，污染产品。

（3）消毒剂的 pH 值　随着消毒剂的 pH 值增高，消毒效果将会减弱。当次氯酸盐的 pH 值小于 5.0 时，会生成氯气，造成对人员的危害和设备的腐蚀，但 pH 值大于 10.0 时杀菌效果将降低。其他含碘杀菌剂的最佳 pH 值是 4.0～4.5，季铵盐化合物最佳 pH 值在 7.0～9.0。

（4）消毒剂温度　一般情况下，杀菌效果随着温度的升高而增加，但是由于含氯和含碘的消毒剂具有挥发性，并且随着温度的升高挥发程度增大且腐蚀性强，应在常温下使用。其中含氯消毒剂的最适温度为 27℃，最高温度不超过 48.8℃；含碘消毒剂最高温度不超过 43.3℃。

（5）作用时间　随着消毒剂作用时间的增加，杀菌效果也增强。正常情况下，消毒剂与被杀菌表面接触 30s，即可杀灭 99.999％的大肠杆菌和金黄色葡萄球菌，为充分保证杀菌效果，建议接触时间为 2min。

三、CIP 清洗系统

随着加工技术的不断提高，特别是灭菌手段的改进及管道式输送技术的应用，就地自动清洗被乳品企业广泛应用，即设备（热交换器、罐体、管道、泵、阀门等）及整个生产线在

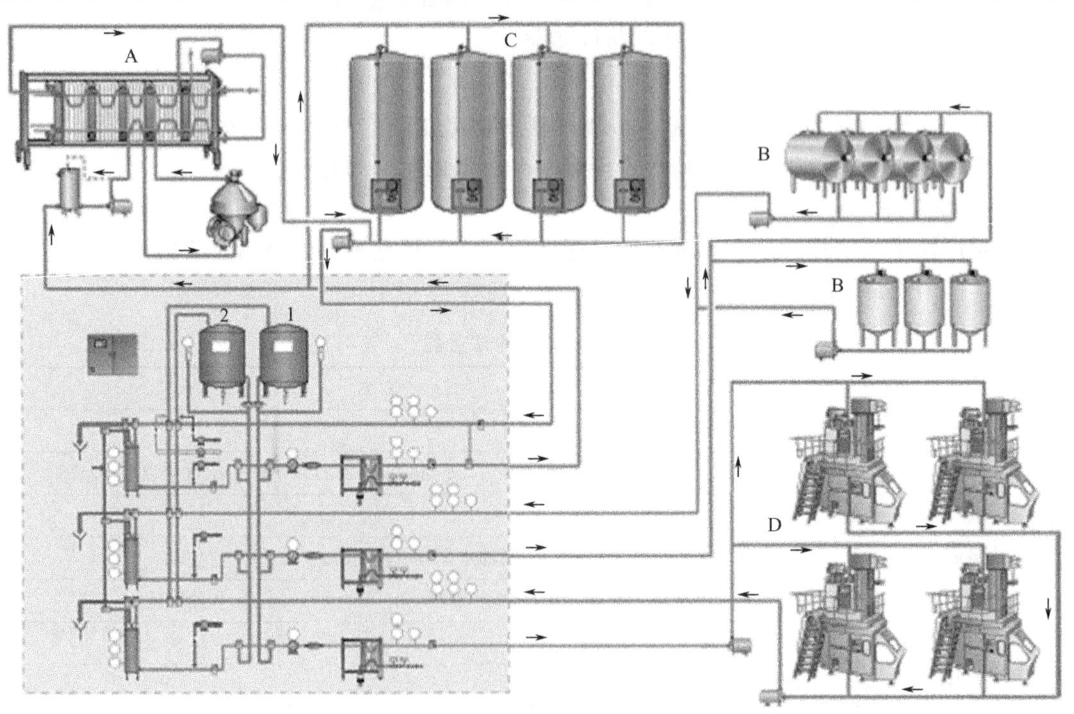

图 2-22　CIP 清洗循环（集中式）

清洗单元（虚线之内的）：1—碱性洗涤剂罐；2—酸性洗涤剂罐

清洗对象：A—牛乳处理；B—罐组；C—奶仓；D—灌装机

无需人工拆开或打开的前提下，通过清洗泵在闭合回路中循环，以高速的液流冲洗设备的内部表面而达到清洗效果，此项技术被称为就地清洗（cleaning in place，CIP）（图 2-22）。

CIP 具有以下优点：

① 安全可靠，设备无需拆卸。

② 按程序安排步骤进行，有效减少人为失误。

③ 清洗成本降低，水、洗剂、杀菌剂及蒸汽的耗量少。

【自查自测】

一、名词解释

清洗，无菌清洁，CIP

二、填空题

1. 清洗过程中的五个要素分别是（　　）、（　　）、（　　）、（　　）和（　　）。

2. 乳品厂常用的消毒方法有（　　）和（　　）两种。

三、简答题

1. 简述清洗的目的。

2. 简述影响清洗效果的主要因素。

3. 简述 CIP 清洗原理。

情境三　液体乳生产与检验

液体乳主要是指以生鲜乳或复原乳为原料，经合理的调配、不同程度的热处理（巴氏杀菌或灭菌）后包装，可供消费者直接饮用的乳制品。近年来，随着我国经济迅速发展，人民生活水平不断提高、生活质量不断提升，对乳制品的消费也明显增加。为了适应市场变化，满足市场需求，各乳品企业根据自身实力纷纷推出各种系列产品。目前市场上的液态乳除塑料袋、塑料瓶、玻璃瓶、屋型保鲜盒、康美盒、利乐砖和利乐枕等多种多样包装形式的巴氏杀菌乳和灭菌乳外，还有种类繁多的强化营养和口味的调制乳。

液态乳一般可以分为以下几类。

1. 巴氏杀菌乳

巴氏杀菌乳是以生牛（羊）乳为原料，经巴氏杀菌等工序制得的液体产品。

2. 灭菌乳

（1）超高温（UHT）灭菌乳　以生牛（羊）乳为原料，可添加或不添加复原乳，在连续流动的状态下，加热到至少132℃并保持很短时间的灭菌，再经无菌灌装等工序制成的液体产品。

（2）保持灭菌乳　以生牛（羊）乳为原料，可添加或不添加复原乳，无论是否经过预热处理，在灌装并密封之后经灭菌等工序制成的液体产品。

3. 调制乳

以不低于80%生牛（羊）乳或复原乳为主要原料，添加其他原料或食品添加剂或营养强化剂，采用适当的杀菌或灭菌等工艺制成的液体产品。

项目一　巴氏杀菌乳

【知识储备】

巴氏杀菌乳又称为市售乳，是以新鲜的牛（羊）乳为原料，经过冷却、离心（或过滤）净化、脱气、标准化、均质、杀菌、冷却、灌装，直接供给消费者饮用的商品乳。巴氏杀菌是将牛（羊）乳中的致病菌和有害菌全部杀死，但并非杀死所有微生物，还会残留部分乳酸菌、酵母菌和霉菌等。其由于热处理强度比较低，所造成的热敏性维生素损失、牛乳蛋白质变性和结构变化少，对乳的营养、风味、色泽的损失降低到了最低限度。但是，其缺点是杀菌后仍存在部分耐热的细菌，因此要求在4℃左右的温度下保存及运输，且只能保存2～7天。

巴氏杀菌乳根据其杀菌条件不同，分为低温长时间杀菌乳（杀菌条件为62～65℃保持30min）和高温短时间杀菌乳（杀菌条件为72～75℃保持15s或80～85℃保持10～15s）；按组成成分分为全脂乳（脂肪含量＞3.1%）、低脂乳（脂肪含量为1.0%～2.0%）、脱脂乳（脂肪含量低于1.0%）；按风味分有草莓味、青苹果味、橙味、巧克力味等；按饮用对象分类，有学生饮用奶、老年人AD钙奶等多种。

一、巴氏杀菌乳生产工艺流程

巴氏杀菌乳生产工艺流程和示意如图3-1、图3-2所示。

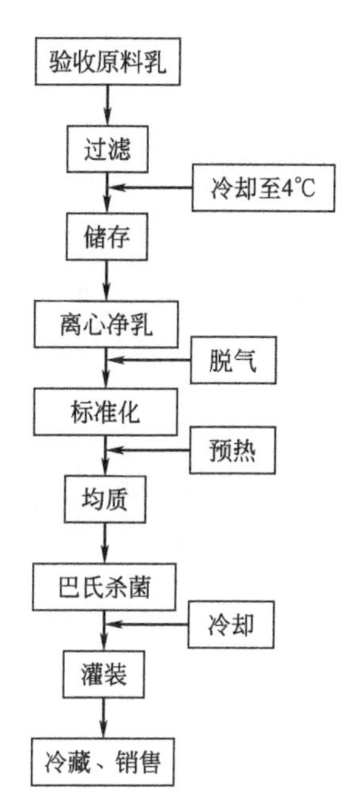

图3-1 巴氏杀菌乳生产工艺流程

二、操作要点

1. 原料乳的质量要求

生产巴氏杀菌乳的原料要求使用新鲜的牛（羊）乳，不能使用复原乳或再制乳，要求感官指标合格，酒精试验阴性，牛乳的酸度在12～18°T、羊乳6～13°T，脂肪（g/100g）≥3.1，蛋白质（g/100g）≥2.8，非脂乳固体（g/100g）≥8.1，相对密度（20℃/4℃）≥1.027，杂质度（mg/kg）≤4.0，菌落总数［CFU/(g或mL)］≤2×10^6。

2. 离心净化

净乳机是一种连续碟片式离心机，它的设计类似于分离稀奶油的分离机，只是净乳机不分离稀奶油。在离心净乳机中，牛乳从钵片的外侧边缘进入分离槽，流向转动轴方向，并于上端出口流出。在经过分离槽的途中，固体杂质被分离掉并沿着钵片的下侧被甩到分离机壳的周围，沉积物从这里又被收集排到排渣室定时被排掉。

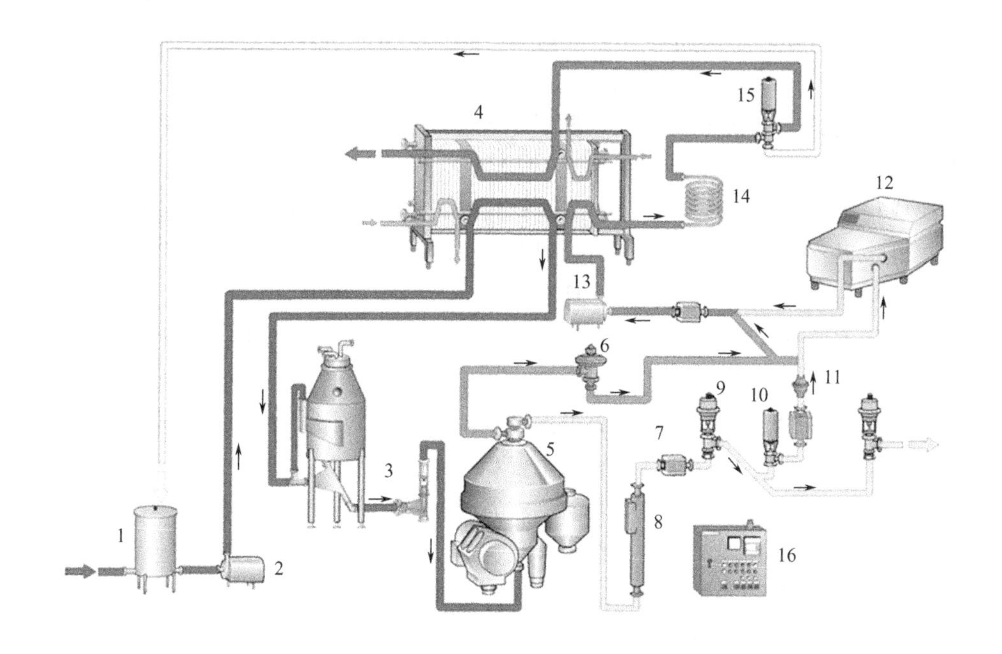

图3-2 巴氏杀菌乳生产工艺流程示意

1—平衡槽；2—进料泵；3—流量控制器；4—板式换热器；5—分离机；6—稳压阀；7—流量传感器；8—密度传感器；9—调节阀；10—截止阀；11—检查阀；12—均质机；13—增压阀；14—保温管；15—转向阀；16—控制盘

通过离心（离心机转速6000r/min）净化，可除去乳中的机械杂质并减少体细胞、微生物数量。

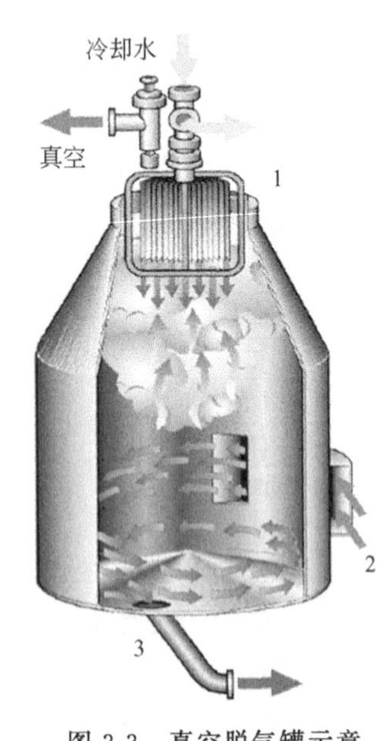

图 3-3　真空脱气罐示意

1—安装在罐里的冷凝器；
2—切线方向的牛乳进口；
3—带水平控制系统的牛乳出口

3. 脱气

牛乳刚刚被挤出后约 100mL 乳中含有 5.6mL 的气体，经过贮存、运输和收购，一般其气体含量在 10mL 以上，而且绝大多数为非结合的分散气体。这些气体不仅会影响乳的计量准确度、影响巴氏杀菌机中结垢增加，还会影响牛乳标准化的准确度。所以，在牛乳加工处理的不同阶段需进行真空脱气。工作时，将牛（羊）乳加热到 68℃，泵入真空脱气罐中，牛（羊）乳迅速降温至 60℃，乳中气体和部分水分蒸发到脱气罐的顶部，遇到冷凝器后，蒸发的水冷凝回到罐底部的乳中，而气体与小部分未冷凝的水气由真空泵抽吸排除，见示意图 3-3。

4. 标准化

原料乳中脂肪和非脂乳固体的含量受乳牛（羊）品种、地区、季节、饲养管理、个体差异等多种因素的影响而有较大的差异。为了使产品质量均匀一致，乳制品加工过程中需对乳进行标准化，使其脂肪和非脂乳固体含量保持一定比例。

5. 均质

前文已述，均质就是在强力的机械作用下使乳中直径较大的脂肪球破碎成直径较小的脂肪球，并均匀一致地分散于乳中的过程。

均质的意义是：自然状态下，乳中脂肪的大小不一致，其直径一般在 0.1～10μm，平均为 3.0μm，容易聚集结块上浮。经均质后，乳脂肪球直径应控制在 1μm 左右，这时乳脂肪的表面积增大，脂肪球表面吸附的酪蛋白量增多，不仅使乳脂肪相对密度上升、浮力下降，不易形成稀奶油层，还使得悬浮物总体积增加，其黏度增加。另外，经均质后除乳脂肪均匀分布在乳中以外，其他如维生素 A、维生素 D 也呈均匀分布，促进了乳脂肪在人体内的吸收和同化作用。均质乳口感细腻，具有新鲜乳的芳香气味。同非均质化牛乳相比，均质后的牛乳防止了铜的催化作用而产生的臭味，这是因为均质作用增大了脂肪表面积，使牛乳中的铜与磷脂间的接触减少，降低了脂肪氧化作用。另外，均质乳中均匀地分散着数目较多的小脂肪球颗粒，导致光线在牛乳中的折射和反射的机会增加，使乳的颜色更白。

在巴氏杀菌乳生产中，一般均质机的位置处于杀菌机的第一热回收段；在间接加热的超高温灭菌乳生产中，均质机位于灭菌之前；在直接加热的超高温灭菌乳生产中，位于灭菌之后，因此应使用无菌均质机。但是当脂肪含量高于 6%～10%，蛋白质含量相应增加时，均质后的脂肪球会很容易聚结在一起，此时即使是使用间接灭菌机，也应使用后置无菌均质机。

6. 巴氏杀菌

（1）巴氏杀菌的目的　首先是杀死引起人类疾病的所有致病微生物，经巴氏杀菌的产品必须完全没有致病菌，同时杀灭乳中影响产品保质期的绝大多数其他微生物以及酶类系统，以保证产品质量、口感和营养价值，并提高产品的贮藏稳定性。

（2）巴氏杀菌的方法　从杀死微生物的观点来看，牛乳的热处理强度越大越好，但是，强烈的热处理对牛乳外观、滋气味和营养价值均会产生不良影响。如牛乳中的蛋白质在高温下会变性；强烈的加热使牛乳滋气味改变，如出现“蒸煮味”、焦味等。因此，选择热处理的时间和温度组合时必须考虑到杀灭微生物和保持产品质量两方面，以达到最佳效果。常用的巴氏杀菌方法有：

① 初次杀菌　在许多大型乳品厂，不可能在收购鲜乳后立即进行巴氏杀菌或加工处理，因此，有一部分牛乳必须在大型贮乳罐中贮存数小时或数天。在这种情况下，虽然有现代化制冷技术，但微生物有足够的时间繁殖并产生酶类，而且微生物代谢产生的副产物有时是有毒的；此外，微生物还会引起牛乳中某些成分分解，使 pH 值下降等。因此，原料乳到达乳品厂后可以采用初次杀菌，杀菌条件为 63～65℃、15s。为了防止需氧芽孢菌在牛乳中繁殖，必须将初次杀菌后的牛乳迅速冷却至 4℃以下。

初次杀菌必须在未达到巴氏杀菌程度时就停止，即任何情况下的初次杀菌都不应导致磷酸酶试验出现阴性。因为许多国家的法律禁止两次巴氏杀菌。通常情况下，牛乳到达乳品厂后的 24h 内进行加工处理时，无需进行初次杀菌。

② 低温长时间巴氏杀菌（LTLT）　牛乳在 62～65℃下保持 30min，达到杀菌的目的。这是一种间歇式的杀菌方法，这种方法对牛乳营养成分及品质影响较大，目前生产上很少采用。

③ 高温短时间巴氏杀菌（HTST）　杀菌条件为 72～75℃保持 15s 或 80～85℃保持10～15s。具体时间和温度的组合，可根据所处理的产品的类型而变化。可用磷酸酶试验来检查牛乳是否已得到适当的巴氏杀菌。试验结果必须是阴性的，即必须没有发现活性磷酸酶，该试验应在产品生产的当天完成。磷酸酶试验不适用于脂肪含量高于 8%的乳制品和酸性乳制品，可用过氧化氢酶试验代替。

高温短时间巴氏杀菌方法可以进行连续、大规模生产，目前广为使用。其工艺包括五个阶段：

a. 热回收（预热）　用进料泵将冷牛乳由贮乳罐打入平衡槽，再进入热交换器的热回收段，在这里未经杀菌的牛乳与巴氏杀菌后的牛乳进行热交换而达到 60～65℃。在现代工厂中用于巴氏杀菌的 92%的热量都能从巴氏杀菌制品中得到回收利用。

b. 加热　在这一阶段，乳进一步被加热到所要求的巴氏杀菌温度（如 72℃），加热介质是热水。

c. 保持（保温）　保温阶段可以是热交换本身的一部分空间，也可以是安装在外部的保温管，一般首选后者，因为管子容易确定尺寸，按指定的流速保证停留的时间。为确保固定的保温时间，必须精确控制物料的流速。为保证牛乳能一直保持所要求的温度，一般对保温管末端的乳的温度进行连续监控，一旦温度低于某一规定值，如 71.7℃，输出管关闭，牛乳经转向阀重新回到平衡槽。巴氏杀菌温度一般记录在一个图形记录仪上。

d. 热回收（冷却）　来自保温段的热牛乳经过热回收段，通过热交换被冷却到10～15℃。

e. 冷却　经热回收冷却的牛乳先用冷水最后用冰水进一步冷却到 4～5℃，记录产品的最终温度。

④ 超巴氏杀菌　超巴氏杀菌是一种延长货架期技术（ESL 技术），其目的是延长产品的保质期。它采取的主要措施是尽最大可能避免产品在加工和包装过程中再污染。超巴氏杀菌的温度一般为 125～138℃，时间为 2～4s，然后将产品冷却至 7℃以下贮存和销售，温度越低，产品货架期越长。

7. 冷却

经过巴氏杀菌的牛乳，必须迅速冷却至 4～5℃，以抑制残留微生物的生长和繁殖，增加产品的保存性。同时，也可以防止因温度高、黏度降低而出现脂肪球膨胀、聚合上浮的质量问题。目前，对巴氏杀菌乳的冷却，通常采用板式热交换器来完成。

8. 灌装

冷却后的牛乳应直接分装，灌装的目的主要是便于分送和零售，防止外界杂质混入产品中，防止微生物再污染，保存风味和防止吸收外界气味而产生异味。

巴氏杀菌乳通常采用简单的塑料袋或塑料瓶、玻璃瓶包装，一般采用的塑料袋为单层聚丙烯材料，由于这些材料在灌装杀菌牛乳前很难达到无菌状态，因此该类产品需要冷链贮运，它们虽然货架期较短，通常在 3 天以内，但新鲜感强，包装成本低，价格便宜。另外，巴氏杀菌乳也有采用屋顶型纸盒包装及玻璃瓶装的。

9. 冷藏

巴氏杀菌产品的特点决定了其在贮存和销售过程中必须保持冷链的连续性，尤其是从乳品厂到商店的运输过程及产品在商店的贮存过程是冷链的两个最薄弱环节，要特别重视。

巴氏杀菌乳在冷藏和运输过程中的具体要求包括：必须贮藏在 4℃以下；必须在 6℃以下运输；尽量在避光条件下贮藏、运输和销售；尽量在密闭条件下销售。

【产品指标要求】

巴氏杀菌乳产品指标有感官指标、理化指标和微生物指标，其要求如下。

一、感官指标

巴氏杀菌乳产品感官指标应符合表 3-1 的规定。

表 3-1　巴氏杀菌乳产品感官指标

项目	要求
色泽	呈乳白色或微黄色
滋味、气味	具有乳固有的香味、无异味
组织状态	呈均匀一致液体，无凝块、无沉淀、无正常视力可见异物

二、理化指标

巴氏杀菌乳产品理化指标应符合表 3-2 的规定。

表 3-2　巴氏杀菌乳产品理化指标

项目		指标	项目		指标
脂肪/(g/100g)≥		3.1	非脂乳固体/(g/100g)≥		8.1
蛋白质/(g/100g)	牛乳≥	2.9	酸度/(°T)	牛乳	12～18
	羊乳≥	2.8		羊乳	6～13

三、微生物指标

巴氏杀菌乳产品微生物指标应符合表 3-3 的规定。

表 3-3　巴氏杀菌乳产品微生物指标

项目	采样方案及限量(若非指定，均以 CFU/g 或 CFU/mL 表示)			
	n	c	m	M
菌落总数	5	2	50000	100000

续表

项目	采样方案及限量(若非指定,均以 CFU/g 或 CFU/mL 表示)			
	n	c	m	M
大肠菌群	5	2	1	5
金黄色葡萄球菌	5	0	0/25g(mL)	—
沙门菌	5	0	0/25g(mL)	—

注：n 表示同一批次产品应采集的样品件数；c 表示最大可允许超出 m 值的样品数；m 表示微生物指标可接受水平限量值；M 表示微生物指标的最高安全限量值。

在 n 个样品中，允许全部样品相应微生物指标检验值小于或等于 m 值；允许有≤c 个样品其相应微生物指标检验值在 m 值和 M 值之间；不允许有样品相应微生物指标检验值大于 M 值。例如：$n=5$，$c=2$，$m=$100CFU/g，$M=$1000CFU/g，其含义是从一批产品采集 5 个样品，若 5 个样品的检验结果均小于或等于 m 值（100CFU/g），则这种情况是允许的；若≤2 个样品的结果（X）位于 m 值和 M 值之间（100CFU/g＜X≤1000CFU/g），则这种情况也是允许的；若有 3 个以上样品的检验结果位于 m 值和 M 值之间，则这种情况是不允许的；若有任一样品的检验结果大于 M 值（＞1000CFU/g），则这种情况也是不允许的。

【生产实训任务】巴氏杀菌乳的加工

一、原料和设备

(1) 原料　新鲜牛乳 100kg。

(2) 设备　巴氏杀菌乳微生产线。

二、操作步骤及要点

1. 验收原料乳

(1) 感官指标　取适量试样置于 50mL 烧杯中，在自然光下观察色泽和组织状态。闻其气味，用温开水漱口，品尝滋味。

(2) 理化指标

① 酒精试验：72%酒精试验结果为阴性；

② 酸度 (°T)：16～18；

③ 脂肪、蛋白质、非脂乳固体 (g/100g)：用快速检测仪测定结果，分别要求≥3.1、≥2.8、≥8.1；

④ 杂质度 (mg/kg)：≤4.0。

(3) 微生物指标　菌落总数≤2×10^6CFU/mL。

2. 加工处理

(1) 过滤　过 100～120 目筛。

(2) 净乳　离心净乳，离心转速 5000r/min 左右，离心机型号不同，转速也不一样。

(3) 脱气　预加热至 68℃，泵入真空脱气罐，脱气。

(4) 均质　第一级均质压力为 16.7～20.6MPa，第二级均质压力为 3.4～4.9MPa，均质温度 60～65℃。

(5) 杀菌　杀菌条件：62～65℃、30min 或 72～75℃、15s。

(6) 冷却　将已经过巴氏杀菌的牛乳降温至 25℃。

(7) 灌装。

【自查自测】

一、填空题

1. 液态乳一般可以分为（　　）、（　　）和（　　）三类。

2. 巴氏杀菌乳根据其杀菌条件不同，分为（　　）和（　　）。

3. 乳制品加工过程中对乳进行标准化，使其（　　）和（　　）含量保持一定比例。

二、选择题

1. 灭菌乳对原料乳的热稳定性要求更高，用（　　）的酒精检验。

A. 72%　　B. 75%　　C. 68%　　D. 80%

2. 低温长时间巴氏杀菌和高温短时间巴氏杀菌的条件是（　　）。

A. 72～75℃ 15s，62～65℃ 30min　　B. 62～65℃ 30min，62～65℃ 15s

C. 72～75℃ 15s，130～150℃ 30min　　D. 62～65℃ 30min，72～75℃ 15s

3. 包装材料常用的灭菌方法是用（　　）食品级双氧水浸泡、喷射或涂抹。

A. 5%～10%　　B. 10%～20%　　C. 20%～30%　　D. 30%～50%

三、判断题

1. 直接加热不适用于黏度高的产品加热加工。（　　）

2. 巴氏杀菌是将牛（羊）乳中的致病菌和有害菌全部杀死，但并非杀死所有微生物，还会残留部分乳酸菌、酵母菌和霉菌等。（　　）

3. 无菌罐灭菌条件是130℃蒸汽灭菌30min。（　　）

四、简答题

1. 什么是巴氏杀菌乳？按杀菌条件可分为几类？

2. 简述巴氏杀菌乳的生产工艺流程及其工艺要求。

项目二　灭　菌　乳

【知识储备】

灭菌的目的是杀死乳中所有能导致产品变质的微生物，使产品能在室温下贮存较长时间。灭菌乳根据灭菌方法不同分为超高温灭菌乳和保持灭菌乳。

超高温灭菌乳是指原料乳在连续流动的状态下通过热交换器加热至至少132℃，在这一温度下保持一定的时间以达到商业无菌水平，然后在无菌状态下灌装于无菌包装容器中的产品。

保持灭菌乳是指原料乳在密闭容器中加热至至少110℃以上，保持10min以上，然后经冷却而制成的商业无菌产品。从产品的特性来看，经过加工处理后，产品不含有任何在贮存、运输及销售期间能繁殖的微生物及对产品品质有影响的酶类。

超高温灭菌乳由于采用了超高温瞬时灭菌（UHT）技术和无菌包装技术，不仅将牛乳中的细菌“全部”杀灭，达到了商业无菌，而且由于升温的时间短，牛乳中除了蛋白质部分变性和一些热敏性维生素有一定的损失外大部分营养成分都不会遭到破坏，使牛乳在常温状态下具有较长的保质期，实现了无需防腐剂及无需冷链的贮存和运输，使食品的生产过程更趋于合理，有助于以较低的成本将高质量的液体食品运输至较远的地方，为消费者提供了更多便利与选择。

一、灭菌乳生产工艺流程

1. 超高温灭菌乳生产工艺流程

超高温灭菌乳生产工艺流程如图3-4所示。

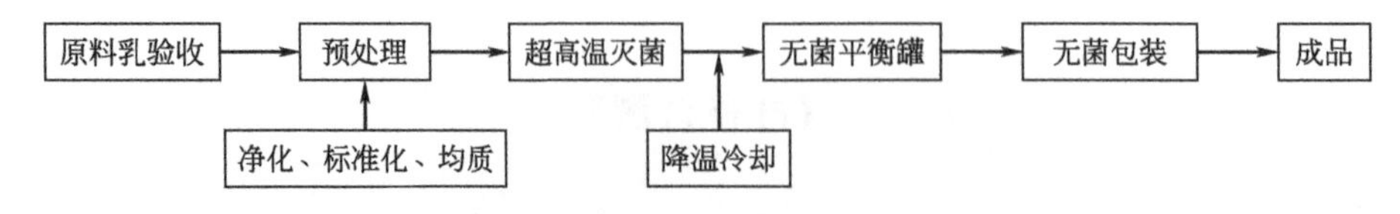

图3-4　超高温灭菌乳生产工艺流程

2. 保持灭菌乳生产工艺流程

保持灭菌乳生产工艺流程如图 3-5 所示。

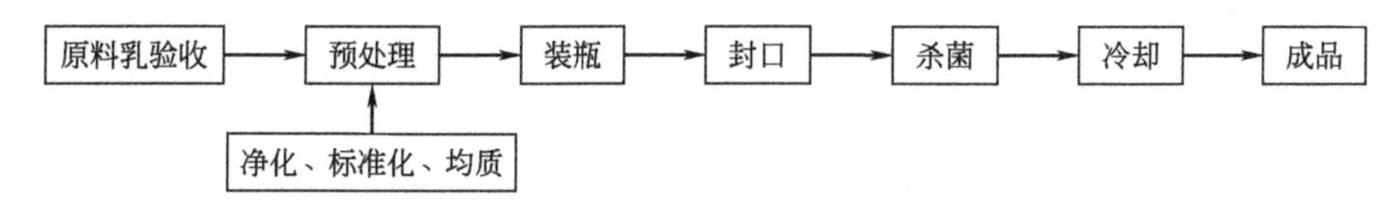

图 3-5　保持灭菌乳生产工艺流程

二、原料乳验收操作要点

1. 原料乳的质量要求

用于灭菌乳的原料乳必须是高质量的，即对牛乳中的蛋白质热稳定性要求非常高。为了适应超高温处理，牛乳必须至少在 75%的酒精中保持稳定，剔除酸度偏高、盐类平衡不适当（含抗生素的乳、初乳、末乳）、乳清蛋白含量过多而不适宜于超高温处理的乳以及乳房炎乳。

另外，牛乳中微生物的种类及含量对灭菌乳的品质影响至关重要。首先从灭菌效率考虑就是芽孢的含量，根据生长温度范围主要分为嗜中温芽孢和嗜热芽孢；其次是从酶解反应来考虑就是细菌总数，尤其是嗜冷菌的含量。从灭菌效率的角度考虑，原料乳中的细菌总数并不影响灭菌乳的可接受质量水平，但是原料乳中含有过多的细菌，其繁殖代谢将产生各种脂肪酶和蛋白酶，这些酶有些是相当耐热的，尤其是嗜冷菌产生的酶类。

2. 预处理

原料乳的预处理（净乳、冷却、标准化）技术要求同巴氏杀菌乳。

3. 高温灭菌

超高温热处理的发展使得灭菌乳具有巴氏杀菌乳相似的风味，而不是瓶装灭菌乳的焦糖味。超高温灭菌技术是基于完全灭菌乳的热处理要求，用超过 130℃的温度，从而大大减轻了常规灭菌工艺（如 110℃、30min）带来的色泽变深和风味变劣的缺陷。

超高温灭菌方法始于英国，1965 年英国的 Burton 等研究者提出：牛乳在加热过程中细菌芽孢的热致死率随着温度的升高大大超过此过程中牛乳的化学变化（如维生素破坏、蛋白质变性及褐变等）的速度（图 3-6）。

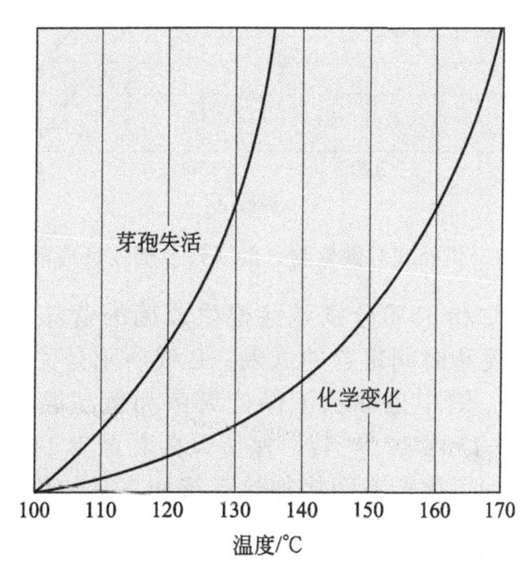

图 3-6　温度变化对牛乳中细菌芽孢失活和牛乳化学特性影响的速度曲线图

但是，高温长时间处理对牛乳的化学特性影响很大，如牛乳褐变、产生焦糖味和蒸煮味，最后产生沉淀等，而高温短时间处理，可避免对牛乳的这些影响，如表 3-4 所示。

表 3-4 杀菌温度、时间与褐变程度

加热温度/℃	加热时间	相对褐变程度	杀菌效果
100	600min	10 万	同等效果
110	60min	2.5 万	同等效果
120	6min	6250	同等效果
130	36s	1560	同等效果
140	3.6s	390	同等效果
150	0.36s	97	同等效果

为了保证产品的化学特性及商业无菌，通常选择合理的杀菌温度和时间组合，以杀灭原料乳中存在的微生物及酶类。如图 3-7 所示为热处理对微生物、酶活性及褐变反应的影响。

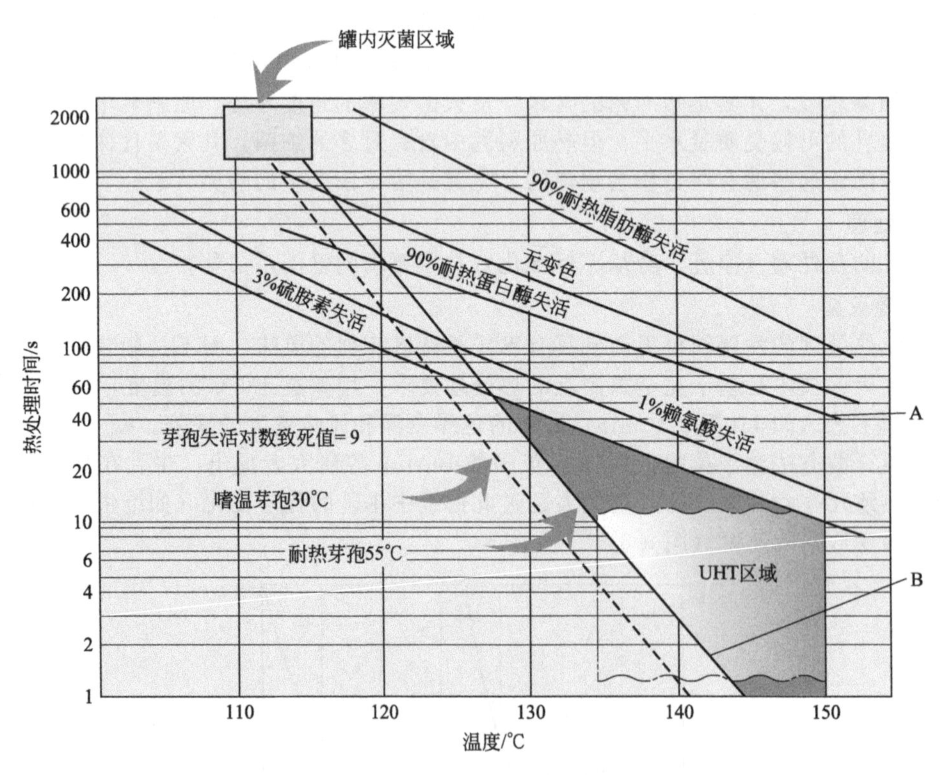

图 3-7 热处理对微生物、酶活性及褐变反应的影响

图 3-7 中标示的温度 30℃和 55℃分别是芽孢生成菌的营养细胞的最适生长温度。A 线所示是能够引发牛乳褐变温度和时间组合的低限；B 线所示是完全灭菌（杀灭耐热芽孢）所要求的温度和时间组合低限。图中也标示了保持灭菌和超高温灭菌处理区域。一般在生产中，超高温灭菌乳采用 135～150℃、1～4s，保持灭菌乳至少 110℃、保持 10min 以上。

（1）超高温灭菌乳 其加工生产有间接加热系统和直接加热系统两种。

① 间接加热系统 物料和传热介质之间不直接接触是间接加热的主要特征。间接加热系统根据热交换器传热面不同而分为板式热交换系统和管式热交换系统。热量从加热介质中通过一个间壁传送到产品中。

a. 板式热交换系统 在生产中，从经济性考虑，超高温灭菌乳生产更倾向于板式热交换系统。超高温板式热交换系统是对板式巴氏杀菌系统的发展。其主要区别在于是否承受135～150℃的高温，也就是说，超高温板式热交换系统应能承受较高的内压。

板式热交换系统具有诸多的优点，比如经过优化板片的组合和形状的设计，可以大大提高传热系数和单位面积的传热量，从而使板式热交换器结构比较紧凑，加热段、冷却段和热回收段可以有机组合。

超高温板式热交换系统的热交换工艺为：牛乳由平衡槽，经离心泵泵入板式热交换器的热回收段，在此加热到大约85℃，然后进行均质，均质后的牛乳回到热交换器，先用回收热、然后用高压热水加热至要求的灭菌温度（如138℃），在尺寸合适的保温管内按要求持续一定的时间（如4s），经热回收段冷却，最后进行无菌灌装。传热介质通常是高压热水，也可用蒸汽。

超高温灭菌设备装有自动控制系统，以确保当物料没有达到灭菌温度时，物流转向，重新回到平衡槽进行再加工。然而回流再加工的乳具有不良的风味，因此处理不合格牛乳的另一种方式是将不合格乳引出以作其他产品原料。

在进行超高温灭菌操作前，必须先对设备本身进行灭菌。设备灭菌是通过用达到灭菌温度的热水，循环至少30min来实现的，灭菌结束后，先用水进行调试，直至操作条件稳定后再进料。

超高温灭菌处理增加了牛乳在加热、保温和冷却过程中的蛋白质沉淀，这些沉淀会引起压力下降，降低板与板之间的热传递效率，因此必须将沉淀减少到最小程度，尤其是在加热段，持续的时间比较长。可以将热乳在中间温度（如80～85℃）保持数分钟，再上升至灭菌温度，这样可减少沉淀的形成。最近，为了将物料与传热介质或冷却介质之间的温差缩至最小，设备制造商们已改进了加热和热回收系统，如用一密封的水循环替代牛乳作为热回收介质，这不仅减少了污染，同时也减少了产品中的蒸煮味。

b. 管式热交换系统　管式热交换器包括中心套管式热交换器（图3-8）和壳管式热交换器（图3-9）。

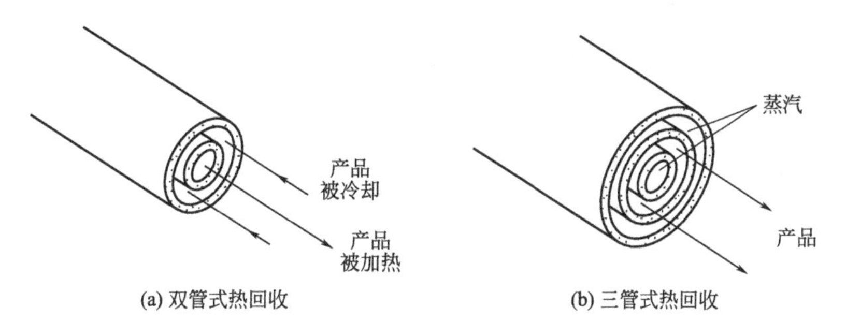

图3-8　中心套管式热交换器超高温组件

中心套管式系统是将2个或3个不锈钢管以同心形式套在一起，管壁之间留有一定的空隙。通常情况下，套管以螺旋形式盘绕起来安装于圆柱形的套筒内，这样有利于保持卫生和形成机械保护。双管式系统用来进行加热和冷却。生产时，产品在中心管内流动，而加热或冷却介质在管壁间流动。在热量回收时，产品也在管壁间流动。三管式系统用来将产品加热至灭菌温度，这时产品在内环内流动，加热介质在中心管和外环间流动，这样使传热面积增大了2倍，同时提高了传热效率。三管式系统也可用于最终冷却段，特别是对于黏性产品的灭菌来说，黏度会降低热效率，三管式系统可弥补这一不足。

所有管式灭菌共同优点是能承受较高的均质压力，因此，在灭菌段前的均质机上可安装高压往复泵，而且均质阀的位置不受限制。

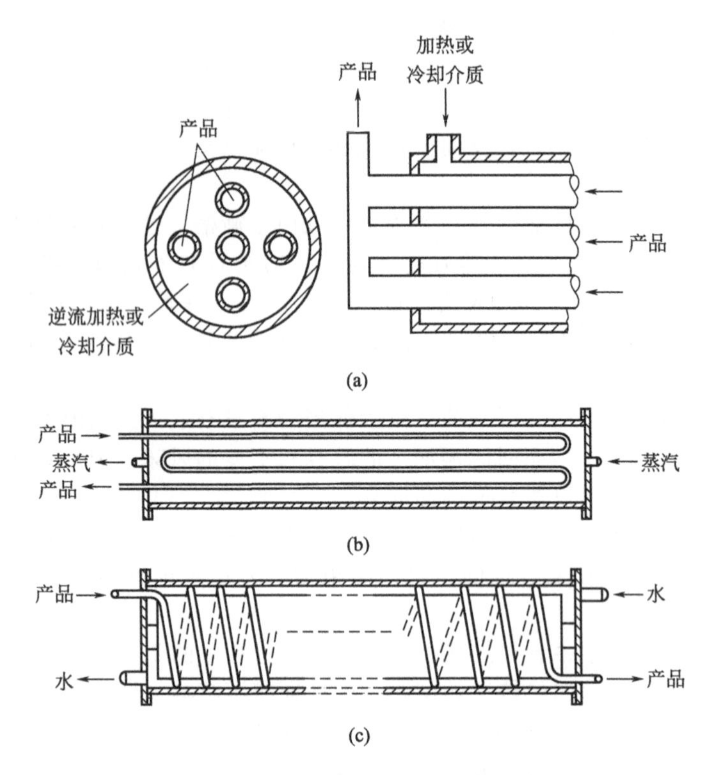

图 3-9 不同类型的壳管式热交换器

(a) 壳管式加热器剖面图；(b) 加热型壳管式换热器；
(c) 冷却型壳管式换热器

壳管式热交换器一般是由多个不锈钢管（内管）装在一外管内，内管的内径一般为10～15mm。在外管的末端由集合管将内管连接起来使产品平行流动；加热或冷却介质在内管之间的空间流动，每个内外管单元的末端通过 180°弯头连接起来以达到所需的传热面积。

② 直接加热系统　直接加热系统灭菌阶段将产品与蒸汽在一定压力下混合。在此过程中，一些蒸汽释放出潜热将产品快速加热至灭菌温度。直接加热系统加热产品的速度比其他任何间接系统都快。为了达到与加热速度相同的冷却速度，灭菌后，产品经膨胀蒸发冷凝器去除水分，水分蒸发时吸收相同的潜热使产品瞬间被冷却。直接加热系统根据产品与蒸汽的混合方式不同，分为喷射式和混注式两种类型（图 3-10）。

喷射式：高于产品压力的蒸汽通过喷嘴喷入产品中，冷凝放热，将产品加热至所需温度，这种系统叫做喷射式或蒸汽喷入产品类型。

混注式：加压容器充满达到灭菌温度的蒸汽，产品从顶部喷入，蒸汽随之冷凝，到底部时产品达到灭菌温度，这种系统叫混注式或产品喷入蒸汽类型。

这两种方式之间略有差别，但整个过程本质上是相同的。

首先，用回收热或热冷凝物或低压蒸汽将牛乳预热至 80～85℃，然后通过和蒸汽直接接触将牛乳加热至灭菌温度（如 140～145℃）。用于将牛乳加热至灭菌温度的蒸汽潜热导致大量蒸汽浓缩，物料大约被稀释 10%。物料中增加的水分随后经真空室蒸发除去，通过控制真空室的条件，以保证所蒸发的水量完全等同于灭菌过程中浓缩蒸汽的量。真空室内水分蒸发使得牛乳快速冷却，然后无菌均质，进一步冷却，最后无菌灌装。

针对直接加热的方式，因为直接加热会引起脂肪球的再次附聚，因而牛乳通常需要在灭菌后进行均质，因此均质机必须能保证无菌操作和灭菌处理。

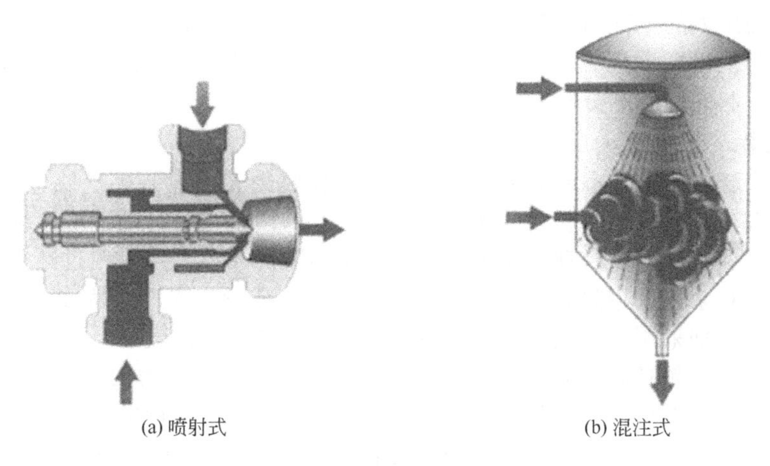

(a) 喷射式　　(b) 混注式

图 3-10　直接加热系统类型

通常用高压蒸汽对设备进行预杀菌，即在用水调试之前，先将设备加热到杀菌温度保持30min，最后才开始进物料。

③ 直接加热与间接加热系统的比较

a. 直接加热与间接加热最明显的区别是前者加热和冷却速度快，即 UHT 瞬时加热更容易通过直接加热系统来实现。

b. 直接加热系统主要的优势在于它能加工黏度高的产品，尤其是对那些不能通过板式热交换器进行良好加工的产品，它不容易结垢。

c. 直接加热的缺点是需要灭菌后均质。无菌均质机除成本高之外，还要小心维护，尤其是要更换柱塞密封以避免其被微生物污染。

d. 直接加热系统的结构相对比较复杂。

e. 直接加热系统的运转成本相对较高，其整个系统的操作成本是同等处理能力的间接加热系统的 2 倍，因为直接加热系统的热回收率低、间接加热系统的热回收率高。另外，直接加热系统的水电成本都比间接加热系统高得多。因此，近年来随着能源和水资源成本的增加，导致间接加热系统的使用更普遍。

(2) 保持灭菌乳　保持灭菌乳的加工方法分为间歇式加工和连续式加工两种。

① 间歇式保持灭菌　这是一种目前常用的、最简单的保持灭菌方式。主要设备是高压灭菌釜，有卧式和立式两种，普遍采用卧式灭菌釜，有利于产品的进出。灭菌时，通常先将牛乳预热到 80℃左右后灌装于干净、经加热后的瓶或其他容器中，随后封盖，置于蒸汽室中灭菌，其处理条件为 110～118℃、15～40min，随后冷却取出。目前这种工艺大部分已被连续杀菌技术所取代。

② 连续式保持灭菌　大批量生产时，通常采用此方法。在生产中，灌装后的产品先经低压低温条件进入相对高温高压灭菌区域，随后进入逐步降温降压的环境，最后用冰水或冷水冷却。灌装后的罐进入一个相对高温高压的区域，产品在 132～140℃下保持 10～12min，全部循环时间为 30～35min。

4. 均质

超高温灭菌乳的均质与巴氏杀菌乳均质相似，也是普遍使用二级均质：两级均质可以提高均质效果，同一台设备上安装了两个均质头，均质头包含一个高压正位移泵（通常是活塞泵）。牛乳由于外压作用，吸入一专门设计的狭窄缝隙中，由于阀门入口处的高压（一般在13.6～20.4MPa）使得乳中脂肪球在机械剪切和空穴现象作用下破裂。脂肪球破裂的程度随着通过均质阀的压力的下降而上升，这主要靠调节阀门的缝隙大小来控制。因此，均质作用原则上发生在第一级均质头位置。第二级均质时，采用低压（大约 3.4MPa），使一级均质后重新结合在一起的脂肪球分开。

5. 无菌包装

无菌包装广泛应用于液态乳制品生产中。一条完整的无菌包装生产线包括物料（食品）杀菌系统、无菌包装机、包装材料或包装物的供应及杀菌系统、自动清洗系统、设备预杀菌系统、无菌环境保持系统及自动控制系统等。无菌包装的系统大多采用过热蒸汽或干热空气进行预杀菌，物料杀菌采用热力杀菌。系统无菌环境的保持大多采用无菌空气或无菌氮气，根据要求不同可分别采用过压法或层流法制备无菌空气或无菌氮气。

（1）包装材料　超高温灭菌乳无菌包装所用的包装材料通常为内外覆以聚乙烯的纸板，这种包装材料能有效地阻挡液体的渗进并能良好地进行内、外表面的封合。为了延长产品的保质期，包装材料中要增加一层氧气屏障，通常要复合一层很薄的铝箔。包装纸共有六层，每层各具有其不同的功能，从外向内看，第一层是聚乙烯，主要作用是防水并能阻止部分微生物的透过；第二层是纸层，主要作用是赋予包装盒良好的形状和强度；第三层是聚乙烯，主要作用是黏合纸层与铝箔；第四层是铝箔，主要作用是阻止氧气、风味物质和光线的透过，同时铝箔在横封过程中经“电感加热”，熔化内层高密聚乙烯，在一定压力的作用下完成横封；第五层是聚乙烯，主要作用是防止印刷油墨分子向内迁移，同时防止产品风味物质向外渗透，尤其是在生产高酸性食品时，这一层能有效地防止酸性物质的腐蚀；第六层是聚乙烯，主要作用是防止液体透过。每层包装材料具有不同的阻挡功能。

（2）无菌罐　无菌包装系统有多种形式，可配无菌罐，也可不配无菌罐。

超高温灭菌乳生产线一般配有无菌罐。其作用主要有：包装机意外停机（如机械故障），用于停机期间产品的贮存；几种产品同时包装，首先将一个产品贮满无菌罐，足以保证整批包装，随后，超高温灭菌设备转换生产另一种产品，并直接在包装机线上进行包装。因此，在超高温灭菌乳生产线上配一个或几个无菌罐，为灵活安排生产提供了方便。每次使用无菌罐前应进行 CIP 清洗，以 130℃蒸汽灭菌 30min 之后降温至 25℃，备用。无菌罐降温同时使用二级过滤的无菌冷空气喷射和夹层循环冰水冷却降温两种方法。

（3）无菌包装系统　纸卷成型包装系统和预成型纸盒包装系统是目前使用最广泛的超高温灭菌乳包装系统。

① 纸卷成型包装系统　纸卷成型包装是包装材料由纸卷连续供给包装机，经过一系列成型过程进行灌装、封合和切割。纸卷成型包装系统主要分为两大类，即敞开式无菌包装系统和封闭式无菌包装系统。敞开式无菌包装系统的包装容量有 200mL、500mL、1000mL 等，包装速度一般有 3600 包/h、4500 包/h 两种形式。此无菌包装环境的形成包括：a. 包装机的灭菌。在生产之前，包装机内与产品接触的表面必须经过灭菌，其灭菌是通过包装机本身产生的无菌热空气（280℃）来实现的，时间 30min。b. 包装纸的灭菌。对于纸包装系统应用最广泛的是双氧水灭菌，主要包括双氧水膜形成和加热灭菌（110～115℃）。

封闭式无菌包装系统最大的改进之处在于建立了无菌室，包装纸灭菌是在无菌室内的双氧水浴槽内进行，并且不需要润湿剂，从而提高了无菌操作的安全性。这种系统的另一改进之处是增加了自动接纸装置，并且包装速度有了进一步的提高。封闭式无菌包装系统包装容积范围较广，从 100mL 到 1500mL，包装速度最低为 5000 包/h、最高为 18000 包/h。此包装系统无菌环境的形成包括：a. 包装机的灭菌。封闭式无菌包装机比敞开式的要复杂，其主要分为两个部分，第一是对产品接触性表面的灭菌，这与敞开式基本相似；第二是对无菌室的灭菌，灭菌通过双氧水（浓度 35%）蒸气与无菌热空气（280℃）联合实现。b. 包装纸的灭菌。与敞开式不同，封闭式主要是在双氧水浴槽内进行的，为保证一定的灭菌效果，双氧水浓度一般在35%以上，温度为70℃，保持6s以上。

② 预成型纸盒包装系统　这种系统纸盒是经预先纵封的，每个纸盒上压有折痕线。运输时，纸盒平展叠放在箱子里，可直接装入包装机。若进行无菌运输操作，封合前要不断地向盒内喷入乙烯气体以进行预杀菌。生产时，将空盒叠放入无菌灌装机中，单个的包装盒被吸入，打开并置于心轴上，底部首先成型并热封。然后盒子进入传送带上特定位置进行顶部成型，所有这些过程都是在有菌环境下进行的。完成了这些步骤后，空盒经传送带进入灌装机的无菌区域。这种类型的无菌灌装机的无菌区域根据功能的不同可分为几个独立的区域，纸盒在传送带上依次通过这些区域，被传送至灌装头下，灌装后，顶盖被加热，最终密封。无菌区内的无菌性是由无菌空气保证的，无菌空气由无菌空气过滤器产生。为避免周围环境通过无菌室的入口和出口以及其他任何接口处可能造成的对无菌室的污染，无菌空气的分布是值得重视的。细菌有可能由包装盒的外表面带入第一无菌区，这时就要避免细菌随气流进入灌装后包装盒的顶隙内。

6. 贮存

超高温灭菌乳包装材料种类多，其货架期也不同，最长可达6～8个月。百利包包装乳货架期30天，利乐枕包装乳45天，利乐砖、康美盒包装乳货架期可达6个月。

三、超高温处理对牛乳的影响

1. 对微生物的影响

原料乳中存在的细菌可以分为两大类：①以营养细胞形式存在，这些细菌易于通过加热或其他方式致死；②以营养细胞和芽孢混合形式存在，这些细菌以营养细胞形式存在时易于被致死，而以芽孢状态存在时很难被杀灭。

超高温处理要求杀灭原料乳中所有的微生物，但在实际生产中，仍然有少量的耐热芽孢未被完全杀灭。由于嗜热脂肪芽孢杆菌和枯草芽孢杆菌耐热能力较强，通常使用它们作为检测超高温灭菌设备灭菌效率的试验微生物。细菌芽孢的致死温度一般从115℃开始，并随着温度升高致死率快速提高。

2. 对感官质量的影响

当牛乳长时间处于高温状态下，会产生化学反应，使得牛乳的色泽、风味等发生变化。

(1) 色泽　牛乳的高温处理会导致牛乳色泽变化，主要包括：①热处理导致蛋白质的变性和聚集，导致牛乳中反射性粒子增加；②由于热处理强度比巴氏杀菌大，有一定程度的美拉德反应和焦糖化反应的发生，导致牛乳色泽变深（褐色），并伴随产生蒸煮味和焦糖味，最终出现大量的沉淀。而在高温短时间处理中，牛乳的这些缺陷就可以在很大程度上得以避免。因此，选择正确的温度和时间组合，既可满足乳中可能存在的芽孢失活率要求，也可使化学变化发生最小。

通过测定乳果糖含量，可以把超高温灭菌乳、巴氏杀菌乳和二次灭菌乳区分开来。热处理强度越大，乳中的乳果糖含量越高。

(2) 风味　通常超高温灭菌乳的色泽与巴氏杀菌乳色泽接近，但有蒸煮味。这些蒸煮味很可能是产品中巯基被释放的结果。产品贮存的最初几天，随着这些基团的氧化，产品风味会有显著改善，风味的改善速度与产品中氧的存在有很大的关系。

(3) 对营养价值的影响　超高温处理对牛乳营养成分的影响如表3-5所示。

从表3-5可以看出，超高温灭菌对脂肪、矿物质的营养价值影响较小，蛋白质和维生素的营养价值有极微量的改变。

热处理对乳中的主要蛋白质——酪蛋白不构成影响，而乳清蛋白的变性并不说明超高温灭菌乳的营养价值就比原料乳低，相反，热处理提高了乳清蛋白的可消化吸收率。

表 3-5 超高温处理对牛乳组分的影响

成分	变化情况
脂肪	无变化
乳糖	临界变化
蛋白质	乳清蛋白部分变性
矿物质	部分转变成不溶性
维生素	水溶性维生素大量损失

必需氨基酸赖氨酸在生产中损失使产品的营养价值产生微小变化。然而赖氨酸的损失仅为0.4%～0.8%，这一数值与巴氏杀菌乳的损失是相同的，二次灭菌乳有6%～8%的损失。

乳中不同维生素的热稳定性差异较大。通常脂溶性维生素如维生素A、维生素D、维生素E对热稳定，而水溶性维生素如维生素B_2、维生素B_3、维生素C、生物素和尼克酸对热不稳定。超高温灭菌乳的维生素B_1损失低于3%，二次灭菌乳的损失为20%～50%，其他热敏性维生素，如维生素B_6、维生素B_{12}、叶酸和维生素C，在保持式灭菌乳中损失率高达100%。

一些维生素如叶酸和维生素C具有氧化敏感性，由于乳中或包装产品中含氧量高，在贮藏期间这些维生素会有损失。另外，乳中维生素C和叶酸的含量远低于人类每日摄入量的要求，因而牛乳并不是提供维生素C和叶酸的主要食物来源。

四、超高温灭菌乳质量控制

为确保超高温灭菌乳的品质，应在生产过程中取样，检测某些参数，并在生产中适时加以调整，以达到控制产品质量、提高成品合格率的目的。

① 每批产品都应检测原料乳的成分，需测定乳脂肪、蛋白质、总固形物含量。

② 应在显微镜下观察超高温灭菌乳，以确保均质充分，尽量减少脂肪上浮。该项检测应在均质前后都进行，每周一次。

③ 在热处理前后检测原料乳的微生物指标。此检测应在刚开机时、开机4h及8h后进行。如果生产超过8h，则8h后应每小时检测一次，以确保热处理达到预期效果。

④ 最终产品的检测应包括所有参数，且样品应代表全天的生产情况，以进一步确定先前生产过程中的检测结果，保存留样以备有产品出现投诉情况时，再行检测。

⑤ 保温试验：超高温灭菌乳应取样于保温室中进行保温试验，保温试验时间为10天，以检测微生物及感官指标的变化。

【产品指标要求】

灭菌乳产品指标有感官指标、理化指标、安全卫生指标，其要求如下。

1. 感官指标

同巴氏杀菌乳的感官指标。

2. 理化指标

同巴氏杀菌乳的理化指标。

3. 安全卫生指标

（1）微生物要求　应符合商业无菌的要求。

（2）真菌毒素限量　应符合GB 2761的规定。

（3）污染物限量　应符合GB 2762的规定。

【自查自测】

1. 什么是灭菌乳？按杀菌条件可分为几类？

2. 超高温处理对牛乳的影响有哪些？

3. 超高温灭菌乳常用的灭菌方法有哪几种？

4. 简述超高温灭菌乳生产工艺流程及具体工艺要求。

项目三 其他液态乳

【知识储备】

一、再制乳

再制乳是将乳粉、奶油或无水奶油等乳产品，加水还原，添加或不添加其他营养成分或物质，经加工制成的与鲜乳组成特性相似的液态乳制品。

再制乳的生产克服了自然原料乳生产的季节性、区域等限制，保证了淡季乳与乳制品的供应。其营养成分与鲜乳相似，也可以用它来制成其他乳制品，最初是生产液态奶，但随后又生产出再制炼乳、甜炼乳和“咖啡伴侣”。现在，再制乳制品也包括了酸奶、黄油和干酪等。

再制乳所用的主要原料为脱脂乳粉和无水奶油，其保存期较长，重量比鲜乳低，可以节省大量的贮存和运输费用。另外，可以根据人们的营养需求，在其中添加各种营养成分，增加营养价值，改进产品的适口性。

再制乳和复原乳（奶）的区别为：复原乳是通过加水，使脱脂乳粉或全脂乳粉复原获得的液态奶。再制乳是通过加水到脱脂乳粉中并加入乳脂肪使达到要求乳脂含量的液态奶。

1. 再制乳原辅料

（1）原辅料要求

① 脱脂乳粉　再制乳中的非脂乳固体通常以脱脂乳粉的方式提供。脱脂乳粉由全脂乳在分离机中脱去脂肪后通过蒸发和干燥去掉脱脂乳中的水分获得。这种乳粉可贮存数月甚至数年而不会变败，并且易溶解于水中形成复原脱脂乳。

脱脂乳粉质量的好坏，对成品质量有很大的影响。因此，要严格控制脱脂乳粉的质量，蛋白质含量≥26.0％，水分含量≤5.0％。

② 无水奶油　未加盐的奶油可用于生产再制乳制品，但这种奶油必须在冷藏条件下保存。用于生产再制乳乳脂的最常见来源是无水奶油，这种奶油无需冷藏。无水奶油是指以乳和（或）奶油或稀奶油（经发酵或不发酵）为原料，添加或不添加食品添加剂和营养强化剂，经加工制成的脂肪含量不小于99.8％的产品。再制乳的风味主要来自脂肪中的挥发性脂肪酸，故必须严格控制脂肪的质量标准，脂肪≥99.8％，水分≤0.1％，霉菌≤90CFU/L。

③ 水　水是再制乳的溶剂，必须具有优良饮用质量，不得含有病原微生物、危害人体的化学物质和放射性物质，并具有可接受的低硬度；水中过量的矿物质会危及再制乳或复原乳的盐平衡，最终导致在杀菌中出现问题；水中过量的铜或铁将会催化脂肪氧化而导致乳异味。所以对水质必须进行检查，需符合我国饮用水标准。

④ 添加剂

a. 乳化剂　再制乳的生产中为补充乳香味，一般需要加入乳化剂，如单甘酯和甘油二酯的复配物，添加量为脂肪量的5％左右；当加入磷脂时，添加量为0.1％。近年来，还有采用加入微胶囊香精（内含鲜乳香精、炼乳香精、乙基麦芽酚）的技术，使香味在乳入口后缓缓释放，让再制乳有浓厚、香味持久的特征。而且微胶囊香精还可以替代乳化剂，使再制乳保持良好的组织状态。

b. 稳定剂　可以改进产品外观、质地和风味，形成黏性溶液，兼备黏结剂、增稠剂、稳定剂、填充剂和防止结晶脱水的作用。其中主要有阿拉伯胶、果胶、琼脂、海藻酸盐、羧甲基纤维素（CMC）、半人工合成的水解胶体等，也可用复合稳定剂。

c. 盐类　强化性盐类包括各种钙盐、锌盐等，稳定性盐包括柠檬酸盐、磷酸盐等。

d. 风味料　天然和人工合成的香精，增加再制乳的乳香精。

e. 着色剂　常用的有胡萝卜素、安那妥等，以改善产品的颜色。

（2）计算原辅料用量

① 脱脂乳粉的用量

例如：要生产100kg非脂乳固体含量为8.5%、脂肪含量为3.1%的再制乳，脱脂乳粉的水分含量为4%左右、脂肪含量为1.25%，相应脱脂乳粉用量的计算公式如下：

$$S \times M = (100 - W - F_S) \times X$$

$$X = \frac{S}{100 - W - F_S} \times M \tag{3-1}$$

式中　S——再制乳所要求的非脂乳固体含量，%；

W——脱脂乳粉的水分含量，%；

F_S——脱脂乳粉的脂肪含量，%；

M——再制乳生产量，kg；

X——脱脂乳粉的需要量，kg。

将以上数据代入公式，通过计算可得脱脂乳粉需要量为：

$$X = \frac{S}{100 - W - F_S} \times M = \frac{8.5}{100 - 4 - 1.25} \times 100 = 8.97\ (\text{kg})$$

② 无水奶油的用量　无水奶油的含脂率为99.8%以上，相应的奶油用量的计算公式如下：

$$F \times M = F_b Y + F_S X$$

$$Y = \frac{F \times M - F_S \times X}{F_b} \tag{3-2}$$

式中　F——再制乳脂肪含量，%；

F_b——无水奶油的脂肪含量，%；

F_S——脱脂乳粉中的脂肪含量，%；

M——再制乳生产量，kg；

X——脱脂乳粉的用量，kg；

Y——无水奶油的用量，kg。

通过计算可得无水奶油的需要量为：

$$Y = \frac{F \times M - F_S \times X}{F_b} = \frac{3.1 \times 100 - 1.25 \times 8.97}{99.8} = 2.99\ (\text{kg})$$

2. 加工方法

（1）全部均质法　全部均质法是先将脱脂乳粉和水按比例混合成脱脂乳，再添加无水奶油和其他原辅料，充分混合，然后全部通过均质，再杀菌、冷却而制成。

（2）部分均质法　部分均质法是先将脱脂乳粉与水按比例混合成脱脂乳，然后取部分脱脂乳，在其中加入所需的全部无水奶油制成高脂乳（含脂率为8%～15%）。将高脂乳进行均质，再与剩余的脱脂乳混合，经杀菌、冷却而制成。

（3）调制法　调制法是先用脱脂乳粉、无水奶油等混合制成炼乳，然后用杀菌水稀释而成。

3. 再制乳生产工艺流程

再制乳生产工艺流程如图 3-11 所示。

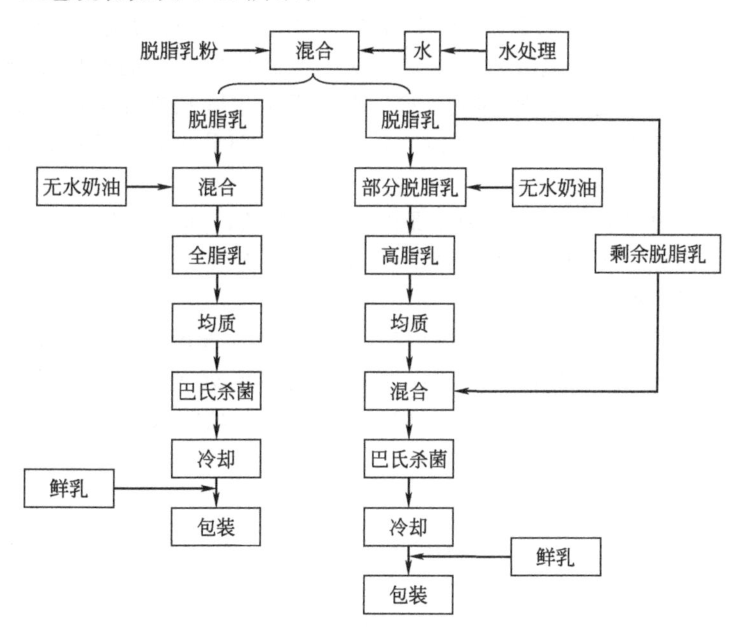

图 3-11　再制乳生产工艺流程

4. 操作要点

（1）混合水和脱脂乳粉　当温度从 10℃增加至 50℃过程中乳粉的润湿性随之上升，在 50～100℃之间，随着温度的上升，润湿度不再增加且有可能下降。低温处理乳粉比高温处理乳粉易于溶解，用 40～50℃的水溶解脱脂乳粉，溶解度最佳。一般情况下，新鲜的、高质量的乳粉需水合时间短，水合时间不充足将导致最终产品感官缺陷。水合就是当乳粉与水混合时，乳粉颗粒在水中呈悬浊颗粒，只有当乳粉不断分散溶解、吸水润湿后，乳粉才能成为胶体状态分布于水中，此过程就是水合过程。因此，水与脱脂乳粉混合后，要有一定的水合时间，一般需要 20～30min。

（2）脱气　脱脂乳粉一般含有约占总容积 40%的空气，包括颗粒间隙和颗粒内空气，如果混料设备状态不能良好保持则会导致空气进入乳中。实验表明，在 50℃下溶解制得的乳固体含量为 14%～18%脱脂乳中的空气含量与一般脱脂乳中的含量相同。在混合温度为 30℃时，即使再制脱脂乳保持 1h 后，空气含量仍然比正常脱脂乳高 50%～60%，如果乳固体含量为 41%，则混合物中空气含量是正常脱脂乳中的 10 倍。

再制乳中空气含量过高往往易形成泡沫，容易在巴氏杀菌过程中形成乳垢，在均质机中产生空穴引起均质困难，增加脂肪氧化等风险。因此，一般用脱气机进行真空脱气。

（3）加入无水奶油　在再制乳水合没有彻底完成之前不应加入脂肪，避免在往水中加入乳粉的同时或之前加入乳脂，否则会影响产品质量。

将无水奶油在 45～50℃下保持 24～48h 使其完全熔化；或者把罐装的乳脂肪浸入 80℃的热水中，经 2～3h 乳脂肪熔化；也可以将乳脂桶置于蒸汽通道中，约 2h 桶内脂肪熔化。熔化好的乳脂肪被输送到带有夹层的保温罐中，并保持温度。随后加入混合罐，开动搅拌器，使乳脂肪在脱脂乳中分散开来。

（4）均质　无水奶油在生产再制乳时，均质不仅使脂肪分散成微细颗粒，而且促进其他成分的溶解水合过程，从而对产品的外观、口感、质地都有很大改善。

在加工过程中失去了脂肪球膜，虽然经过均质，但由于缺乏脂肪的保护，脂肪颗粒仍容易再凝聚。因此，要添加乳化剂，以保持均质后脂肪球的稳定性。

均质条件：均质压力5～20MPa，均质温度65℃，要求均质后脂肪球直径为1～2μm。

（5）巴氏杀菌及冷却　再制乳的热处理方法因产品特性不同而有所差异，一般72℃保持15s进行巴氏杀菌并随之立即冷却到4℃。罐装灭菌牛乳约在110℃、30～45min灭菌，随后，在灭菌器内冷却至38～54℃；通过直接或间接灭菌处理，把产品加热到132～149℃经几秒后冷却至约20℃，无菌包装。

（6）加入鲜乳　再制乳所有的原料都是经过热处理的，其成分中的蛋白质及各种芳香物质受到一定影响。因此，各国常把加工成的再制乳与鲜乳按50∶50混合。鲜乳先经过杀菌后再混合或者混合后再杀菌处理。

（7）包装　巴氏杀菌乳可包装于纸包装、塑料包装或玻璃瓶中，如果使用玻璃瓶，玻璃瓶应为暗色，以防止阳光引起的乳风味变败。超高温灭菌处理乳必须进行无菌灌装。包装必须非常严密，以防再制乳氧化。包装材料应该有足够强度，在板条箱中或纸箱中堆垛。

二、调制乳

2010年3月26日国家卫生部颁布的食品安全国家标准（GB 25191—2010）中首次出现了一个全新的名称“调制乳”，其定义为：以不低于80%的生牛（羊）乳或复原乳为主要原料，添加其他原料或食品添加剂或营养强化剂，采用适当的杀菌或灭菌等工艺制成的液体产品。

调制乳强化了部分营养物质，营养强化剂为维生素类、矿物质类等，使其含量高于纯牛乳产品，满足不同人群的多样化需求，也为产品赋予了不同的风味。

调制乳的种类繁多，根据所添加的其他原料分为巧克力牛奶、花生牛奶、核桃牛奶、谷粒多牛奶、红枣牛奶、香蕉牛奶、草莓牛奶、咖啡牛奶、鸡蛋奶等；根据营养强化成分分为骨力牛奶、舒活牛奶、儿童牛奶等；也可以根据其脂肪含量分类，包括全脂调制乳、低脂调制乳、脱脂调制乳等。

1. 调制乳生产工艺流程

调制乳生产工艺流程如图3-12所示。

2. 操作要点

（1）原料乳的质量要求　如果以生鲜乳为原料，其质量要求同超高温灭菌乳原料乳质量要求；如果用乳粉为原料，其质量要求同再制乳原辅料要求。

（2）净化　通过双联过滤器100～200目过滤网过滤之后，以6000r/min离心净乳，杂质度≤4.0mg/kg。

（3）冷却贮存　原料乳迅速冷却到4℃以下贮存，贮存期间温度不能超过6℃，贮存时间不能超过8h。

（4）巴氏杀菌　巴氏杀菌预热段，原料乳温度升温至45～55℃之后进行标准化，标准化原则和杀菌条件同巴氏杀菌乳。

（5）冷却贮存　原料乳进行巴氏杀菌之后迅速冷却到4℃以下贮存，贮存期间乳温度不超过8℃，贮存时间不能超过12h。

（6）配料

① 干混　将蔗糖、稳定剂、乳化剂、营养强化剂或其他原料按比例混匀。

② 预热　将总生产量的20%～30%巴氏杀菌乳加热到60～70℃，打入高速搅拌配料罐中，备用。

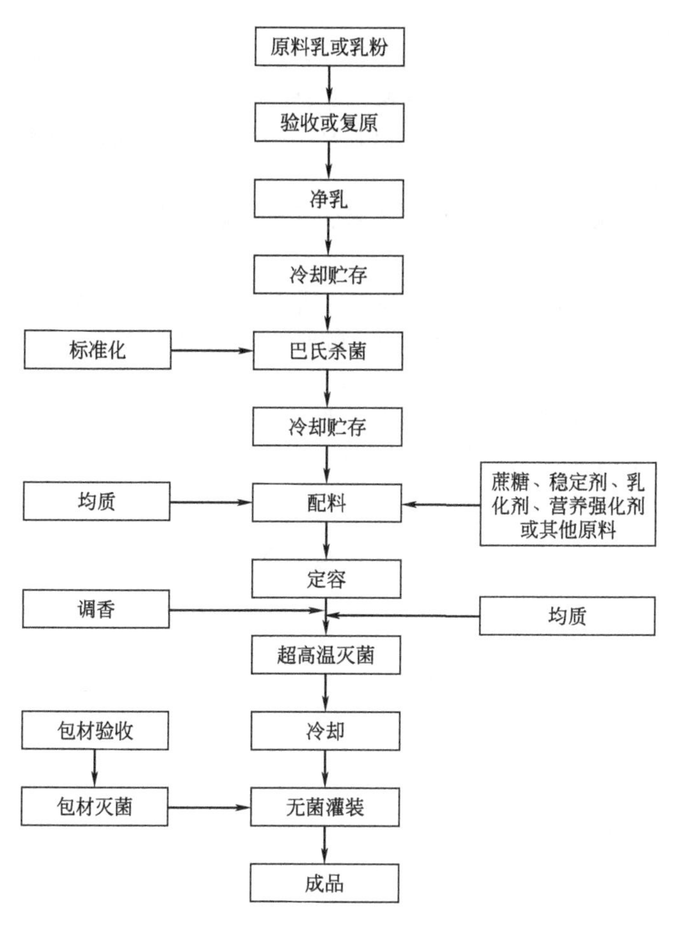

图 3-12 调制乳生产工艺流程

③ 化料 将已干混料缓慢加入高速搅拌配料罐，化料温度 60～70℃，充分溶解并均质。一般使用二级均质，第一级均质压力 18～20MPa，第二级均质压力 5MPa，均质温度60～70℃。

(7) 定容 将剩余的 70%～80%巴氏杀菌乳打入到高速搅拌配料罐中，搅拌均匀。

(8) 调香 由于食用香精挥发性强，一般在超高温灭菌前 30min 进行调香。根据生产产品的种类选择相应的香精。

(9) 均质 使用二级均质，第一级使用较高的压力 18～22MPa，第二级均质使用较低的压力 3～4MPa，均质温度 60～70℃。

(10) 超高温灭菌 灭菌条件：137～140℃保持 4s。

(11) 冷却 超高温灭菌后将成品温度降至 25～30℃。

(12) 无菌灌装 同超高温灭菌乳无菌灌装。

三、含乳饮料

含乳饮料是指以乳或乳制品为原料，加入水及适量辅料经配制或发酵而成的饮料制品。含乳饮料还可称为乳（奶）饮料、乳（奶）饮品，具体产品的分类如下所述。

1. 配制型含乳饮料

配制型含乳饮料是指以乳或乳制品为原料，加入水，以及白砂糖和（或）甜味剂、酸味剂、果汁、茶、咖啡、植物提取液等中的一种或几种调制而成的饮料。

2. 发酵型含乳饮料

发酵型含乳饮料是指以乳或乳制品为原料，经乳酸菌等有益菌培养发酵制得的乳液中加入水，以及白砂糖和（或）甜味剂、酸味剂、果汁、茶、咖啡、植物提取液等中的一种或几种调制而成的饮料，如乳酸菌乳饮料。根据其是否经过杀菌处理而区分为杀菌（非活菌）型和未杀菌（活菌）型。

发酵型含乳饮料还可称为酸乳（奶）饮料、酸乳（奶）饮品。

3. 乳酸菌饮料

乳酸菌饮料是指以乳或乳制品为原料，经乳酸菌发酵制得的乳液中加入水，以及白砂糖和（或）甜味剂、酸味剂、果汁、茶、咖啡、植物提取液等中的一种或几种调制而成的饮料。

根据其是否经过杀菌处理而区分为杀菌（非活菌）型和未杀菌（活菌）型。

根据国家标准，配制型含乳饮料和发酵型含乳饮料中蛋白质含量均应大于1%；乳酸菌饮料中蛋白质含量应大于0.7%。

【自查自测】

一、填空题

1. 调制乳是以不低于（　　）的生牛（羊）乳或（　　）为主要原料，添加其他原料或食品添加剂或营养强化剂，采用适当的杀菌或灭菌等工艺制成的液体产品。

2. 调制乳配料时用总生产量的（　　）巴氏杀菌乳。

二、判断题

1. 调制乳用无菌水定容。（　　）

2. 调制乳一般在超高温灭菌前1h进行调香。（　　）

3. 无菌罐灭菌条件是130℃蒸汽灭菌30min。（　　）

三、简答题

使用复原乳调制乳产品包装上有哪些标识要求？

项目四　液体乳的检验

【检验任务一】菌落总数

一、原理

食品的微生物污染指标可用来评价食品受污染的程度以及食品卫生质量和食品加工环境卫生状况。食品的细菌污染指标常用菌落总数、大肠菌群表示，以及用某些特定的致病菌来反映食品的安全卫生状况或生产流通控制情况。

菌落总数的概念：食品检样经过处理，在一定条件下（如培养基、培养温度和培养时间等）培养后，所得每g(mL)检样中形成的微生物菌落总数。

二、设备和材料

除微生物实验室常规灭菌及培养设备外，其他设备和材料如下：

（1）恒温培养箱　36℃±1℃，30℃±1℃。

（2）冰箱　2～5℃。

（3）恒温水浴箱　46℃±1℃。

（4）天平　感量为0.1g。

（5）均质器。

（6）振荡器。

(7) 无菌吸管 1mL(具0.01mL刻度)、10mL(具0.1mL刻度)或微量移液器及吸头。

(8) 无菌锥形瓶 容量250mL、500mL。

(9) 无菌培养皿 直径90mm。

(10) pH计或pH比色管或精密pH试纸。

(11) 放大镜或/和菌落计数器。

三、培养基和试剂

1. 平板计数琼脂(PCA)培养基

(1) 成分 胰蛋白胨(5.0g)、酵母浸膏(2.5g)、葡萄糖(1.0g)、琼脂(15.0g)、蒸馏水(1000mL)。

(2) 制法 将上述成分加于蒸馏水中,煮沸溶解,调节pH至7.0±0.2。分装试管或锥形瓶,121℃高压灭菌15min。

2. 磷酸盐缓冲液

(1) 成分 磷酸二氢钾(KH_2PO_4)34.0g,蒸馏水500mL。

(2) 制法

贮存液:称取34.0g的磷酸二氢钾溶于500mL蒸馏水中,用大约175mL的1mol/L氢氧化钠溶液调节pH至7.2,用蒸馏水稀释至1000mL后贮存于冰箱。

稀释液:取贮存液1.25mL,用蒸馏水稀释至1000mL,分装于适宜容器中,121℃高压灭菌15min。

3. 无菌生理盐水

(1) 成分 氯化钠8.5g,蒸馏水1000mL。

(2) 制法 称取8.5g氯化钠溶于1000mL蒸馏水中,121℃高压灭菌15min。

四、检验流程

菌落总数的检验程序如图3-13所示。

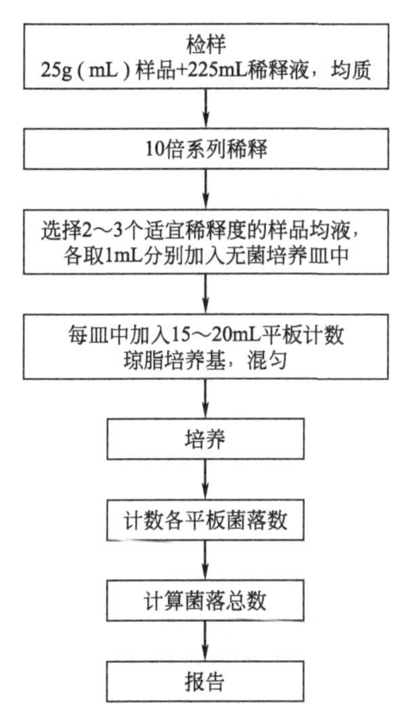

图3-13 菌落总数的检验程序

五、操作步骤

1. 样品的稀释

(1) 固体和半固体样品　称取25g样品置盛有225mL磷酸盐缓冲液或生理盐水的无菌均质杯内，8000～10000r/min均质1～2min，或放入盛有225mL稀释液的无菌均质袋中，用拍击式均质器拍打1～2min，制成1∶10的样品匀液。

(2) 液体样品　以无菌吸管吸取25mL样品置盛有225mL磷酸盐缓冲液或生理盐水的无菌锥形瓶（瓶内预置适当数量的无菌玻璃珠）中，充分混匀，制成1∶10的样品匀液。

(3) 用1mL无菌吸管或微量移液器吸取1∶10样品匀液1mL，沿管壁缓慢注于盛有9mL稀释液的无菌试管中（注意吸管或吸头尖端不要触及稀释液面），振摇试管或换用1支无菌吸管反复吹打使其混合均匀，制成1∶100的样品匀液。

(4) 按上一步操作，制备10倍系列稀释样品匀液。每递增稀释一次，换用1次1mL无菌吸管或吸头。

(5) 根据对样品污染状况的估计，选择2～3个适宜稀释度的样品匀液（液体样品可包括原液），在进行10倍递增稀释时，吸取1mL样品匀液于无菌平皿内，每个稀释度做两个平皿。同时，分别吸取1mL空白稀释液加入两个无菌平皿内作空白对照。

(6) 及时将15～20mL冷却至46℃的平板计数琼脂培养基（可放置于46℃±1℃恒温水浴箱中保温）倾注平皿，并转动平皿使其混合均匀。

2. 培养

待琼脂凝固后，将平板翻转，36℃±1℃培养48h±2h。

3. 菌落计数

(1) 可用肉眼观察，必要时用放大镜或菌落计数器，记录稀释倍数和相应的菌落数量。菌落计数以菌落形成单位（colony-forming units，CFU）表示。

(2) 选取菌落数在30～300CFU之间、无蔓延菌落生长的平板计数菌落总数。低于30CFU的平板记录具体菌落数，大于300CFU的可记录为多不可计。每个稀释度的菌落数应采用两个平板的平均数。

(3) 其中一个平板有较大片状菌落生长时，则不宜采用，而应以无片状菌落生长的平板作为该稀释度的菌落数；若片状菌落不到平板的一半，而其余一半中菌落分布又很均匀，即可计算半个平板后乘以2，代表一个平板菌落数。

(4) 当平板上出现菌落间无明显界线的链状生长时，则将每条单链作为一个菌落计数。

六、结果与报告

1. 菌落总数的计算方法

(1) 若只有一个稀释度平板上的菌落数在适宜计数范围内，计算两个平板菌落数的平均值，再将平均值乘以相应稀释倍数，作为每g（mL）样品中菌落总数结果。

(2) 若有两个连续稀释度的平板菌落数在适宜计数范围内时，按公式(3-3)计算：

$$N=\frac{\sum C}{(n_1+0.1n_2)d} \tag{3-3}$$

式中　N——样品中菌落数；

$\sum C$——平板（含适宜范围菌落数的平板）菌落数之和；

n_1——第一稀释度（低稀释倍数）平板个数；

n_2——第二稀释度（高稀释倍数）平板个数；

d——稀释因子（第一稀释度）。

(3) 若所有稀释度的平板上菌落数均大于300CFU，则对稀释度最高的平板进行计数，其他平板可记录为多不可计，结果按平均菌落数乘以最高稀释倍数计算。

（4）若所有稀释度的平板菌落数均小于 30CFU，则应按稀释度最低的平均菌落数乘以稀释倍数计算。

（5）若所有稀释度（包括液体样品原液）平板均无菌落生长，则以小于 1 乘以最低稀释倍数计算。

（6）若所有稀释度的平板菌落数均不在 30～300CFU 之间，其中一部分小于 30CFU 或大于 300CFU 时，则以最接近 30CFU 或 300CFU 的平均菌落数乘以稀释倍数计算。

2. 菌落总数的报告

（1）菌落数小于 100CFU 时，按“四舍五入”原则修约，以整数报告。

（2）菌落数大于或等于 100CFU 时，第 3 位数字采用“四舍五入”原则修约后，取前 2 位数字，后面用 0 代替位数，也可用 10 的指数形式来表示，按“四舍五入”原则修约后，采用两位有效数字。

（3）若所有平板上为蔓延菌落而无法计数，则报告菌落蔓延。

（4）若空白对照上有菌落生长，则此次检测结果无效。

（5）称重取样以 CFU/g 为单位报告，体积取样以 CFU/mL 为单位报告。

【检验任务二】大肠菌群

一、原理

最可能数（most probable number，MPN）是基于泊松分布的一种间接计数方法。

MPN 法是统计学和微生物学结合的一种定量检测法。待测样品经系列稀释并培养后，根据其未生长的最低稀释度与生长的最高稀释度，应用统计学概率论推算出待测样品中大肠菌群的最大可能数。

二、设备和材料

除微生物实验室常规灭菌及培养设备外，其他设备和材料如下：

（1）恒温培养箱　36℃±1℃。

（2）冰箱　2～5℃。

（3）恒温水浴箱　46℃±1℃。

（4）天平　感量 0.1g。

（5）均质器。

（6）振荡器。

（7）无菌吸管　1mL（具 0.01mL 刻度）、10mL（具 0.1mL 刻度）或微量移液器及吸头。

（8）无菌锥形瓶　容量 500mL。

（9）无菌培养皿　直径 90mm。

（10）pH 计或 pH 比色管或精密 pH 试纸。

（11）菌落计数器。

三、培养基和试剂

1. 月桂基硫酸盐胰蛋白胨（lauryl sulfate tryptose，LST）肉汤

（1）成分　胰蛋白胨或胰酪胨 20.0g，氯化钠 5.0g，乳糖 5.0g，磷酸氢二钾（K_2HPO_4）2.75g，磷酸二氢钾（KH_2PO_4）2.75g，月桂基硫酸钠 0.1g，蒸馏水 1000mL。

（2）制法　将上述成分溶解于蒸馏水中，调节 pH 至 6.8±0.2。分装到有玻璃小倒管的试管中，每管 10mL。121℃高压灭菌 15min。

2. 煌绿乳糖胆盐（brilliant green lactose bile，BGLB）肉汤

（1）成分　蛋白胨 10.0g，乳糖 10.0g，牛胆粉（oxgall 或 oxbile）溶液 200mL，0.1%

煌绿水溶液 13.3mL，蒸馏水 800mL。

（2）制法　将蛋白胨、乳糖溶于约 500mL 蒸馏水中，加入牛胆粉溶液 200mL（将 20.0g 脱水牛胆粉溶于 200mL 蒸馏水中，调节 pH 至 7.0～7.5），用蒸馏水稀释到 975mL，调节 pH 至 7.2±0.1，再加入 0.1%煌绿水溶液 13.3mL，用蒸馏水补足到 1000mL，用棉花过滤后，分装到有玻璃小倒管的试管中，每管 10mL。121℃高压灭菌 15min。

3. 结晶紫中性红胆盐琼脂（violet red bile agar，VRBA）

（1）成分　蛋白胨 7.0g，酵母膏 3.0g，乳糖 10.0g，氯化钠 5.0g，胆盐或 3 号胆盐 1.5g，中性红 0.03g，结晶紫 0.002g，琼脂 15～18g，蒸馏水 1000mL。

（2）制法　将上述成分溶于蒸馏水中，静置几分钟，充分搅拌，调节 pH 至 7.4±0.1。煮沸 2min，将培养基融化并恒温至 45～50℃倾注平板。使用前临时制备，不得超过 3h。

4. 无菌磷酸盐缓冲液

5. 无菌生理盐水

6. 1mol/L NaOH 溶液

7. 1mol/L HCl 溶液

四、检验流程

大肠菌群 MPN 计数的检验程序如图 3-14 所示。

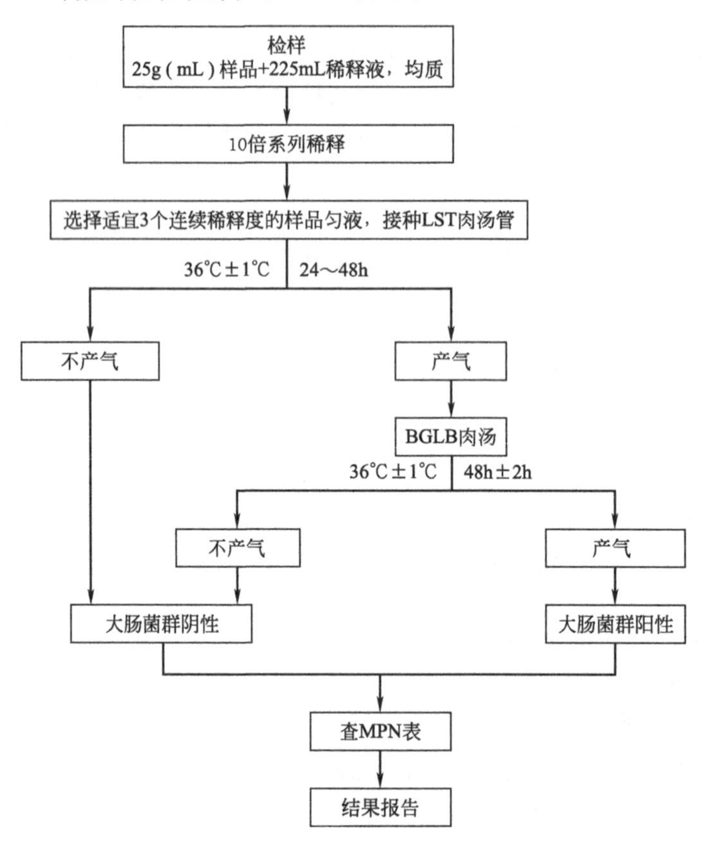

图 3-14　大肠菌群 MPN 计数法检验程序

五、操作步骤

1. 样品的稀释

（1）固体和半固体样品　制成 1∶10 的样品匀液方法同菌落总数固体和半固体样品

处理。

（2）液体样品　制成 1∶10 的样品匀液方法同菌落总数液体样品处理。

（3）样品匀液的 pH 应在 6.5～7.5 之间，必要时分别用 1mol/L NaOH 或 1mol/L HCl 调节。

（4）制成 1∶100 的样品匀液同总菌落总数。

（5）根据对样品污染状况的估计，按上述操作，依次制成十倍递增系列稀释样品匀液。每递增稀释 1 次，换用 1 支 1mL 无菌吸管或吸头。从制备样品匀液至样品接种完毕，全过程不得超过 15min。

2. 初发酵试验

每个样品，选择 3 个适宜的连续稀释度的样品匀液（液体样品可以选择原液），每个稀释度接种 3 管月桂基硫酸盐胰蛋白胨（LST）肉汤，每管接种 1mL（如接种量超过 1mL，则用双料 LST 肉汤），36℃±1℃培养 24h±2h，观察倒管内是否有气泡产生，24h±2h 产气者进行复发酵试验（证实试验），如未产气则继续培养至 48h±2h，产气者进行复发酵试验。未产气者为大肠菌群阴性。

3. 复发酵试验（证实试验）

用接种环从产气的 LST 肉汤管中分别取培养物 1 环，移种于煌绿乳糖胆盐肉汤（BGLB）管中，36℃±1℃培养 48h±2h，观察产气情况。产气者，计为大肠菌群阳性管。

4. 大肠菌群最可能数（MPN）的报告

按复发酵试验（证实试验）确证的大肠菌群 BGLB 阳性管数，检索 MPN 表（见表 3-6），报告每 g（mL）样品中大肠菌群的 MPN 值。

表 3-6　大肠菌群最可能数（MPN）检索表

阳性管数			MPN	95%可信限		阳性管数			MPN	95%可信限	
0.1	0.01	0.001		下限	上限	0.1	0.01	0.001		下限	上限
0	0	0	＜3.0	—	9.5	2	2	0	21	4.5	42
0	0	1	3.0	0.15	9.6	2	2	1	28	8.7	94
0	1	0	3.0	0.15	11	2	2	2	35	8.7	94
0	1	1	6.1	1.2	18	2	3	0	29	8.7	94
0	2	0	6.2	1.2	18	2	3	1	36	8.7	94
0	3	0	9.4	3.6	38	3	0	0	23	4.6	94
1	0	0	3.6	0.17	18	3	0	1	38	8.7	110
1	0	1	7.2	1.3	18	3	0	2	64	17	180
1	0	2	11	3.6	38	3	1	0	43	9	180
1	1	0	7.4	1.3	20	3	1	1	75	17	200
1	1	1	11	3.6	38	3	1	2	120	37	420
1	2	0	11	3.6	42	3	1	3	160	40	420
1	2	1	15	4.5	42	3	2	0	93	18	420
1	3	0	16	4.5	42	3	2	1	150	37	420
2	0	0	9.2	1.4	38	3	2	2	210	40	430
2	0	1	14	3.6	42	3	2	3	290	90	1000
2	0	2	20	4.5	42	3	3	0	240	42	1000
2	1	0	15	3.7	42	3	3	1	460	90	2000
2	1	1	20	4.5	42	3	3	2	1100	180	4100
2	1	2	27	8.7	94	3	3	3	＞1100	420	—

注：1. 本表采用 3 个稀释度[0.1g(mL)、0.01g(mL)、0.001g(mL)]，每个稀释度接种 3 管。

2. 表内所列检样量如改用 1g（mL）、0.1g（mL）和 0.01g（mL）时，表内数字应相应降低 10 倍；如改用 0.01g（mL）、0.001g（mL）、0.0001g（mL）时，则表内数字应相应增高 10 倍，其余类推。

【检验任务三】商业无菌

一、原理

杀菌是将乳中的致病菌和造成缺陷的有害菌全部杀死，但并非百分之百的杀灭非致病菌，还会残留部分乳酸菌、酵母菌和霉菌等；灭菌是杀死乳中所有细菌，使其呈无菌状态。但事实上，热致死率只能达到99.9999%，产品达到了商业无菌状态，即不含危害公共健康的致病菌和毒素；不含任何在产品储存、运输及销售期间能繁殖的微生物；在产品有效期内保持质量稳定和良好的商业价值。

二、设备和材料

除微生物实验室常规灭菌及培养设备外，其他设备和材料如下：

(1) 冰箱　2～5℃。

(2) 恒温培养箱　30℃±1℃；36℃±1℃；55℃±1℃。

(3) 电位pH计（精确度pH0.05单位）。

(4) 开启器　剪刀、刀。

(5) 电子秤或台式天平。

(6) 超净工作台或百级洁净实验室。

(7) 恒温水浴箱　55℃±1℃。

三、培养基和试剂

1. 结晶紫染色液

(1) 成分　结晶紫1.0g，95%乙醇20.0mL，1%草酸铵溶液80.0mL。

(2) 制法　将1.0g结晶紫完全溶解于95%乙醇中，再与1%草酸铵溶液混合。

(3) 染色法　将涂片在酒精灯火焰上固定，滴加结晶紫染液，染1min，水洗。

2. 含4%碘的乙醇溶液

4g碘溶于100mL的70%乙醇溶液。

四、检验流程

商业无菌检验程序如图3-15所示。

五、操作步骤

1. 样品准备

去除表面标签，在包装容器表面用防水的油性记号笔做好标记，并记录容器、编号、产品性状、泄漏情况、是否有小孔或锈蚀、压痕、膨胀及其他异常情况。

2. 称重

1kg及以下的包装物精确到1g，1kg以上的包装物精确到2g，10kg以上的包装物精确到10g，并记录。

3. 保温

(1) 每个批次取1个样品置2～5℃冰箱保存作为对照，将其余样品在36℃±1℃下保温10天。保温过程中应每天检查，如有膨胀或泄漏现象，应立即剔出，开启检查。

(2) 保温结束时，再次称重并记录，比较保温前后样品重量有无变化。如有变轻，表明样品发生泄漏。将所有包装物置于室温直至开启检查。

4. 开启

(1) 如有膨胀的样品，则将样品先置于2～5℃冰箱内冷藏数小时后开启。

(2) 如有膨胀用冷水和洗涤剂清洗待检样品的光滑面。水冲洗后用无菌毛巾擦干。以含

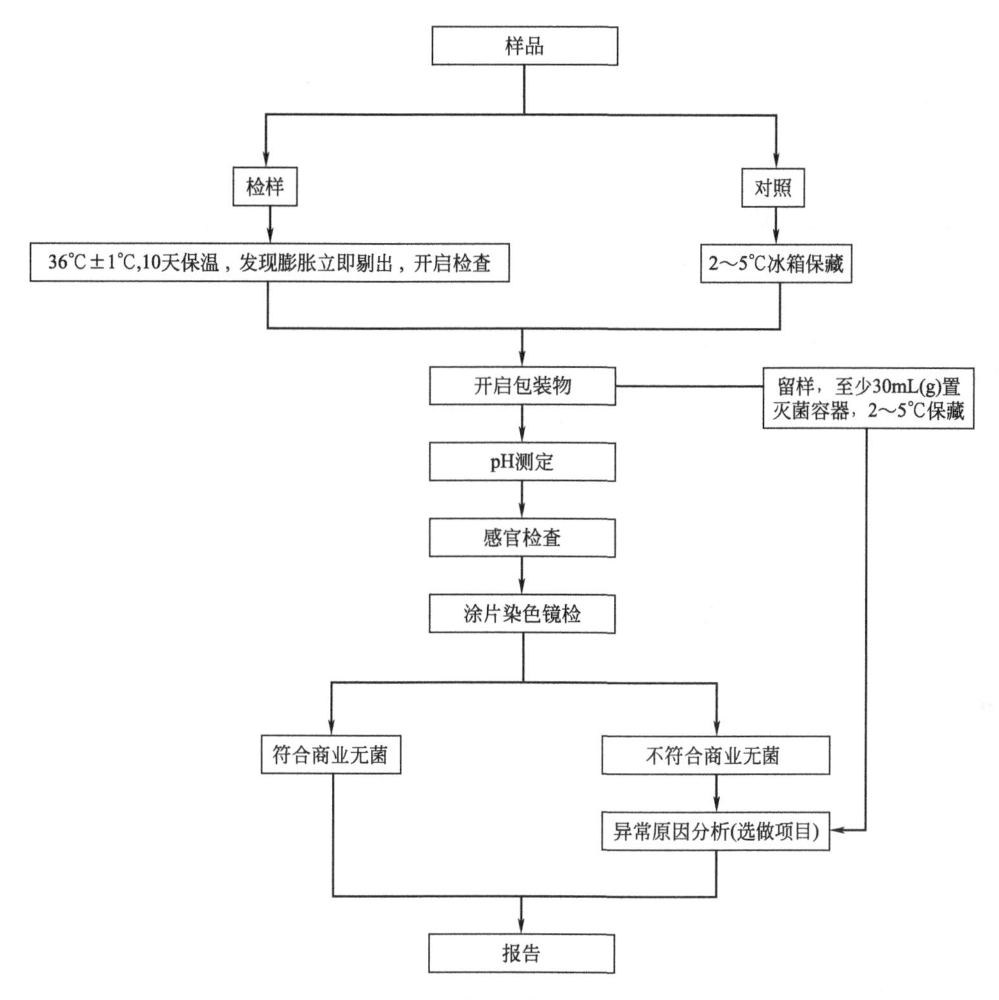

图 3-15 商业无菌检验程序

4%碘的乙醇溶液浸泡消毒光滑面 15min 后用无菌毛巾擦干，在密闭罩内点燃至表面残余的碘乙醇溶液全部燃烧完。膨胀样品以及采用易燃包装材料包装的样品不能灼烧，以含 4%碘的乙醇溶液浸泡消毒光滑面 30min 后用无菌毛巾擦干。

(3) 在超净工作台或百级洁净实验室中开启。带汤汁的样品开启前应适当振摇。使用无菌开启器在消毒后的样品包装上开启一个适当大小的口，开启时不得伤及包装的接口处，每一个样品单独使用一个开启器，不得交叉使用。如样品为软包装，可以使用灭菌剪刀开启，不得损坏接口处。立即在开口上方嗅闻气味，并记录。

注：严重膨胀样品可能会发生爆炸，喷出有毒物。可以采取在膨胀样品上盖一条灭菌毛巾或者用一个无菌漏斗倒扣在样品上等预防措施来防止这类危险的发生。

5. 留样

开启后，用灭菌吸管或其他适当工具以无菌操作取出内容物至少 30mL (g) 至灭菌容器内，保存 2～5℃冰箱中，在需要时可用于进一步试验，待该批样品得出检验结论后可弃去。开启后的样品可进行适当的保存，以备日后容器检查时使用。

6. 感官检查

在光线充足、空气清洁无异味的检验室中，将样品内容物倾入白色搪瓷盘内，对产品的组织、形态、色泽和气味等进行观察和嗅闻，检查产品性状，鉴别有无腐败变质的迹象，同时观察包装容器内部和外部的情况，并记录。

7. pH 测定

(1) 样品处理　液态制品混匀备用。

(2) 测定

① 将电极插入被测试样液中，并将 pH 计的温度校正器调节到被测液的温度。如果仪器没有温度校正系统，被测试样液的温度应调到 20℃±2℃的范围之内，采用适合于所用 pH 计的步骤进行测定。当读数稳定后，从仪器的标度上直接读出 pH，精确到 pH 0.05 单位。

② 同一个制备试样至少进行两次测定。两次测定结果之差应不超过 0.1 pH 单位。取两次测定的算术平均值作为结果，报告精确到 0.05 pH 单位。

(3) 分析结果　与同批中冷藏保存对照样品相比，比较是否有显著差异。pH 相差 0.5 及以上判为显著差异。

8. 涂片染色镜检

(1) 涂片　取样品内容物进行涂片。将样品用接种环挑取后涂于载玻片上，待干后用火焰固定。

(2) 染色镜检　对上一步涂好的载玻片用结晶紫染色液进行单染色，干燥后镜检，至少观察 5 个视野，记录菌体的形态特征以及每个视野的菌数。与同批冷藏保存对照样品相比，判断是否有明显的微生物增殖现象。菌数有百倍或百倍以上的增长则判为明显增殖。

六、结果判定

样品经保温试验未出现泄漏；保温后开启，经感官检验、pH 测定、涂片镜检，确证无微生物增殖现象，则可报告该样品为商业无菌。

样品经保温试验出现泄漏；保温后开启，经感官检验、pH 测定、涂片镜检，确证有微生物增殖现象，则可报告该样品为非商业无菌。

若需核查样品出现膨胀、pH 或感官异常、微生物增殖等原因，可取样品内容物的留样按照异常原因分析进行接种培养并报告。若需判定样品包装容器是否出现泄漏，可取开启后的样品按照异常原因分析进行密封性检查并报告。

【自查自测】

案例分析：一液体乳样品菌落总数检测结果如下，如何报告结果？

稀释度	1∶100	1∶1000	1∶10000
菌落数(CFU)	232,244	33,35	4,6

情境四　发酵乳生产与检验

发酵乳制品是指良好的原料乳经过杀菌，接种特定的微生物进行发酵，产生的具有特殊风味的食品。它们通常具有良好的风味、较高的营养价值，还具有一定的保健作用，所以深受消费者的欢迎。常见的发酵乳制品包括酸奶、开菲尔、发酵酪乳、酸奶油、乳酒［以马奶(乳) 为主］等。发酵乳的名称是由于在牛乳中添加了发酵剂，使部分乳糖转化成乳酸而来。在发酵过程中还生成了 CO_2、醋酸、丁二酮、乙醛和其他物质，从而使产品具有独特的滋味和香味。用于开菲尔和乳酒制作的微生物还能产生乙醇。

近年来，随着对双歧杆菌在营养保健方面作用的认识，人们将其引入发酵乳制造中，因而由传统的单株发酵变为双株或三株共生发酵。由于双歧杆菌的引入，使得发酵乳在原有的助消化、促进肠胃功能作用基础上，又具备了防癌、抗癌的保健作用。

项目一　发酵剂的制备

【知识储备】

一、发酵剂菌种及其分类

所谓发酵剂，是指生产发酵乳制品时所用的特定微生物培养物。它的质量优劣与发酵乳产品质量关系密切。在发酵乳生产中，发酵剂菌种的特性及选择对发酵乳的质量和功能特性有非常大的影响，下面就参与乳制品发酵的相关微生物菌种特点做一介绍。

1. 链球菌属

该属中唯一应用于乳品发酵的菌种是嗜热链球菌（*S. thermophilus*）。与其他链球菌不同，嗜热链球菌有较高的抗热性，能在 52℃生长，能仅仅发酵有限种类的碳水化合物，进行同型乳酸发酵。多数需要在高温下（>40℃）发酵的乳制品，其酸化过程均来源于嗜热链球菌和乳杆菌的联合生长作用。尽管嗜热链球菌拥有不同类型的蛋白水解酶，但它的水解蛋白能力较弱。

2. 乳球菌属

乳球菌是主要用于乳品发酵中进行酸化的嗜温型微生物。同型乳酸发酵，当接种乳球菌到乳中后，约 95%的最终产物是 L 型乳酸。乳球菌可在 10℃生长，但不能在 45℃条件下生长。它们的水解蛋白活力较弱，可以利用乳蛋白。尽管乳球菌属有 5 个种，但乳酸乳球菌在乳品发酵中意义最为重要。乳酸乳球菌有 2 个亚种，一个是乳酸乳球菌乳酸亚种（*L. lactis* subsp. *lactis*），另一个是乳酸乳球菌乳脂亚种。与乳酸乳球菌乳脂亚种相比，乳酸乳球菌乳酸亚种有更高的耐盐性和耐热性。乳酸乳球菌乳酸亚种的一个变种是丁二酮乳酸乳球菌。丁二酮乳酸乳球菌能转换柠檬酸为丁二酮、CO_2和其他物质，赋予发酵乳品特殊的风味。部分乳酸乳球菌菌株也产生胞外多糖，常常被用来生产具有极黏稠特性的斯堪的纳维亚发酵乳制品。

3. 明串珠菌属

与其他乳酸菌相比，明串珠菌是独特的，属于乳酸异型发酵的嗜温型球菌。应用于乳品生产的明串珠菌能利用柠檬酸代谢生成丁二酮、CO_2、3-羟基丁酮等。某些菌株也能够利用蔗糖产生葡聚糖。仅仅有2个明串珠菌种可以作为乳品发酵剂，一个是肠膜明串珠菌乳脂亚种（*L. mesenteroides* subsp. *cremoris*），另一个是乳酸明串珠菌（*L. lactis*）。因明串珠菌缺乏足够的水解蛋白能力，通常它在乳中的生长能力非常差。尽管肠膜明串珠菌乳脂亚种在乳中无法产生足够的乳酸而使乳凝固，但乳酸明串珠菌却可以使乳凝固。作为发酵剂，明串珠菌常常与乳酸球菌搭配，除使乳酸化外，两者的搭配可以产生足够量的丁二酮和CO_2，赋予发酵乳品特殊的香味。

4. 乳杆菌属

乳杆菌由一类遗传和生理特性多样的杆状乳酸菌构成。基于发酵的最终产物，这个属的种可以被划分到3组，即同型乳酸发酵的乳杆菌、兼性异型乳酸发酵的乳杆菌和专性异型乳酸发酵的乳杆菌。

同型乳酸发酵的乳杆菌通过糖酵解途径可以完全发酵己糖到乳酸，它们不能发酵戊糖和葡萄糖酸。常见于乳品发酵剂中的这类乳杆菌有：德氏乳杆菌保加利亚亚种、德氏乳杆菌乳酸亚种和瑞士乳杆菌等。与其他两组的乳杆菌相比，它们能在高温（>40℃）条件下生长，属于嗜热型微生物。这一组的另一个种是嗜酸乳杆菌。

兼性的异型乳酸发酵的乳杆菌要么仅仅发酵己糖到乳酸，要么当介质中的葡萄糖含量有限时，发酵己糖到乳酸、乙酸、乙醇和甲酸等物质。通过磷酸转酮酶途径，这类乳杆菌可以发酵戊糖到乳酸和乙酸（图4-1）。干酪乳杆菌属于这一组的微生物，目前常作为益生菌生产发酵乳制品。

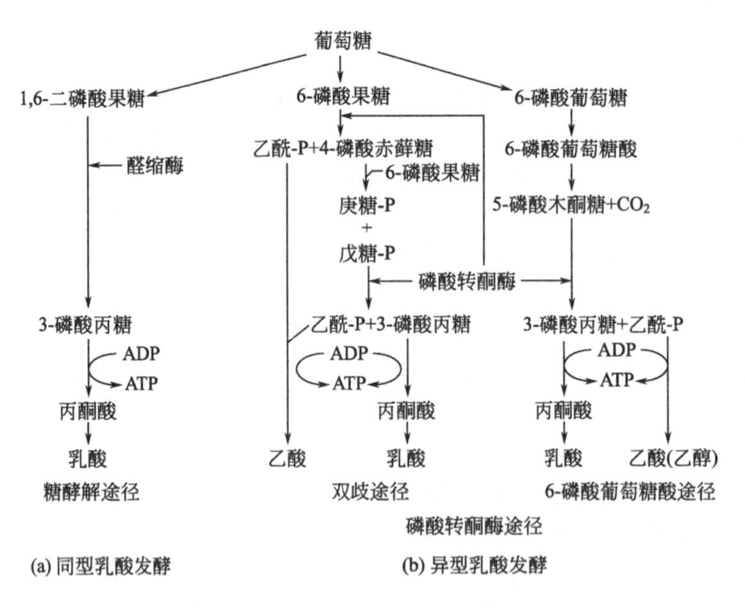

图4-1 乳酸菌代谢己糖的主要途径

乳酸菌中，乳杆菌对酸的忍耐性最强，适宜于在酸性条件（pH 5.5～6.2）下启动生长，且常常降低乳的pH到4.0以下。当以纯培养物接种到乳中时，乳杆菌在乳中生长缓慢。鉴于此，为了快速启动乳的发酵过程，乳杆菌通常是与嗜热链球菌联合使用。

5. 肠球菌属

肠球菌常被用作食品安全的指示菌，它可能与通过食物传染的疾病有关。在南欧生产的干酪中，人们用肠球菌作为发酵剂。此外，商业上人们也利用它们作为益生菌，以便预防和治疗肠道菌群失调疾病。所有肠球菌中，仅有粪肠球菌和屎肠球菌可以作为重要的益生菌。这两种肠球菌可以借助它们对阿拉伯糖和山梨糖醇的发酵状况，借助它们在生长温度等方面的差异而区分开来。

6. 双歧杆菌属

双歧杆菌属于放线菌科，其代谢产物是乳酸和乙酸，两者的比例为 2∶3。目前，已知的 29 个双歧杆菌菌种在形态上表现出极大的差异，所以双歧杆菌的分类和命名仍处在不断的发展中，以至于现在正在使用的许多双歧杆菌益生菌仍缺乏适宜的种名。双歧杆菌的自然生境是寄主的肠道，但在污水、牙齿缝等环境中也能找到它们。作为益生菌应用得最重要的双歧杆菌是长双歧杆菌、两歧双歧杆菌和动物双歧杆菌。

双歧杆菌在乳中的生长能力非常弱。当在乳中添加酪蛋白水解物或酵母膏时，某些菌株表现出较好的生长能力。由于双歧杆菌具有平衡人体肠道系统的作用，所以，最近人们更加有意识地将双歧杆菌投放到乳品中去。在酸奶中，因为双歧杆菌产酸较慢，所以双歧杆菌通常和普通的酸奶菌种一起使用来制作酸奶。

7. 酵母菌

除乳酸菌外，乳中的酵母菌可进行所谓的乳酸和乙醇的发酵。在乳品生产中，这种类型的发酵仅限于开菲尔奶和 Kumiss 奶的生产。开菲尔假丝酵母、高加索酸奶乳杆菌和马克斯克鲁维酵母菌是开菲粒中经常能分离到的主要微生物种类。

二、发酵剂的主要作用及其菌种选择

1. 发酵剂的主要作用

（1）发酵乳糖产生乳酸　通过乳酸菌的发酵，使生乳中的乳糖转变成乳酸，乳的 pH 值降低，产生凝固和形成风味。

（2）产生风味物质　乳糖发酵可使产品产生良好的风味。与风味有关的微生物以明串珠菌、丁二酮链球菌为主，并包括部分链球菌和杆菌。这些菌能使乳中所含柠檬酸分解生成丁二酮、丁二醇等化合物和微量的挥发酸、乙醇、乙醛等。

（3）产生抗生素　乳酸链球菌和乳油链球菌中的个别菌株，能产生乳酸链球菌素和乳油链球菌素抗生素，可防止杂菌和酪酸菌的污染。

（4）降解蛋白质和脂肪　发酵剂具有一定的降解蛋白质、脂肪的作用，从而使酸奶更利于消化吸收。

2. 发酵剂菌种的选择

生产实践中，乳品厂可根据自己所生产的发酵乳品种、口味与市场上消费者的需求选择合适的发酵剂。发酵剂选择应从以下几方面考虑。

（1）产酸能力

① 酸生成能力

a. 酸生成曲线　发酵剂不同，其产酸能力也不同。同样条件下，通过测得酸度随发酵时间的变化关系，得出酸生成曲线，从中确定哪几种发酵剂产酸能力强。

b. 酸度检测　酸度测定也是检测发酵剂产酸能力的方法之一，实际上也是常用的活力测定方法。活力是指在给定的时间内，发酵过程中酸的生成速率。

c. 选择参数　通常在发酵过程中，产酸能力强的酸奶发酵剂导致过度酸化和强的后酸化过程（即在冷却和冷藏时继续产酸）。一般情况下，生产中应选择产酸能力弱或中等的发酵剂，如接种 2%不同类型的发酵剂（如搅拌型或凝固型），42℃条件下培养 3h 后酸度分别为 87.5°T、95°T 或 100°T。

② 后酸化 后酸化（post-acidification）是指在发酵乳酸度达到一定值后，终止发酵进入冷却和冷藏阶段仍继续产酸的现象。后酸化包括3个阶段：a. 从发酵终点（42℃）冷却到19～20℃时，酸度的增加阶段；b. 从19～20℃冷却到10～12℃时，酸度的增加阶段；c. 在0～6℃冷藏中，酸度的增加阶段等。后酸化现象很大程度上受到菌株的遗传特性影响，并与发酵终点的pH、贮藏温度等因素有关。

目前，我国冷链系统尚不完善，酸奶产品从出厂到消费饮用之前，冷链经常被打断，因此在酸奶生产中选择产酸温和的发酵剂显得尤为重要。

（2）风味物质的产生 优质的酸奶必须具有良好的滋气味和芳香味，为此，选择产生滋气味和芳香味满意的发酵剂是很重要的。一般地，酸奶发酵剂产生的芳香物质有乙醛、丁二酮、3-羟基丁酮和挥发性酸等。

（3）黏性物质的产生 发酵过程中发酵剂产生的胞外多糖类黏性物质，有助于改善酸奶的组织状态和黏稠度，这一点在酸奶干物质含量不太高时显得尤为重要。生产上，可以购买商业性的产黏发酵剂来改善组织状态，但一般情况下产黏发酵剂发酵的产品风味都稍差些，所以，选择时最好将产黏发酵剂作补充发酵剂来使用。在天然纯酸奶加工中，除选择产酸温和、后酸化弱的发酵剂外，还应考虑发酵剂的产香性能，以提高酸奶的风味。若生产中正常使用的发酵剂突然变黏，则可能是发酵剂变异所致。

（4）蛋白质的水解性 当在乳中生长时，酸奶发酵剂中的嗜热链球菌表现出很弱的蛋白质水解性，而保加利亚乳杆菌表现出很高的活力，能将蛋白质水解为游离氨基酸和多肽。

（5）pH 蛋白质水解酶具有不同的最佳pH，pH过高，易造成蛋白质水解的中间产物积累而导致酸奶出现苦味。

（6）时间间隔 贮藏时间的长短会影响蛋白质的水解量。酸奶中乳酸菌的蛋白质水解活性可能影响发酵剂和酸奶的一些特性，如刺激嗜热链球菌的生长、促进酸的生成等。虽然部分蛋白质水解增加了酸奶的可消化性，但也带来了产品黏度下降等不利影响。所以，若酸奶保质期短，蛋白质水解问题可以不予考虑；若酸奶保质期长，应选择蛋白质水解能力适度的菌株，并选择产酸温和且后酸化弱的发酵剂。

三、发酵剂的生产制备

1. 发酵剂的类型

乳品厂使用的发酵剂大致分为3类，即混合发酵剂、单一发酵剂和补充发酵剂。

（1）混合发酵剂 通常，这一类型的发酵剂是由德氏乳杆菌保加利亚亚种和嗜热链球菌按1∶1或1∶2比例混合后制成的酸奶发酵剂，且两种比例的改变越小越好。

（2）单一发酵剂 这一类型的发酵剂一般是将每一种菌株单独活化，生产时再将各菌株混合在一起。其优点是：

① 容易继代培养，且德氏乳杆菌保加利亚亚种和嗜热链球菌在配比方面容易掌握。

② 容易更换菌株，特别是在引入新的菌株，如产酸弱的发酵剂或丁二酮产生能力强的发酵剂时，这一点非常重要。

③ 容易根据不同的酸奶产品类型，调整德氏乳杆菌保加利亚亚种和嗜热链球菌的比例，例如在搅拌型果料酸奶中使用0.5%～1%的球菌和0.05%的杆菌。

④ 能够在乳中进行有选择性的接种。如在果料酸奶生产中，可先接种球菌，1.5h后再接种杆菌。

⑤ 通过单一活化不同菌株，菌株间的共生作用减弱，从而延缓了酸的生成时间。

⑥ 单一菌株在冷藏条件下易于保持性状，且液态母发酵剂可以数周活化 1 次。

（3）补充发酵剂 为了增加酸奶的黏稠度、风味和提高产品的功能性效果，可以选择下列菌种按单独培养方式或混合培养后加入乳中。

① 产黏发酵剂 为了防止产黏菌种过度增殖，应将其与德氏乳杆菌保加利亚亚种或嗜热链球菌分开培养。

② 产香发酵剂 当生产的自然型纯酸奶的香味不足时，可考虑加入特殊产香的德氏乳杆菌保加利亚亚种菌株或嗜热链球菌以及丁二酮产香菌株。

③ 嗜酸乳杆菌 这种发酵剂在乳中生长缓慢，实践中常将其与双歧杆菌配合使用或采用冷冻干燥的菌种来生产功能性酸奶。

④ 干酪乳杆菌 日本非常有名的发酵乳“养乐多”的发酵剂是由嗜酸乳杆菌、干酪乳杆菌和双歧杆菌组合发酵而成的。

⑤ 双歧杆菌 由于双歧杆菌会产生口感不舒服的乙酸，所以在生产双歧发酵乳时，一般不单独使用它。双歧杆菌通常单独培养，生产前与德氏乳杆菌保加利亚亚种和嗜热链球菌一起接种于乳中，其目的是提高最终产品的食疗作用。

2. 发酵剂的生产

（1）与发酵剂相关的专有名词

① 商品发酵剂是指从微生物研究单位购入的纯菌种或纯培养物。

② 母发酵剂是指在生产厂中用纯培养菌种制备的发酵剂。需要每天制备，它是乳品厂各种发酵剂的起源。

③ 中间发酵剂是指中间环节繁殖生产的大量发酵剂。

④ 工作发酵剂是指直接用于生产的发酵剂。

⑤ 直投式发酵剂(DVI 或 DVS)是指高度浓缩和标准化的冷冻或冷冻干燥发酵剂菌种，可供生产企业直接加入到热处理的原料乳中进行发酵，而无须对其进行活化、扩培等其他预处理工作。它可以单独使用，也可以混合使用，以使生产产品获得理想的特性。

通常，工作发酵剂需要具备如下特征：

① 必须是包含最大数量的活菌；

② 无其他杂菌污染（如大肠杆菌、酵母菌、霉菌等）；

③ 在乳品厂加工条件下，它必须能保持活力不变。因此，中间发酵剂和其他发酵剂的稳定性也非常重要。

母发酵剂和中间发酵剂生长是在以乳为主的灭菌培养基中进行的，这种发酵剂的活性依靠下述方法来维持：第一种，通过冷藏降低或控制其代谢活性，这只适宜于短期保存的发酵剂，且最大活力仅可保存 1 周；第二种，从发酵液中离心分离，可获得浓缩菌体细胞，再将其重新悬浮在灭菌的培养基中，然后经冷冻干燥保存。后一种常用于发酵剂菌种的长期保存。此类型的发酵剂可以从乳品研究机构、菌种保存中心以及发酵剂制造商的菌种库中获得。

（2）发酵剂的生产方法 目前，可以采用两种方法制备工作发酵剂。

第一种方法（系统 1），即发酵剂简单地按比例放大制备系统（商品发酵剂—母发酵剂—中间发酵剂—工作发酵剂）；

第二种方法（系统 2），即直接投放直投式发酵剂制备工作发酵剂。

上述两种方法中的任何一种其目的都是生产出一种纯的活性发酵剂，不含污染物和噬菌体。但无论采用哪种方法，均可分为 3 个部分：简单微生物技术的应用、机械保护设备和罐的使用和发酵剂在噬菌体抗性或抑制培养基中的扩大繁殖。

① 纯培养菌种的活化　从微生物研究单位购入的纯种，通常装在小试管中或安瓿中，由于保存时间及寄送等因素的影响使活力减弱，故需进行反复接种恢复活力。

菌种若是粉剂，首先应用灭菌脱脂乳将其溶解，然后用灭菌移液管吸取少量的液体接种于预先灭菌的11%脱脂乳培养基中，并置于培养箱中培养到乳凝固。从凝固后的培养物中取1%～3%再接种于灭菌培养基中，依次反复活化数次。在活化操作中必须严格执行无菌操作，当菌种充分活化后，即可调制母发酵剂。

② 母发酵剂和中间发酵剂　发酵剂的制备是乳品厂中最困难的工艺过程之一，尤其在生产量较大的加工厂，如果发酵剂制备不好会造成停产或者较大的经济损失。生产厂家必须慎重选择发酵剂的生产工艺及设备。

母发酵剂和中间发酵剂的制备要求极高的卫生条件，为尽量减少霉菌、酵母菌和噬菌体由空气污染的危险，最好是在具备空气过滤的正压的单独房间中制备，如果不具备上述条件，也必须在经严格处理的无菌室内操作。

对母发酵剂而言，如果只是以保持活力和连续生产为目的，只需将凝乳后的试管在0～6℃的冰箱中保存即可，但需在两周以内移植一次。中间发酵剂可依据生产发酵剂的生产时间及生产量来调制。

③ 工作发酵剂　当调制工作发酵剂时，为了使菌种的生活环境不致急剧改变，生产发酵剂所用的培养基最好与成品的原料相同。在调制时取生产原料的5%装入生产发酵剂的容器中，90～95℃杀菌5～15min，然后冷却至菌种发育的最适温度，再用3%～5%的中间发酵剂进行接种，接种量的大小视中间发酵剂的活力而定，接种后充分搅拌使其混合均匀，然后在所需温度下培养，达到所需酸度即可降温冷藏待用（图4-2）。

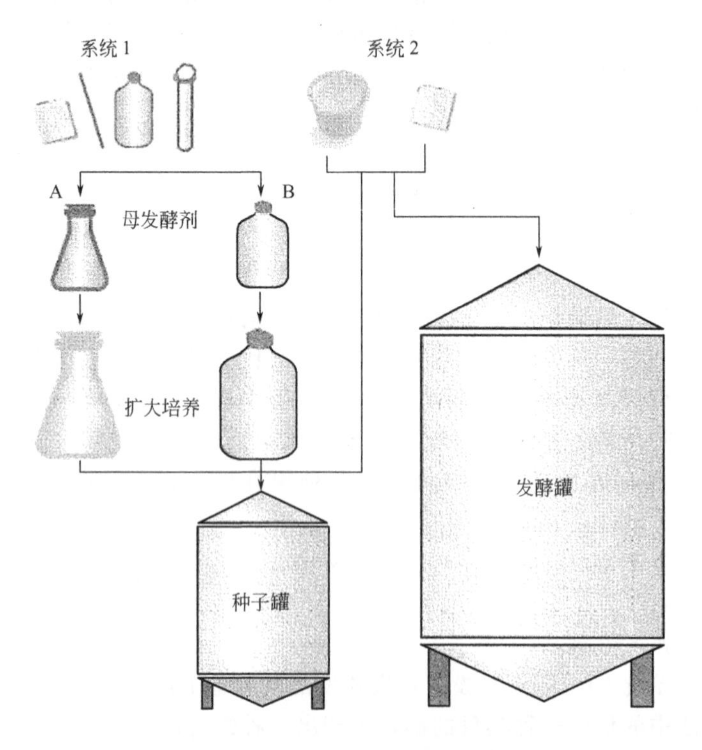

图4-2　发酵剂制备和使用流程图

四、发酵剂的活力测定

发酵剂的活力是指构成发酵剂菌种的产酸能力。活力可以用乳酸菌在单位时间内产酸的多少和色素还原等方法来评定，测定方法要求简单迅速。常用酸度测定法和刃天青（$C_{12}H_7NO_4$）还原试验测定发酵剂的活力。

酸度测定法是：在经灭菌后的脱脂乳中加入3%的发酵剂，并在37～38℃的温箱内培养3.5h，然后用0.1mol/L NaOH溶液测定其酸度。如酸度达0.7%以上，则认为活力良好，并以酸度的数值（0.7）来表示。

刃天青还原试验是：在9mL脱脂乳中加1mL发酵剂和0.005%刃天青溶液1mL，在36～37℃的恒温培养箱中培养35min以上，如完全褪色则表示活力良好。

五、影响发酵剂活力的因素及质量控制

1. 影响发酵剂菌种活力的主要因素

（1）天然抑制物　牛乳中存在不同的抑制因子，主要功能是增强牛犊的抗感染与抵抗疾病的能力。这些物质包括乳中的抑菌素、凝集素、溶菌酶和乳过氧化物酶系统（LPS）等，但乳中存在的抑菌物质一般对热敏感，加热后即被破坏。

（2）抗生素残留　患乳房炎疾病的牛常用青霉素、链霉素等抗生素药物进行治疗，一定时间内（一般3～5天，个别情况在1周以上）乳中会残留一定量的抗生素。因部分人群对抗生素过敏，因而西方国家对乳中抗生素的残留量要求比较严格。所有用于生产酸奶的乳制品原料中都不允许有抗生素残留。另外，抗生素的残留对于发酵乳的加工往往是致命的。为此，要求奶牛场必须将用抗生素治疗的奶牛隔离开，并单独挤乳，绝对不能将含抗生素的原料乳用于酸奶的生产。

（3）噬菌体　噬菌体在发酵剂中的存在对发酵乳的生产是致命的。噬菌体对嗜热链球菌的侵袭通常表现在发酵时间比正常时间长，产品酸度低，并且有不愉快的味道。为此，在发酵剂制备过程中应严格遵守以下环节来减少噬菌体的污染。

① 发酵剂继代培养过程中必须无菌操作。

② 工作发酵剂培养基热处理时应确保灭活噬菌体病毒。生产发酵剂的罐应充满到最大容量，这一点很重要，否则应延长热处理时间以及杀灭罐内空间中可能存在的噬菌体。

③ 每天最好循环使用与噬菌体无关或抗噬菌体的菌株。

④ 发酵剂室和生产区域空气的有效过滤有助于控制噬菌体的存在，发酵剂室良好的卫生条件能减少微生物的污染，加工间合理的设计也能限制空气污染。

⑤ 设备必须经过充分的消毒，如采用加热或用化学制品溶液处理。

⑥ 发酵剂室应远离生产区域，以降低空气污染的可能性。

⑦ 除专门人员外，一般厂内员工不得进入发酵剂生产间。

⑧ 发酵剂准备间用400～800mg/L次氯酸钠溶液喷雾或紫外线照射，以控制空气中的噬菌体数。

⑨ 使用混合菌株的发酵剂。

（4）清洗剂和杀菌剂的残留　清洗剂和杀菌剂是乳品厂用来清洗和杀菌的化学物质，这些化合物（如碱洗剂、碘灭菌剂、季铵类化合物、两性电解质等）的残留会影响发酵剂菌种的活力。氯化物、季铵盐、碘类对酸奶发酵剂中嗜热链球菌的抑制水平分别为100mL/L、100～500mL/L和60mL/L，对德氏乳杆菌保加利亚亚种的抑制水平分别为100mL/L、50～100mL/L和60mL/L。一般0.5mL/L的季铵盐对一些德氏乳杆菌保加利亚亚种菌株就有抑制作用。因此，在生产发酵乳的工厂中最好不用季铵盐类作消毒剂。

通常，清洗剂和杀菌剂在发酵剂加工中的污染来自于人为工作的失误或CIP系统循环

的失控。实践中，清洗程序的设定应保证能除去发酵剂生产罐内可能残留的化学制品溶液。

2. 发酵剂的质量控制

（1）感官检验　对于液态发酵剂，首先检查其组织状态、色泽及有无乳清分离等，其次是检查凝乳的硬度，然后品尝酸味与风味，看其有无苦味和异味等。

（2）乳酸菌和其他菌株的发酵剂

① 检查形态与比例　使用革兰染色或其他染色方法对发酵剂进行涂片染色，并用高倍光学显微镜（带油镜头）观察乳酸菌形态正常与否以及杆菌与球菌的比例等。

② 检查污染程度　纯度可用催化酶试验，乳酸菌菌种催化酶试验应呈阴性反应，阳性反应是污染所致。若发酵剂呈阳性的大肠杆菌群试验，应检测粪便污染情况。乳酸菌发酵剂中不允许出现酵母菌或霉菌。

③ 检测噬菌体的污染情况。

（3）活力检查　使用前，在化验室应对发酵剂的活力进行检测，从发酵剂的酸生成状况或色素还原来进行判断。好的酸奶发酵剂活力一般在0.8%以上。

（4）定期进行发酵剂设备和容器涂抹检验，以判定清洗效果和车间的卫生状况。

【产品指标要求】

一、菌种要求

原卫生部根据《食品安全法》及其实施条例的有关规定，组织制定了《可用于食品的菌种名单》，具体见表4-1。

表4-1　可用于食品的菌种名单

序号	名称	拉丁学名
一	双歧杆菌属	*Bifidobacterium*
1	青春双歧杆菌	*Bifidobacterium adolescentis*
2	动物双歧杆菌(乳双歧杆菌)	*Bifidobacterium animalis*(*Bifidobacterium lactis*)
3	两歧双歧杆菌	*Bifidobacterium bifidum*
4	短双歧杆菌	*Bifidobacterium breve*
5	婴儿双歧杆菌	*Bifidobacterium infantis*
6	长双歧杆菌	*Bifidobacterium longum*
二	乳杆菌属	*Lactobacillus*
1	嗜酸乳杆菌	*Lactobacillus acidophilus*
2	干酪乳杆菌	*Lactobacillus casei*
3	卷曲乳杆菌	*Lactobacillus crispatus*
4	德氏乳杆菌保加利亚亚种(保加利亚乳杆菌)	*Lactobacillus delbrueckii* subsp. *bulgaricus*(*Lactobacillus bulgaricus*)
5	德氏乳杆菌乳亚种	*Lactobacillus delbrueckii* subsp. *lactis*
6	发酵乳杆菌	*Lactobacillus fermentum*
7	格氏乳杆菌	*Lactobacillus gasseri*
8	瑞士乳杆菌	*Lactobacillus helveticus*
9	约氏乳杆菌	*Lactobacillus johnsonii*
10	副干酪乳杆菌	*Lactobacillus paracasei*
11	植物乳杆菌	*Lactobacillus plantarum*

续表

序号	名称	拉丁学名
12	罗伊氏乳杆菌	*Lactobacillus reuteri*
13	鼠李糖乳杆菌	*Lactobacillus rhamnosus*
14	唾液乳杆菌	*Lactobacillus salivarius*
15	清酒乳杆菌①	*Lactobacillus sakei*
三	链球菌属	*Streptococcus*
	嗜热链球菌	*Streptococcus thermophilus*
四	丙酸杆菌属	*Propionibacterium*
1	费氏丙酸杆菌谢氏亚种	*Propionibacterium freudenreichii* subsp. *shermanii*
2	产丙酸丙酸杆菌①	*Propionibacterium acidipropionici*
五	乳球菌属	*Lactococcus*
1	乳酸乳球菌乳酸亚种	*Lactococcus lactis* subsp. *lactis*
2	乳酸乳球菌乳脂亚种	*Lactococcus lactis* subsp. *cremoris*
3	乳酸乳球菌双乙酰亚种	*Lactococcus lactis diacetyl* subsp.
六	明串珠菌属	*Leuconostoc* spp.
	肠膜明串珠菌肠膜亚种	*Leuconostoc mesenteroides* subsp. *mesenteroides*
七	葡萄球菌属	*Staphylococcus*
1	小牛葡萄球菌	*Staphylococcus vitulinus*
2	木糖葡萄球菌	*Staphylococcus xylosus*
3	肉葡萄球菌	*Staphylococcus carnosus*
八	芽孢杆菌属	*Bacillus* Cohn
	凝结芽孢杆菌	*Bacillus coagulans*
九	马克斯克鲁维酵母①	*Kluyveromyces marxianus*
十	片球菌属	*Pediococcus*
1	乳酸片球菌①	*Pediococcus acidilactici*
2	戊糖片球菌①	*Pediococcus pentosaceus*

① 为新食品原料。

注：1. 传统上用于食品生产加工的菌种允许继续使用。名单以外的、新菌种按照《新食品原料安全性审查管理办法》执行。

2. 可用于婴幼儿食品的菌种按现行规定执行，名单另行制定。

二、质量要求

① 凝块需要有适当的硬度，细滑而富有弹性，组织均匀一致，表面无变色、龟裂、产生气泡及乳清分离等现象。

② 需具有优良的酸味及风味，不得有腐败味、苦味、饲料味和酵母味等异味。

③ 凝块完全粉碎后，细腻滑润，略带黏性，不含块状物。

④ 按要求接种后，在规定时间内产生凝固，无延长现象，活力测定符合规定指标。

【自查自测】

1. 发酵剂的主要作用及其质量要求有哪些？
2. 在选择发酵剂时应考虑哪些因素？

3. 如何制备发酵剂的培养基?

4. 简要描述发酵剂的制备工艺。

5. 简述发酵乳发酵剂活力的影响因素及质量控制。

项目二　凝固型发酵乳

【知识储备】

联合国粮食及农业组织（FAO）、世界卫生组织（WHO）与国际乳品联合会（IDF）于1997年给发酵乳做出如下定义：发酵乳是指在添加（或不添加）乳粉（或脱脂乳粉）的乳中（杀菌乳或浓缩乳），由于保加利亚乳杆菌和嗜热链球菌的作用进行乳酸发酵制成的凝乳状产品，成品中必须含有大量的、相应的活性微生物。

一、发酵乳的分类

1. 按成品的组织状态进行分类

（1）凝固型发酵乳　发酵过程是在包装容器中进行，使成品因发酵而保留其凝乳状态。

（2）搅拌型发酵乳　是先发酵后灌装而得成品。发酵后的凝乳已在灌装过程中经搅拌而成为黏稠状组织状态。此外，国外的饮用发酵乳是指其基本组成与搅拌型发酵乳一样，但状态更稀，可直接饮用。

2. 按成品的口味进行分类

（1）天然纯发酵乳　仅由原料乳加菌种发酵而成，不含任何辅料和添加剂。

（2）加糖发酵乳　由原料乳和糖加入菌种发酵制成。

（3）调味发酵乳　在天然发酵乳或加糖发酵乳中加入香料制成。

（4）果料发酵乳　成品是由天然发酵乳与糖、果料混合制成。

（5）复合型或营养健康型发酵乳　是在发酵乳中强化不同的营养素（如维生素、食用纤维）或在发酵乳中混入不同的辅料（如谷物、干果等）而成。

3. 按原料中脂肪含量进行分类

根据FAO/WHO规定，脂肪含量全脂发酵乳为3.0%、部分脱脂发酵乳为3.0%～0.5%、脱脂发酵乳为0.5%，发酵乳非脂固体含量为8.2%。

我国将发酵乳分为全脂发酵乳、部分脱脂发酵乳和脱脂发酵乳，见表4-2。

表4-2　发酵乳的分类

项目			纯发酵乳	调味发酵乳	果料发酵乳
脂肪含量	全脂	≥	3.1	2.5	2.5
	部分脱脂		1.0～2.0	0.8～1.6	0.8～1.6
	脱脂	≤	0.5	0.4	0.4
蛋白质含量	全脂、部分脱脂及脱脂	≥	2.9	2.3	2.3
非脂乳固体含量	全脂、部分脱脂及脱脂	≥	8.1	6.5	6.5

4. 按发酵后的加工工艺进行分类

（1）浓缩发酵乳　是将正常发酵乳中的部分乳清除去而得到的浓缩产品。

（2）冷冻发酵乳　是在发酵乳中加入果料、增稠剂或乳化剂，然后将其进行凝练处理而得到的产品。

（3）充气发酵乳　发酵后，在发酵乳中加入部分稳定剂和起泡剂（通常是碳酸盐），经均质处理即成。该类产品通常是以充CO_2气的发酵乳饮料形式存在。

(4) 发酵乳粉　通常使用冷冻干燥法或喷雾干燥法将发酵乳中约95%的水分除去可制成发酵乳粉。在制造发酵乳粉时，在发酵乳中加入淀粉或其他水解胶体后再进行干燥处理，即成即食发酵乳。

二、发酵乳的营养价值

发酵乳不仅具有其原料乳所提供的营养价值，还有因加工方法和所含活菌所具有的独特营养价值。

1. 碳水化合物易消化

牛乳经过乳酸菌发酵，其中内含的乳糖有20%～30%分解成了半乳糖和葡萄糖，进而转化成乳酸和其他有机酸。半乳糖被人体吸收后，能够参与幼儿脑苷脂和神经物质的合成。乳糖还可以在肠道区域内继续被微生物代谢，进而能够促进对钙、磷、铁的吸收，这对防止婴儿佝偻病、老人骨质疏松症具有一定的作用。有些发酵乳（如搅拌型果肉发酵乳）中添加的稳定剂，如角豆荚胶、瓜尔豆胶、卡拉胶等能够促进肠道蠕动，减少脂肪沉积，并降低血液中胆固醇的含量。

2. 蛋白质和脂肪更易吸收

发酵乳在发酵的过程中，蛋白质被分解成短链肽和游离氨基酸，变得更容易受消化酶作用。同时，乳中的乳糖被分解成了乳酸，酸度的增加，使乳中的蛋白质更易于沉淀下来，形成富有弹性的乳白色凝乳，这些变化，使发酵乳中的蛋白质变得更易于被人体消化和吸收。

3. 胆固醇与脂肪的代谢优于鲜乳

发酵乳中约含3%的脂肪，其脂肪球小，易于消化；低级脂肪酸的含量高且容易代谢；必需脂肪酸含量多；乳脂中的磷脂不仅能促进脂肪乳化，而且可调节胆固醇浓度。另外，发酵乳中脂类因受乳酸菌脂肪酶的作用，不仅能够产生少量的游离脂肪酸，而且脂肪的构造也发生变化，因此变得更易于消化吸收。

4. 改善矿物质代谢，调节机体微量元素平衡

发酵乳中所含的磷、钙、铁、氨基酸、维生素等是机体中重要的营养成分，其中磷是构成骨骼的重要成分；钙是牛乳中含量较高的矿物质之一，不仅可以促进幼儿骨骼发育，而且能够防止老年骨质疏松症。另外，发酵乳中还含有丰富的脂溶性维生素，如维生素A、维生素D、维生素E，其中维生素D可以促进机体对钙的吸收。由于乳酸菌的发酵作用，还可合成大量的B族维生素，如维生素B_1、维生素B_2、维生素B_3等。因此，发酵乳的营养价值有了很大的提高。

5. 发酵乳的其他保健功能

发酵乳还能够有效缓解乳糖不耐受症；调节肠道菌群的构成，抑制肠道内致病菌繁殖，消除肠道垃圾，调理肠胃；增强机体的免疫力和抵抗力；促进镁、钙、单糖等营养物质的吸收；控制体内毒素，提高肝功能等。

三、发酵乳的风味

食品的风味是判断某些物质或产品质量好坏的重要指标，发酵乳的风味物质除原料乳中本身的滋味和香味成分外，主要是在发酵乳生产不同阶段产生的。

发酵乳的生产过程可分为两个阶段：一是前发酵阶段，一般指恒温发酵凝乳阶段，主要以产酸为主；二是后发酵阶段，指对发酵结束后的乳进行冷却，温度约降至10℃的过程，这个阶段以产生芳香味物质为主。在发酵乳的生产过程中主要产生四类典型的风味物质：乳酸、丁二酮、乙醛和挥发性脂肪酸。

1. 乳酸

发酵乳发酵过程中，在乳酸菌的作用下，乳糖被转化为乳酸，降低了乳的 pH 值，不但能够促使凝乳的形成和抑制腐败微生物的生长，而且还使发酵乳产生特征性的风味（特殊的酸味），并使发酵乳产品具有芳香味。

2. 乙醛

乙醛是发酵乳中重要的特征风味物质，发酵乳中含有少量的乙醛可以改善发酵乳的风味。它主要是保加利亚乳杆菌在发酵乳生产的前发酵过程中分解乳糖产生的，也可以由含氮物质通过乳酸菌代谢产生。

在发酵乳的生产过程中，当 pH 达到 5.0 时，乙醛开始产生，随着 pH 降低，即达到 4.3～4.4 时，乙醛产率达到最大，之后随之减少，当 pH 继续降低，达到 4.0 时，不再产生乙醛。在发酵乳的生产过程中用乳固体对乳进行强化或者适当的热处理可以显著提高发酵乳中乙醛的含量。

3. 丁二酮

丁二酮也是构成发酵乳风味的基础物质。丁二酮主要由嗜热链球菌产生，少量的由乳杆菌产生。发酵乳在生产过程中，发酵剂中的微生物可以将乳糖或柠檬酸中的葡萄糖部分作为反应的前体物质，从而生成丁二酮。在发酵乳风味形成过程中，人们对丁二酮持有不同的观点，有的认为只有当乙醛含量很低时，丁二酮才被看作是发酵乳中的主要风味成分；也有的认为丁二酮是风味形成的主要部分，当今对于发酵乳风味的研究报道主要集中在乙醛和丁二酮的含量和比例方面，发酵乳中丁二酮的含量并非越高越好，只有当丁二酮和乙醛的比例在（1∶3）～（1∶4.5）时，发酵乳才能呈现诱人的芳香味，当两者的比例为 1∶4 时，发酵乳可以获得理想的发酵乳风味。

4. 挥发性脂肪酸

发酵乳风味物质中挥发性脂肪酸的形成途径主要是由乳脂肪水解生成的短链脂肪酸（丁酸），以及由于氨基酸的氧化代谢生成的 C_2～C_5 脂肪酸。

四、凝固型发酵乳的生产工艺

凝固型发酵乳的生产工艺如图 4-3 所示。如图 4-4 所示为凝固型发酵乳的生产线。

五、操作要点

1. 原料乳的质量要求

生产发酵乳的原料乳质量比一般乳制品原料乳要求高，除按规定验收合格外，还须满足以下要求：①总乳固体不低于 11.5%，其中非脂乳固体不低于 8.5%；②不得使用含有抗生素或残留有效氯等杀菌剂的鲜乳，一般奶牛注射抗生素后 4 天内所产的乳不能使用；③不得使用患有乳房炎牛的牛乳，否则会影响发酵乳的风味和蛋白质的凝胶力。

2. 标准化

发酵乳生产所用的原料乳需先经过标准化，目的是在食品法规允许范围内，根据所需发酵乳成品的质量要求，对乳的化学组成（见表 4-3）进行改善，从而使其不足的化学组成得到校正，保证各批成品质量稳定一致；标准化也加强了原料乳用量的合理性，以尽量少的原料乳生产出符合质量标准的产品。同时，在必要的情况下与其他辅料（如糖）或添加剂配成混料液，经均质、杀菌、发酵、冷却等制成发酵乳。

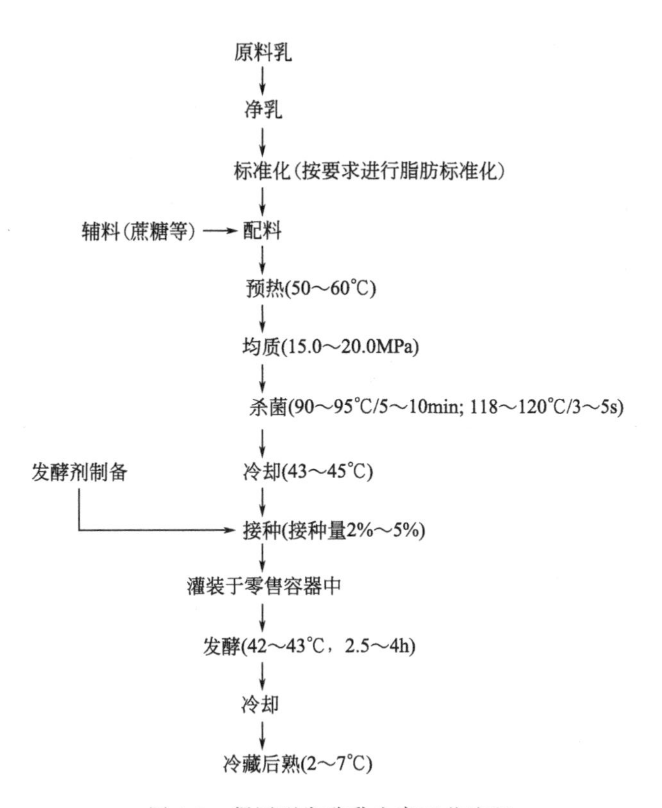

图 4-3 凝固型发酵乳生产工艺流程

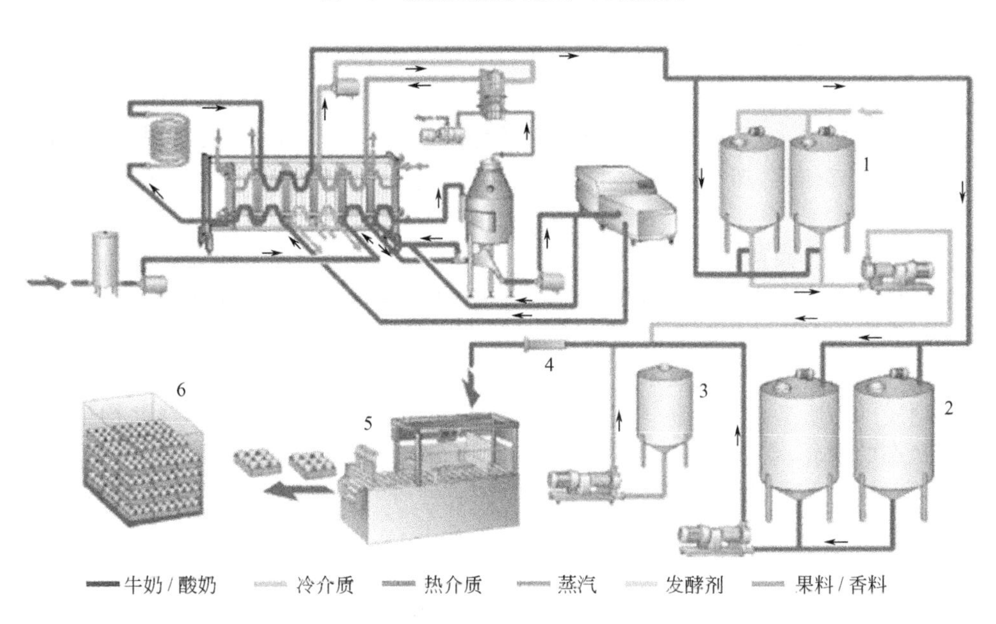

图 4-4 凝固型发酵乳的生产线

1—生产发酵剂罐；2—缓冲罐；3—香精罐；4—混合罐器；5—包装；6—培养

表 4-3　发酵乳生产中所用原料的化学组成

产品	成分含量(质量分数)/%				
	水分	蛋白质	脂肪	乳糖	灰分
全脂乳	87.4	3.5	3.5	4.8	0.70
脱脂乳	90.5	3.6	0.1	5.1	0.70
乳清(契达干酪)	93.5	0.8	0.4	4.9	0.56
稀奶油	74.5	2.8	18.0	4.1	0.60
稀奶油	47.2	1.8	48.0	2.6	0.40
全脂淡乳粉	2.0	26.4	27.5	28.2	5.9
脱脂乳粉	3.0	35.9	0.9	52.2	8.0
脱盐乳清粉	3.0	14.5	1.0	80.5	1.0
低乳糖乳清粉	4.0	32.0	2.0	53.0	8.0
蛋白乳清粉	5.0	61.0	5.0	22.0	7.0
酪蛋白酸钠	5.0	89.0	1.2	0.3	4.5
酪蛋白酸钙	5.0	88.6	1.2	0.2	5.0
酸法酪蛋白	9.0	88.0	1.3	0.2	1.5
酪乳粉	3.0	34.0	5.0	48.0	7.9
奶油粉	0.8	13.4	65.0	18.0	2.9
无水奶油	0.1	—	99.9	—	—
浓缩全脂乳	73.8	7.0	7.9	9.7	1.6
浓缩脱脂乳	73.0	10.0	0.3	14.7	2.3

3. 配料

国内生产发酵乳一般都要加糖，加量一般为 4%～7%。加糖方法是先将溶解糖的原料乳加热至 50℃左右，加入砂糖，待完全溶解后，经过滤除去杂质，再加入标准化乳罐中。

4. 预热、均质、杀菌、冷却

一般来说，预热、均质、杀菌和冷却都是在由预热段、杀菌段、保持段、冷却段组成的板式换热器和外接的均质机联合完成的。

(1) 预热　物料通过泵进入杀菌设备，预热至 55～65℃，再送入均质机。

(2) 均质　均质是指对脂肪球进行机械处理，使它们呈较小的脂肪球并均匀分散在乳中。自然状态的牛乳，其脂肪球直径一般为 2～5μm，经均质后，脂肪球的直径可控制在 1μm 左右，此时乳脂肪的表面积增大，浮力下降；此外，经均质后的牛乳脂肪球直径减小，易于消化吸收。

(3) 杀菌

① 杀菌目的　杀灭物料中的致病菌和有害微生物，保证成品微生物学质量，以保证食用安全；为发酵剂菌种创造良好的外部条件；提高乳蛋白质的水合力。

② 杀菌条件　见表 4-4。

(4) 冷却　杀菌后的物料，经杀菌器的预热段交换，在冷却段冷却至 45℃左右，该温度比发酵温度稍高，其原因是在后续的接种和灌装过程中温度会略有下降。

表 4-4 液态乳与发酵乳基料加工中的热处理工艺

工艺名称	温度/℃	时间	工艺名称	温度/℃	时间
预巴氏杀菌	60～69	15～20s	高温短时(HTST)杀菌	80～85	20s
低温长时(LTLT)杀菌	63	30min	超高温(UHT)灭菌	130～140	3～5s
低温巴氏杀菌	72～75	15～20s	装瓶保持灭菌	110～121	20～30min

5. 接种

接种是指在物料基液进入发酵罐的过程中，通过计量泵将工作发酵剂连续地添加到物料基液中，或将工作发酵剂直接加入物料中，搅拌混合均匀。

① 接种量　接种量有最低、最适和最高三种，最低接种量一般为0.5%～1.0%，最适接种量一般为2.0%～3.0%，最高接种量一般为5.0%以上。试验证明，当接种量超过3%时，达到滴定酸度100°T所需的时间并未缩短，而发酵乳风味因发酵前期酸度上升太快反而变差；反之，接种量过小，达到所要求的滴定酸度所需时间就会被延长，且发酵乳中杆菌数少于球菌，D-(－)-乳酸含量较低，发酵乳的酸味不够。

② 接种方法　接种前应将发酵剂充分搅拌，使凝乳完全破坏；接种时应严格注意操作卫生，防止霉菌、酵母菌、细菌噬菌体及其他有害微生物的污染；接种后，要充分搅拌10min，使发酵剂菌体与杀菌冷却后的牛乳充分混合均匀；此外还应注意保温。

目前多采用特殊装置在密闭系统中以机械方式自动添加发酵剂。如无此类装置，亦可以手工方式将发酵剂倾入发酵罐中。有的发酵乳加工厂使用直接入槽式冷冻干燥颗粒状发酵剂，按比例将发酵剂加入发酵罐，或者撒入工作发酵剂乳罐中扩大培养一次，即可作为工作发酵剂使用。

6. 灌装

接种后经充分搅拌的牛乳应立即连续灌装到零售容器中。发酵乳容器一般有玻璃瓶、塑杯、纸盒、陶瓷瓶等，凝固型发酵乳使用最多的是玻璃瓶，因其能很好地保持发酵乳组织状态、容器本身无有害浸出物质，但玻璃瓶运输、回收、清洗、消毒等方面比较麻烦。塑杯和纸盒等容器在凝固型发酵乳“保形”方面不如玻璃瓶，主要用来灌装搅拌型发酵乳。

灌装方式有手工灌装、半自动灌装和全自动无菌灌装等。整个灌装工序包括将接种后经充分搅拌的牛乳灌装到零售容器中、加盖、封口、装箱、送入保温室等几个环节。

整个灌装要做到快、(时间）短，这样乳液温度下降少，与所设定的发酵温度接近，整个发酵时间就不会延长。在灌装过程中，容器上部留出的空隙要尽可能小，其中内容物晃动幅度小，发酵乳形态容易保持完整，此外减少空气也有利于乳酸菌的生长。

7. 发酵

发酵温度一般控制在42～43℃，这是嗜热链球菌和保加利亚乳杆菌最适温度的折中温度，实际上培养温度大都控制在40～45℃。发酵时间一般在2.5～4h。发酵终点判断是制作凝固型发酵乳的关键技术之一，如发酵终点确定得过早，则发酵乳组织软嫩、风味差，过迟则酸度高、乳清析出过多，风味同样不佳。发酵终点判断有以下几种方法：①发酵一定时间后，抽样观察，打开瓶盖，观察其凝乳情况，如已基本凝乳，立即测定酸度，酸度达到65～70°T，可终止发酵；②抽样观察，打开瓶盖，缓慢倾斜瓶身，观察发酵乳流动性和组织状态，如流动性变差，发酵乳中有微小颗粒出现，可终止发酵，否则还需适当延长发酵时间；③详细记录每批发酵时间和发酵温度等，供下批发酵判断终点时参考。

在实际生产中，发酵时间确定还应考虑后面的冷却过程，在冷却过程中，发酵乳酸还会继续上升。

8. 冷却

冷却的目的是终止发酵过程，抑制发酵乳中乳酸菌的生长，使发酵乳的质地、口味、酸度等达到规定要求。发酵结束，应将发酵乳从保温室转入冷却室，用冷风迅速将发酵乳冷却至10℃以下，此时发酵乳中乳酸菌生长活力很有限；在5℃左右时，它们几乎处于休眠状态，因此发酵乳酸度变化微小。

9. 冷藏和后熟

冷藏作用除了达到上述冷却目的外，还有促进产生香味物质、改善发酵乳硬度的作用。冷藏温度一般控制在2～5℃，最好是在－1～0℃的冷藏室中保存。长时间贮藏温度可控制在－1.2～－0.8℃。香味物质产生的高峰期一般是在发酵乳终止发酵后第4小时，而有人研究的结果时间更长，发酵乳优良的风味是多种风味物质相互平衡的结果，一般需要12～24h才能完成，这段时间就是后熟期。

六、发酵乳生产的质量控制措施

1. 原辅料的质量控制

主要是指对原辅料微生物学方面和物理化学方面的质量控制。

微生物学检验主要是要求总菌数、大肠杆菌在要求范围内，致病菌不得检出。物理化学检验主要是指原辅料中不能含有抗生素，不得有异味、异物，原料中脂肪、蛋白质、总乳固体、固形物含量，原料乳的酸度、热稳定性、重金属含量以及辅料特征指标（溶解度、杂质度等）等。

2. 加工过程中关键点控制

首先必须保证生产设备已经过CIP清洗和灭菌。

（1）标准化和混料过程　需要检验总菌数、大肠菌群数、致病菌数，原料乳中蛋白质、脂肪和总乳固体含量以及原料乳的酸度变化。同时加强搅拌时间、温度、水合时间的控制。

（2）热处理杀菌过程

①热处理过程中的最高温度；②达到最高温度所需时间；③在最高温度下的保持时间；④供热液体与待杀菌乳之间温差；⑤供热液体与待杀菌乳之间的热交换系数（设备一定时，其主要与流量有关）。一般要求热处理设备中应具备杀菌温度-时间自动记录仪，以严格控制上述诸因素。操作人员在实际生产过程中必须严密监视上述温度、时间及流量变化是否合理，同时在杀菌前后分别取样检验杀菌效率（注意无菌操作）。此外，操作人员还必须注意热处理设备本身的清洗、杀菌等方面的问题。

（3）均质过程　均质过程必须控制的指标主要是均质压力和温度。

（4）接种、发酵过程

①接种时乳的温度；②接种时间；③发酵温度和时间；④发酵过程中pH（或酸度）变化；⑤发酵环境。

该过程在杀菌之后，因此必须严防再污染。此外，在控制发酵温度时应考虑发酵过程中产生热量，使整个发酵乳温度有所升高的现象。

（5）冷却过程　该过程同样需要严防再污染。

①设备在冷却前的卫生指标；②产品在冷却前后的pH、酸度及质地变化；③冷却所用时间；④冷却后产品的温度；⑤冷却效率；⑥冷却前后产品的物化指标和微生物指标。

（6）灌装过程　灌装过程同上述诸过程一样必须严防再污染，主要控制指标是：①灌装车间及设备的卫生指标；②包装材料质量；③灌装时产品温度、酸度、口感与风味；④灌装质量；⑤灌装前后产品微生物指标。

(7) 贮运输过程

①冷库温度及卫生状况；②产品温度降至10℃时所需时间；③产品在保质期内的质量变化情况；④产品微生物、物理化学及感官指标。

如该批产品各项指标符合国家标准以及本企业对该产品的有关要求，方可进入市场，不合格产品坚决不予出厂。成品运输条件必须符合保鲜制品运输条件（食品卫生及温度等）要求。

3. 发酵乳生产过程中容易出现的问题

在发酵乳生产过程中易产生以下一些质量缺陷，需根据上述质量控制措施从原料和工艺条件等方面加以注意。

(1) 产品质地不均，有蛋白凝块或颗粒、不黏稠，凝固不良　凝块不良、发软可能是由这些因素引起的：发酵时间不够；使用了发酵能力衰退的发酵剂；产酸低，引起了凝固不良；乳中固体物不足，发酵停止；在搬运过程中的剧烈震动等。

(2) 产品缺乏发酵乳的芳香味，酸度过高或过低　口感、滋味及气味不良可能由以下一些因素引起：原料乳品质；发酵剂污染；生产环境不卫生等诸多因素均会使发酵乳凝固时出现海绵状气孔和乳清分离、口感不良、有异味等现象。

(3) 乳清分离，上部分是乳清，下部分是凝胶体　乳清析出是因贮藏温度过高或时间过久，使蛋白质的水合能力降低，形成的凝乳疏松而碎裂，使乳清析出。

(4) 发酵时间长　发酵时间长可能是使用的发酵剂不良，产酸弱，乳中酸度不足，发酵温度过低或发酵剂用量过少等方面因素引起的。

(5) 微生物污染，有非乳酸菌生长或胀包　生产环境污染或生产时灭菌不彻底，未按工艺参数进行操作等原因造成的。

【产品指标要求】

一、感官要求

发酵乳感官要求见表4-5。

表4-5　发酵乳的感官要求

项目	要求		检验方法
	发酵乳	风味发酵乳	
色泽	色泽均匀一致，呈乳白色或微黄色	具有与添加成分相符的色泽	取适量试样置于50mL烧杯中，在自然光下观察色泽和组织状态，闻其气味，再用温开水漱口，品其滋味
滋味、气味	具有发酵乳特有的滋味、气味	具有与添加成分相符的滋味、气味	
组织状态	组织细腻、均匀，允许有少量乳清析出；风味发酵乳具有添加成分特有的组织状态		

二、理化指标

发酵乳的理化指标见表4-6。

三、污染物限量

铅≤0.05mg/kg，按GB 5009.12规定的方法测定。

汞≤0.01mg/kg，按GB 5009.17规定的方法测定。

总砷≤0.1mg/kg，按GB 5009.11规定的方法测定。

铬≤0.3mg/kg，按GB 5009.123规定的方法测定。

表 4-6　发酵乳的理化指标

项目		指标		检验方法
		发酵乳	风味发酵乳	
脂肪[①]/(g/100g)	≥	3.1	2.5	GB 5413.3
非脂乳固体/(g/100g)	≥	8.1	—	GB 5413.39
蛋白质/(g/100g)	≥	2.9	2.3	GB 5009.5
酸度/(°T)	≥	70.0		GB 5413.34

① 仅适用于全脂产品。

四、真菌毒素限量

黄曲霉毒素 M_1≤0.5μg/kg。

五、微生物指标

发酵乳的微生物指标见表 4-7。

表 4-7　发酵乳的微生物指标

项目		采样方案[①]及限量(若非指定,均以 CFU/g 或 CFU/mL 表示)				检验方法
		n	*c*	*m*	*M*	
大肠菌群		5	2	1	5	GB 4789.3 平板计数法
金黄色葡萄球菌		5	0	0/25g(mL)	—	GB 4789.10 定性检验
沙门菌		5	0	0/25g(mL)	—	GB 4789.4
酵母	≤	100				GB 4789.15
霉菌	≤	30				

① 样品的分析和处理按 GB 4789.1 和 GB 4789.18 执行。

六、乳酸菌数

发酵乳的乳酸菌数指标见表 4-8。

表 4-8　发酵乳的乳酸菌数指标

项目		限量/[CFU/g(mL)]	检验方法
乳酸菌数[①]	≥	1000000	GB 4789.35

① 发酵后经热处理的产品对乳酸菌数不作要求。

【生产实训任务】凝固型发酵乳的生产

一、材料与设备

1. 材料

全脂（脱脂）淡奶粉、一级白砂糖、发酵剂等。

2. 设备

超级全自动发酵乳机、接菌箱、高压灭菌锅、灌装机、三角瓶、试管、接种勺、常压锅等。

二、操作步骤

1. 原料处理

将脱脂乳（全脂乳）用离心机净化，如果用乳粉，需将水和乳粉混合（水温 40℃），搅拌均匀后保持30min，可改进成品外观、口感和风味，还能减少杀菌过程中结垢。

2. 加配料

加糖工艺指标为4%～8%砂糖，将原料乳加热到50℃，再加入糖过滤。

3. 杀菌冷却

杀菌目的是杀死原料基液中绝大部分杂菌及所有致病菌，防止乳清分离。杀菌的方法是将原料基液加热到90℃，保持5min（若是混合物，需保持5～10min）；或85℃，保持30min；或95℃，保持5～10min；或118～135℃，保持3～5s。杀菌后基液冷却到45℃左右。

4. 接种

将发酵剂添加到冷却后的混合液中，接种量为2.5%～5%（在无菌室操作）。

5. 灌装

采用玻璃瓶和陶瓷瓶，接种后搅拌5min，使发酵剂均匀分布于乳中，然后采用全自动无菌灌装、半自动灌装或手工灌装。手工灌装时间不能超过1.5h，否则就有可能引起牛乳凝固，导致乳清析出。产品上部空隙尽可能小，不要把包装材料弄湿。避免空气污染，保持室内处于无菌状态。用塑料瓶灌装时，封盖要严，以免受到霉菌和酵母菌污染。

6. 发酵

灌装封盖后迅速送入发酵室，43℃温度下发酵2.5～4h，达到凝固状态可终止发酵，即酸度达到65～70°T停止加热。pH值低于4.6时表面会出现少量水痕。

7. 冷却

冷却能够迅速有效地抑制乳酸菌生长，降低酶活性，防止产酸过度，延长发酵乳保存期限。冷却方法有二：①直接冷却法。到发酵终点，立即将发酵乳放入2～6℃冷库中（或立即切断电源）。②预冷却法。到发酵终点，使温度分阶段慢慢下降，即42～45℃→15～22℃→2～6℃，5℃是霉菌和酵母菌生长的下限温度。冷却过程中要轻拿轻放，防止震动。发酵乳对机械震动十分敏感，组织状态一旦破坏，很难恢复。

8. 冷藏和后熟

发酵乳须在2～6℃条件下存放12h，这样可促进芳香物质产生，增加发酵乳制品黏稠度。

【自查自测】

一、填空题

1. 从成品的组织状态区分，发酵乳分为（　　）和（　　）。
2. 原料乳冷却的目的是（　　）、（　　），贮存时要求控制好（　　），同时注意搅拌，防止（　　）。
3. 发酵乳生产常用的菌种有（　　）、（　　）。
4. 乳糖是哺乳动物乳汁中特有的糖类，牛乳中约含有乳糖量为（　　），全部呈溶解状态。

二、选择题

1.（　　）可用以判断牛乳热处理的程度。

A. 过氧化物酶试验　B. 酒精试验　C. 还原酶试验　D. 磷酸盐试验

2. 乳品工业中常用（　　）来表示乳的新鲜度。

A. 酸度　B. pH　C. 密度　D. 冰点

3. 鲜乳常温存放期间细菌的变化情况是（　　）。

A. 不变→增加→减少→增加　B. 不变→增加→减少→无

C. 不变→增加→减少　D. 不变→增加

4. 生产发酵型乳制品的原料乳必须（　　）。

A. 酒精试验阴性　B. 抗生素检验阴性

C. 美蓝还原试验阴性　D. 酶失活

5. 发酵乳的形成机理是（　　）。

A. 酸凝固　　B. 酶凝固　　C. 盐析　　D. 热凝固

三、判断题

1. 原料乳进厂时必须进行检验，我国规定原料乳酸度不能低于 20°T。（　　）

2. 发酵乳生产的后期冷藏工序目的是为了增加香气。（　　）

3. 乳的发酵酸度随乳的存放时间的延长而减小。（　　）

4. 牛乳中乳糖比人乳多，而蛋白质和灰分则较少。（　　）

5. 原料乳中的脂肪与非脂乳固体含量因奶牛品种、地区、季节和饲养管理等因素不同而有较大的差异。（　　）

四、简答题

1. 原料乳在送入工厂后，要进行哪些检验？

2. 牛乳在热处理中会发生哪些变化？

3. 原料乳预处理中主要包括哪几项工序？各有什么要求？

项目三　搅拌型发酵乳

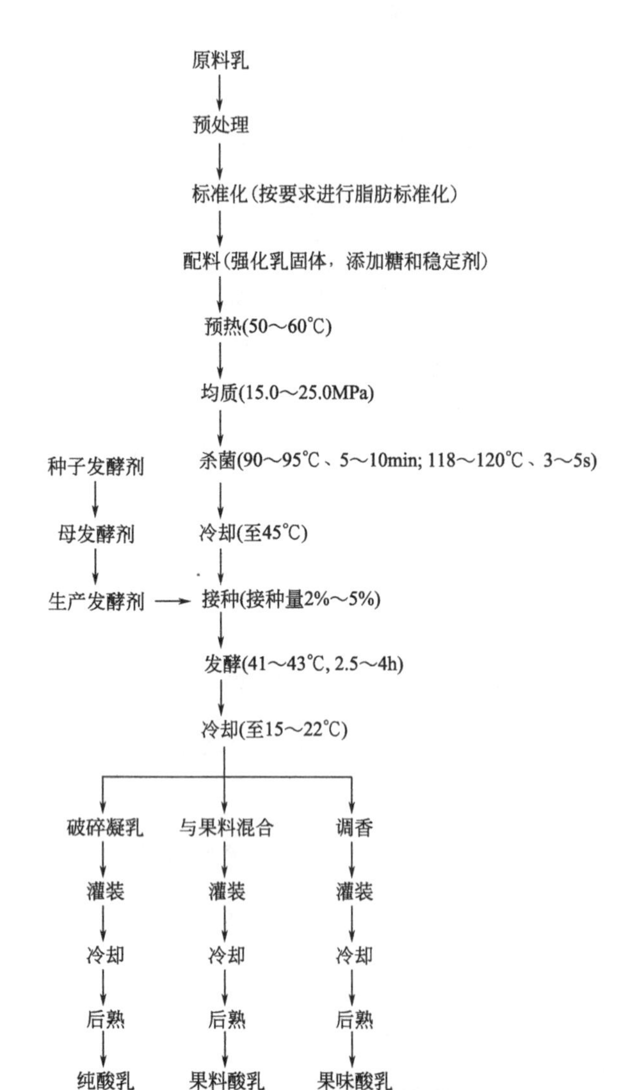

图 4-5　搅拌型发酵乳的生产工艺流程

【知识储备】

搅拌型发酵乳是先发酵后灌装而得成品。发酵后的凝乳在灌装过程中搅拌而成黏稠状组织状态。

一、搅拌型发酵乳的生产工艺流程

搅拌型发酵乳的生产工艺流程如图 4-5所示。

二、操作要点

搅拌型酸乳生产过程中，从原料乳验收到接种，基本与凝固型酸乳相同。两者最大的区别在于凝固型酸乳是先灌装后发酵，而搅拌型酸乳是先大罐发酵再灌装，并且搅拌型酸乳多了一道搅拌混合工艺。搅拌型酸乳的生产线如图 4-6 所示。下面只对与凝固型酸乳的不同点加以说明。

1. 发酵

典型的搅拌型酸乳生产的培养时间为 2.5～3h、42～43℃，使用的是普通型生产发酵剂（接种量 2.5%～3%），培养时间短，说明增殖速度快。典型的酸乳菌种继代时间在 20～30min。为了获得最佳产品，当 pH 达到理想的值时，必须终止细菌发酵，产品的温度应在 30min 内从 42～43℃ 冷却至 15～22℃；当浓缩、冷冻和冻干菌种直接加

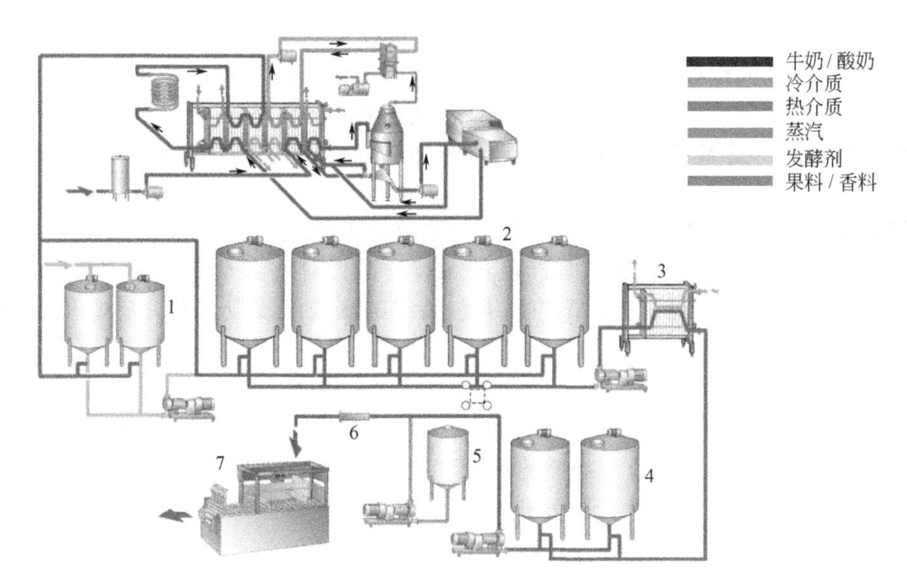

图 4-6　搅拌型酸乳的生产线

1—生产发酵剂罐；2—发酵罐；3—片式冷却器；4—缓冲罐；
5—果料/香料；6—混合器；7—包装

入酸乳培养罐时培养时间在43℃为4～6h（考虑到其迟滞期较长）。

2. 凝块的冷却

在培养的最后阶段，已达到所需的酸度（pH 4.2～4.5）时，酸乳必须迅速降温至15～22℃，这样可以暂时阻止酸度的进一步增加。同时为确保成品具有理想的黏稠度，对凝块的机械处理必须柔和。

冷却是在具有特殊板片的板式热交换器中进行的，这样可以保证产品不受强烈的机械扰动。为了确保产品质量均匀一致，泵和冷却器的容量应恰好能在20～30min内排空发酵罐。如果发酵剂使用的是其他类型并对发酵时间有影响，那么冷却时间也应相应变化。冷却的酸乳在进入包装机以前一般是先打入缓冲罐。

3. 搅拌

通过机械力破碎凝胶体，使凝胶体的粒子直径达到0.01～0.4mm，并使酸乳的硬度和黏度及组织状态发生变化，这是搅拌型酸乳加工中的一道重要工序。

（1）搅拌的方法　有机械搅拌法和手动搅拌法两种。机械搅拌法多使用宽叶片搅拌器，搅拌过程中应注意既不可过于激烈，又不可搅拌过长时间。搅拌时也应注意凝胶体的温度、pH值及固体含量等。通常搅拌开始用低速，以后用较快的速度。采用损伤性最小的手动搅拌可以得到较高的黏度。手动搅拌一般用于小规模生产，如用40～50L桶制作酸乳。

搅拌速度要恰当控制，一定要避免搅拌过度，否则不仅会降低酸乳的黏度，还易出现乳清分离和分层的现象。采用宽叶轮搅拌机时，每分钟缓慢转动1～2次，搅拌4～8min，这是低速短时缓慢搅拌法，也可采用定时间隔的方法进行搅拌。恰当的搅拌技术比增加固形物含量更能改善终产品的黏度。

（2）搅拌时的控制

① 温度　搅拌的最适温度为0～7℃，该温度适用于亲水性凝胶体的破坏，易得到搅拌均匀的凝固物，既可缩短搅拌时间，还可减少搅拌次数。若在38～40℃进行搅拌，凝胶体易形成薄片状或砂质结构等缺陷。但在实际生产中，使40℃的发酵乳降温到0～7℃不太容

易，所以搅拌温度以 20～25℃为宜。

② pH 值　酸乳的搅拌应在凝胶体的 pH 值达 4.7 以下时进行，若在 pH 4.7 以上时搅拌，则因酸乳凝固不完全、黏性不足而影响成品的质量。

③ 干物质含量　适量提高乳的干物质含量对防止搅拌型酸乳乳清分离能起到较好的作用。

④ 管道流速和直径　凝胶体在通过泵和管道移送及流经片式冷却板和灌装过程中，会受到不同程度的破坏，这将最终影响产品的黏度。凝胶体在经管道输送过程中应以低于 0.5m/s 的层流形式出现，管道直径不应随着包装线的延长而改变，尤其应避免管道直径突然变小。

4. 调味

冷却到 15～22℃以后，酸乳就准备包装了。果料和香料可在酸乳从缓冲罐到包装机的输送过程中加入。这是通过一台可变速的计量泵连续地把这些成分打到酸乳中，经过混合装置混合（图 4-7）。混合装置的设计是静止和卫生的，并且保证果料与酸乳彻底混合。果料计量泵和酸乳给料泵是同步运转的。

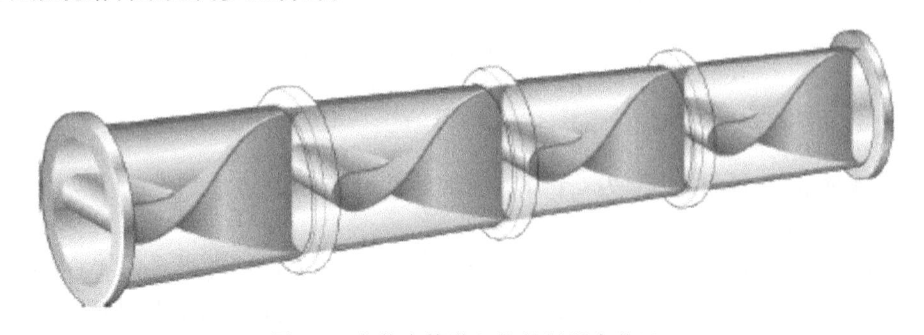

图 4-7　安装在管道上的果料混合装置

果料应尽可能均匀一致，并可以加果胶作为增稠剂，果胶的添加量不能超过 0.15%，相当于在成品中含 0.005%～0.05%的果胶。

在对果料添加物进行预处理的过程中，适当的热处理是非常重要的一步。对带固体颗粒的果料或整个浆果进行充分的巴氏杀菌时，可以使用刮板式热交换器或带刮板装置的罐。杀菌温度应能钝化所有有活性的微生物，而不影响水果的味道和结构。因此采用快速加热和冷却的连续生产，既能保证产品的质量又利于经济效益。热处理后的果料在无菌条件下灌入灭菌的容器中是十分重要的。发酵乳制品经常由于果料没有经过足够的热处理而引起再污染进而导致产品腐败。

5. 灌装

混合均匀的酸乳和果料直接流到灌装机进行灌装。搅拌型酸乳通常采用塑杯装或屋顶盒包装。

6. 冷却、后熟

将灌装好的酸乳置于 0～7℃冷库中冷藏 24h 进行后熟，进一步促使芳香物质产生，并改善产品的黏稠度。

搅拌型酸乳冷却的目的除防止产酸过度外，还可以防止搅拌时脱水。冷却过程应稳定进行，过快将造成凝块收缩迅速，导致乳清分离；过慢则会造成产品过酸和添加果料的脱色。

三、产品常见质量问题

1. 组织砂状

酸乳在组织外观上有许多砂状颗粒存在，不细腻。砂状结构的产生有多种原因，在生产搅拌型酸乳时，应选择适宜的发酵温度，避免原料乳受热过度；减少乳粉用量，避免干物质过多和较高温度下的搅拌。

2. 乳清分离

酸乳搅拌速度过快、过度搅拌或泵送造成空气混入产品，将造成乳清分离。此外，酸乳发酵过度、冷却温度不适宜及干物质含量不足也可造成乳清分离。因此，应选择合适的搅拌器搅拌并注意降低搅拌温度。同时可选用适当的稳定剂，以提高酸乳的黏度，防止乳清分离，其用量为0.1%～0.5%。

3. 风味不正

除了与凝固型酸乳的相同因素外，在搅拌过程中因操作不当而混入大量空气，造成酵母菌和霉菌的污染。酸乳较低的pH虽然抑制几乎所有细菌生长，但却适于酵母菌和霉菌的生长，造成酸乳的变质和产生不良风味。

4. 色泽异常

在生产中因加入的果蔬处理不当而引起变色、褪色等现象时有发生。应根据果蔬的性质及加工特性与酸乳进行合理的搭配和制作，必要时还可添加抗氧化剂。

【产品指标要求】

参见本学习情境项目二凝固型发酵乳中的相应标准执行。

【生产实训任务】搅拌型酸乳的制作

一、材料与设备

1. 材料

全脂（脱脂）淡乳粉、一级白砂糖、发酵剂等。

2. 设备

超级全自动发酵乳机、接菌箱、高压灭菌锅、灌装机、三角瓶、试管、接种勺、常压锅等。

二、操作步骤

① 将原料乳过滤，加热到50～60℃。用脱脂乳粉进行乳固体强化并添加6%～8%的白砂糖。

② 将乳加热到60～70℃，并于16～18MPa下进行均质。

③ 均质后的乳进行95℃、5min的热杀菌处理。

④ 乳冷却到43～45℃，将工作发酵剂摇匀后加入乳中并充分混匀。

⑤ 将乳置于培养罐中于42℃恒温培养发酵3～4h，当酸度达到pH4.2～4.5时，停止发酵，在水浴中冷却的同时缓慢搅拌，同时添加果料。

⑥ 将发酵乳冷却到15～20℃，灌装于容器中，置于4～5℃保存。

【自查自测】

一、选择题

制作酸乳的菌种常用（　　）。

A. 乳酸链球菌和保加利亚乳杆菌

B. 嗜热乳杆菌和保加利亚乳杆菌

C. 嗜热链球菌和保加利亚乳杆菌

D. 脆皮酵母和假丝酵母

二、判断题

1. 搅拌型酸乳和凝固型酸乳的不同在于原料的不同。（　　）
2. 搅拌型酸乳的特点就是在加工过程中不断搅拌。（　　）

三、简答题

1. 简述搅拌型发酵乳的生产工艺流程及操作要点。
2. 影响搅拌型发酵乳质量的主要因素有哪些？如何控制？
3. 搅拌过程中需要注意哪些事项？

项目四　其他发酵乳

【知识储备】

一、发酵型含乳饮料

即以乳或乳制品为原料，经乳酸菌等有益菌培养发酵制得的乳液中加入水，以及白砂糖和（或）甜味剂、酸味剂、果汁、茶、咖啡、植物提取液等的一种或几种调制而成的饮料，如乳酸菌乳饮料，也可称为酸乳（奶）饮料、酸乳（奶）饮品等。

根据其是否经过杀菌处理而区分为杀菌（非活性）型和未杀菌（活性）型。

1. 工艺流程

如图 4-8 所示。

2. 工艺要点

（1）混合调配　先将经过巴氏杀菌冷却至 20℃左右的稳定剂、水、糖溶液加入发酵乳中混合并搅拌，然后再加入果汁、酸味剂混合并搅拌，最后加入香精等。一般糖的添加量为 11%左右，饮料的 pH 调至 3.9～4.2。

（2）均质　均质处理是防止乳酸菌饮料沉淀的一种有效的物理方法。通常，用胶体磨或均质机进行均质，使其液滴微细化，提高料液黏度，抑制粒子的沉淀，增强稳定剂的稳定效果。发酵乳酸菌饮料较适宜的均质压力为 20～25MPa，温度 53℃左右。

（3）后杀菌　发酵调配后的杀菌目的是延长饮料的保存期。经合理杀菌、无菌灌装后的饮料，其保存期可达 3～6 个月。

（4）蔬菜预处理　在制作蔬菜乳酸菌饮料时，首先要对蔬菜进行加热处理，以起到灭酶作用。通常是将蔬菜在沸水中放置 6～8min，经灭酶后打浆或取汁，再与杀菌后的原料乳混合。

3. 发酵乳酸菌饮料的质量控制

乳酸菌饮料在生产和贮藏过程中常会出现如下一些问题：

（1）沉淀　沉淀是乳酸菌饮料最常见的质量问题之一。乳蛋白中约 80%为酪蛋白，其等电点 pI 为 4.6。通过乳酸菌发酵，并添加果汁或加入酸味剂而使饮料的 pH 为 3.9～4.4。此时，酪蛋白处于高度不稳定状态，任其静置，势必造成分层、沉淀等现象。

在加入果汁、酸味剂时，若酸浓度过大、加酸时混合液温度过高或加酸速度过快及搅拌不均等均会引起局部过度酸化而发生分层和沉淀。除了加工工艺正确操作外，对于出现的沉淀问题通常采用物理（均质）和化学（加入稳定剂）两种方法来解决。

① 均质　确定适宜的均质温度对防止沉淀有很好的作用。当温度高于 54.5℃时，均质后的饮料较稀，无凝结物，但易出现水泥状沉淀，饮用时有粉质或粒质口感。均质温度宜保持在 51.0～54.5℃，尤其在 53℃左右时效果最好。

② 加入稳定剂　采用均质处理，还不能达到完全防止乳酸饮料沉淀，必须同时使用化学方法才可起到良好作用。常用的化学方法是添加亲水性和乳化性较高的稳定剂。稳定剂不

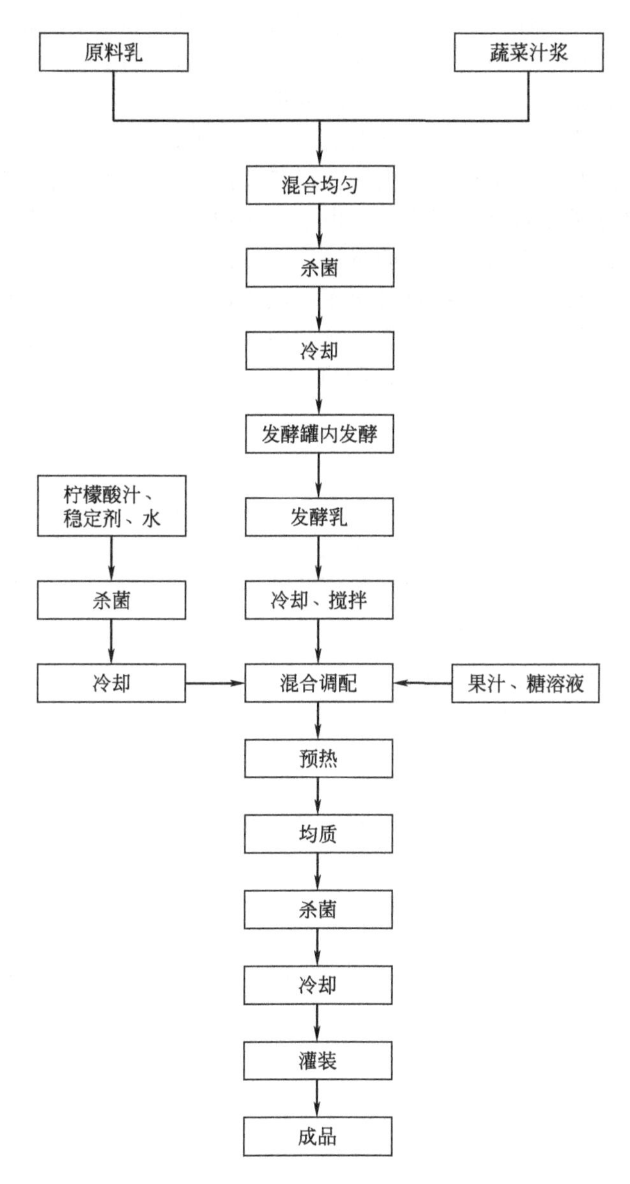

图 4-8 杀菌（非活性）型发酵乳饮料生产工艺流程

仅能提高饮料的黏度，防止蛋白质粒子因重力作用而下沉，更重要的是它们本身是一种亲水性高分子化合物，在酸性条件下与酪蛋白形成保护胶体，防止凝集沉淀。

由于牛乳中含有较多的钙，它们在 pH 降到酪蛋白等电点以下时以游离钙状态存在，Ca^{2+} 与酪蛋白之间易发生凝集而沉淀，故添加适当的磷酸盐使其与 Ca^{2+} 形成螯合物可起到稳定作用。目前，常用的乳酸菌饮料稳定剂有羧甲基纤维素钠（CMC-Na）、藻酸丙二醇酯（PGA），两者以一定比例混合使用效果更好。

（2）杂菌污染　发酵乳酸菌饮料中的营养成分可促进霉菌和酵母菌的生长繁殖。受杂菌污染的乳酸菌饮料会产生气泡和异常鼓胀，不仅外观和风味受到破坏，甚至完全失去商品价值。这主要是由于杀菌不彻底所致。因此，应注意原料卫生、加工机械的清洗消毒以及灌装时的环境卫生等。

（3）脂肪上浮　这是因为采用全脂乳或脱脂不充分的脱脂乳做饮料时，均质处理不当等原因引起的。应改进均质条件，如增加压力或提高温度，同时可选用酯化度高的稳定剂或乳化剂，如卵磷脂、单硬脂酸甘油酯、脂肪酸蔗糖酯等。最好采用含脂量较低的脱脂乳或脱脂乳粉作为乳酸菌饮料的原料，并注意进行均质处理。

（4）果蔬料的质量控制　为了强化饮料的风味与营养，常常在发酵乳饮料中加入一些果蔬原料，例如果汁类的椰汁、杧果汁、山楂汁、草莓汁等和蔬菜类的胡萝卜汁、玉米浆、南瓜浆、冬瓜汁等，有时还加入蜂蜜等成分。由于这些物料本身的质量或配制饮料时预处理不当，使饮料在保存过程中引起感官质量的不稳定，如饮料变色、褪色、出现沉淀、污染杂菌等。因此，在选择及加入这些果蔬物料时应多做试验，保存期试验至少延长 1 个月以上。

果蔬乳酸菌饮料的色泽也是左右消费市场的因素之一，如在果蔬汁中添加一定量的抗氧化剂，如维生素 E、维生素 C、儿茶酚、EDTA 等，会对果蔬饮料的色泽产生良好的保护作用。

二、开菲尔

开菲尔是最古老的发酵乳制品之一，它起源于高加索地区，原料为山羊乳、绵羊乳或牛乳。开菲尔在俄罗斯消费量最大，每人每年大约消费量为 5L，其他许多国家也生产开菲尔。

开菲尔具有很好的生理功效，如促进唾液和胃液分泌、增强消化机能；提高钙、磷利用率；抗肿瘤；对肾脏疾病、糖尿病、贫血和神经系统疾病有一定疗效等。

1. 开菲尔及开菲尔粒的微生物组成

开菲尔是黏稠、均匀、表面光泽的发酵产品，口味新鲜酸甜，略带一点酵母味。其产品的 pH 值通常为 4.3～4.4。

用于生产酸乳酒的特殊发酵剂是开菲尔粒。开菲尔粒是由乳酸菌（乳杆菌和乳酸链球菌）和酵母菌共同组成的协同体系。一般地，乳杆菌（同型发酵和异型发酵）占整个微生物组成的 65%～80%，剩余的微生物由乳酸链球菌（产酸和产香）以及发酵乳糖和不发酵乳糖的酵母菌（约 5%）构成。开菲尔粒呈淡黄色，直径为 15～20mm，形状不规则。开菲尔粒不溶于水和大部分溶剂，当它们浸泡在乳中时，粒子膨胀并变成白色，在发酵过程中，乳酸菌产生乳酸，而酵母菌发酵乳糖产生乙醇和 CO_2。在酵母的新陈代谢过程中，某些蛋白质发生分解从而使开菲尔产生一种特殊的酵母香味。乳酸、乙醇和 CO_2 的含量可由生产时的培养温度来控制。

2. 开菲尔乳的传统制作方法

可以用不同的方式来制作开菲尔乳，如图 4-9 所示给出了两种开菲尔乳的传统制作方法和工艺流程。从图中可以看出，经巴氏灭菌后牛乳被冷却到 25℃左右，按 2%～10%的比例接种活化好的开菲尔粒，在 20～25℃发酵培养 24h，直到酸度达到 30～40°SH（0.68%～0.90%的乳酸）时终止发酵。然后，过滤除去开菲尔粒获得的开菲尔乳经冷藏成熟后即可饮用。

滤出的开菲尔粒可以加到新鲜的巴氏灭菌乳中，进行新一轮发酵。开菲尔粒可重复使用，而且在多次使用过程中，开菲尔粒自身也在不断地生长和增殖。对暂停使用的开菲尔粒，可将其加到一部分鲜牛乳中保存，或用冷水冲净后放入无菌水中保存，保存温度 4℃，期限 8～10 天。若保存时间较长，可采用冷冻干燥的方法保存开菲尔粒，这样可以降低开菲尔粒的含水量，使其中的微生物处于暂时的休眠状态，保存期限延长到 12～18 个月。

第二种制作开菲尔乳的传统方法与前一种工艺相比，更适用于大型工业化发酵生产开菲尔乳。该工艺分为两个步骤：第一步是从开菲尔粒到制备母发酵剂的过程，这一过程类似于开菲尔乳制作的第一种方法，只不过所得到的含有活菌的发酵产物不是作为饮料饮用，而是作为生产发酵剂使用；第二步是将所得到的生产发酵剂按 1%～3%的比例接种到巴氏灭菌

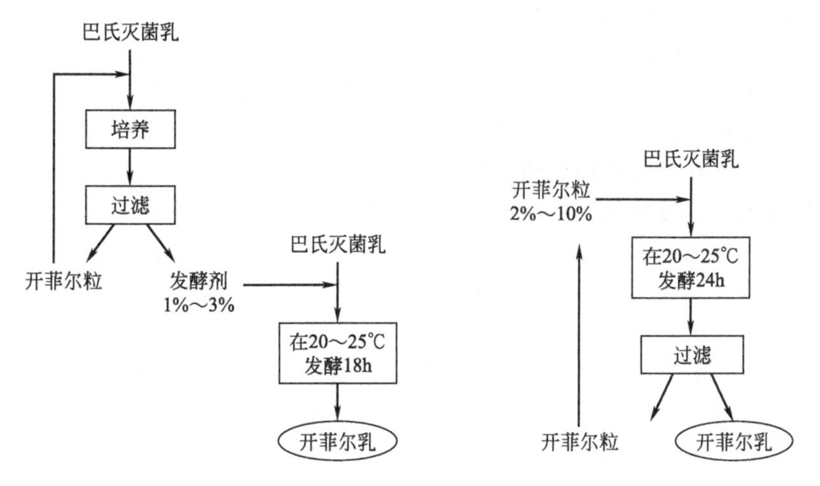

图 4-9 开菲尔乳的传统制作工艺

乳中，在 20～25℃发酵 12～18h，终止发酵后经冷藏成熟便可饮用。

3. 开菲尔乳的现代生产过程

为了降低生产过程中杂菌污染的概率，降低设备成本，东欧国家的部分生产商已经开始在大型工业化生产过程中使用冷冻干燥的开菲尔乳发酵剂（图 4-10），即直接将冷冻干燥的发酵剂投放到巴氏灭菌乳中，经培养后获得生产发酵剂，然后按 3%～5%的比例将生产发酵剂接种到发酵罐中生产开菲尔乳。采用此种方法可以简化生产过程，并得到符合标准的高质量的开菲尔乳产品。

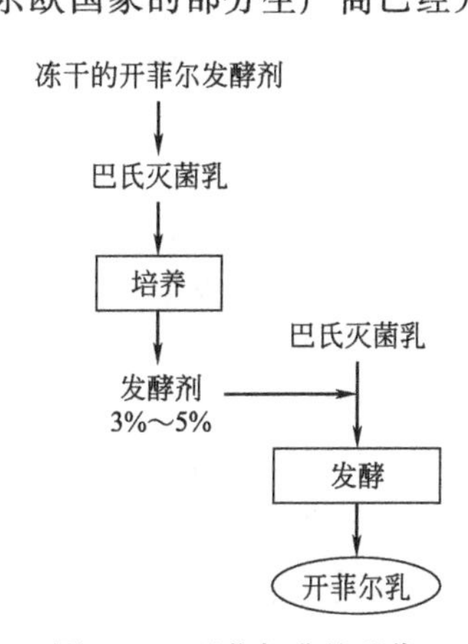

图 4-10 开菲尔乳的现代生产工艺

4. 开菲尔乳成品特征

良好的开菲尔饮料质地紧密，组织状态均匀，类似奶油状的黏稠性，并有一种带酸味及酒精味的风味和口感。开菲尔中含有乳酸［主要是 L-(+)-乳酸］，含量为 0.8%～0.9%，还有甲酸、琥珀酸、丙酸、CO_2（0.08%～0.2%）、乙醇（0.0035%～2%）、不同的醛类物质以及痕量的异戊醇和丙酮等。丁二酮也是其主要的芳香类成分，由能代谢柠檬酸的细菌，如乳酸乳球菌双乙酰变种和肠膜明串珠菌乳脂亚种等产生，含量接近 1mg/L。此外，开菲尔中约 7%的氮素成分是以蛋白胨形式存在、2%是以氨基酸形式存在。开菲尔的化学组成取决于许多因素，包括乳的类型、开菲尔粒和工艺条件等。

三、酸马奶酒

酸马乳，也称马奶酒，在英语中称 Koumiss、Kumiss、Kumys 或 Coomys，在蒙古和中国，酸马乳也称为 Airag、Arrag（艾日格）或 Chige（chegee）、Chigo（策格），意为“发酵马奶子”。酸马乳起源于西亚或中亚游牧民族。

到目前为止，酸马乳仍流行于东欧和中亚地区、东南俄罗斯、蒙古以及中国的内蒙古、新疆等区域的蒙古族、维吾尔族、哈萨克族、柯尔克孜族以及藏族等游牧民族中。酸马乳是以新鲜马乳为原料，经乳酸菌和酵母菌等微生物共同自然发酵形成的酸性低酒精含量乳饮料。

蒙医药典中记载：“酸马乳味酸、甘、涩”。“酸”能开胃、助消化、祛湿、行气；“甘”

能健身补弱、疏通食道、治伤、接骨、解毒、增强五官功能；“涩”能治血热、化瘀血、消肥胖、祛腐生肌、润皮肤。在蒙古族传统的医学中，一直是把酸马乳作为药物来治疗一些疾病。乌·扎木苏等人总结前人的医疗经验和自身的行医实践而写成的《酸马乳疗法》一书中记载着酸马乳对高血压、高血脂、冠状动脉硬化、贫血、肺结核、慢性消化道感染和糖尿病以及神经性疾病等均有明显的辅助治疗作用。

现代医学也证实了酸马乳具有降血脂、降血压和提高机体免疫力、抑制结核菌生长、治疗便秘、防治皮肤老化、去除皱纹、治疗黄褐斑等疗效。目前，在俄罗斯、蒙古和中国内蒙古等国家和地区均设立了“酸马乳医疗中心”专门治疗心血管系统病、消化系统病、神经系统疾病和结核等慢性消耗性疾病。

Koumiss 的微生物组成变化非常大，占优势的微生物主要是德氏乳杆菌保加利亚亚种、嗜酸乳杆菌以及能够发酵乳糖的马克西努克鲁维酵母菌和高加索假丝酵母等。内蒙古农业大学“乳品生物技术与工程”教育部重点实验室 2001～2003 年从我国内蒙古地区和蒙古国 21 份以传统方法制作的酸马乳样品中分离鉴定出 80 株乳杆菌。其中从蒙古国采集的样品中共分离到 30 株乳杆菌，从我国内蒙古采集的样品中共分离到 50 株乳杆菌。蒙古国酸马乳样品中以高温性 *L. acidophilus* 群的分离率较高，而我国内蒙古酸马乳样品中以中温性 *L. casei* 菌株最多，其次为 *L. acidophilus* 群的菌株。

自然发酵的酸马乳中微生物的组成受当地的环境、气候以及制作方法、发酵温度和发酵时间等因素的影响。酸马乳在发酵成熟的过程中，乳酸菌和酵母菌构成了其优势微生物类群，赋予酸马乳独特的风味特征，同时，这些微生物及其代谢产物与酸马乳的医疗作用密不可分，特别是乳酸菌。

马乳在酪蛋白等电点并不会凝固（因为马乳的酪蛋白含量很低），所以马奶酒不是一种凝乳状产品。酸马乳根据发酵程度的不同可分为弱发酵（乳酸 0.54%～0.72%、乙醇 0.7%～1.0%）乳、中发酵（乳酸 0.73%～0.90%，乙醇 1.1%～1.8%）乳、强发酵（乳酸 0.91%～1.8%，乙醇 1.9%～2.5%）乳。Lozovich（1995）根据乙醇含量将酸马乳分为弱发酵乳、中发酵乳及强发酵乳，相对应的乙醇含量分别为 1.0%、1.5%和 3.0%。酸马乳中乳酸和乙醇的含量取决于发酵时间、发酵温度及菌相构成。

四、益生菌发酵乳

1. 益生菌的定义

“Probiotics”一词来源于希腊文，是“共生”的意思，与“Antibiotic”（抗生素）相对立，意味着“在动物之间，于生命活动的维持上起到相互补益的作用”。1965 年，Lilley 和 Stillwell 首次提出益生菌一词，他们将其定义为“由一种微生物分泌，刺激另一种微生物生长的物质”。1974 年，美国学者 Parker 认为“益生菌是维持宿主肠道内微生物平衡的微生物或物质”。由于这一定义范围过大，易引起混乱，于是美国食品及药物管理局（FDA）把这类产品定义为可以“直接饲用的微生物制品（direct feed microbial products）”。显然，随着人们对益生菌作用认识的不断深入，有关益生菌的定义也处在发展变化中。目前，大家普遍接受的益生菌定义是 1989 年英国学者 Fuller 提出的。Fuller 将益生菌概括为“某种或某一类通过改善宿主肠道菌群平衡，对宿主发挥有益作用的活的微生物添加剂”。随后，H. Sosaard（1990）又将益生菌定义为：“摄入动物体内参与肠内微生物群落的阻碍作用，或者通过非特异性免疫功能来预防疾病而间接地起促进生长作用和提高饲料效率的活的微生物培养物”，是取代或平衡肠道微生态系统中由一种或多种菌系组成的微生物添加物。狭义上讲，它是一种能激发自身菌种繁殖生长，同时抑制它种菌系生长的微生物添加剂（包括活的微生物或其活菌制剂）。近年来，随着人们对人体及动物体内正常微生物菌群与健康关系的深入研究，益生菌的定义也日益完善。最近，益生菌被定义为“应用于动物及人体内，通过改善宿主体内的微生态平衡进而促进宿主健康的单一或混合的活的微生物制剂”。该定义不仅强调了益生菌是一种活的微生物，而且指出，益生菌不只是应用于动物，也可以应用于人体，拓宽了益生菌的应用领域，这是目前广为接受的说法。

2. 益生菌的种类及选择

传统上，常用的益生菌主要有双歧杆菌属和乳杆菌属的菌种。随着益生菌研究的不断深入，益生菌的种类正逐步增加，其应用范围也在进一步扩大。明串珠菌属、丙酸杆菌属、片球菌属、芽孢杆菌属的部分菌种（株）以及部分霉菌、酵母菌等也日益被用作益生菌。其中，我国卫生部（2003 年）批准的可用于保健食品的益生菌菌株有嗜酸乳杆菌、罗伊氏乳杆菌、保加利亚乳杆菌、干酪乳杆菌干酪亚种、短双歧杆菌、长双歧杆菌、婴儿双歧杆菌等。国外，在食品尤其是发酵乳中常用的典型菌株见表 4-9。

表 4-9 国外常用于生产乳制品的典型益生菌菌株

菌株	来源	菌株	来源
嗜酸乳杆菌 NCFM (*L. acidophilus* NCFM)	法国罗地亚	鼠李糖乳杆菌 GG (*L. rhamnosus* GG)	芬兰 Valio
嗜酸乳杆菌 DDS-1 (*L. acidophilus* DDS-1)	纳贝斯克	鼠李糖乳杆菌 GR-1 (*L. rhamnosus* GR-1)	加拿大 Urex
嗜酸乳杆菌 SBT-2062 (*L. acidophilus* SBT-2062)	日本雪印	鼠李糖乳杆菌 271(*L. rhamnosus* 271)	瑞典 Probi AB
嗜酸乳杆菌 LA-1 和 LA-2 (*L. acidophilus* LA-1 和 LA-2)	丹麦汉森	鼠李糖乳杆菌 LR21 (*L. rhamnosus* LR21)	瑞典 Fssum
干酪乳杆菌 Shirota(*L. casei* Shirota)	日本 Yakult	唾液乳杆菌 UCC118 (*L. salivarius* UCC118)	爱尔兰
干酪乳杆菌 Immunitas (*L. casei* Immunitas)	法国达能	德氏乳杆菌乳酸亚种 LIA (*L. delbrueckii* subsp. *lactis* LIA)	瑞典 Fssum
发酵乳杆菌 rc-14(*L. fermentum* rc-14)	加拿大 Urex	乳双歧杆菌(*B. lactis*)Bb12	丹麦汉森
约氏乳杆菌 Lal 和 Ljl (*L. johnsonii* Lal 和 Ljl)	瑞士雀巢	长双歧杆菌 BB 536 (*B. longum* BB 536)	日本 Morinnaga
副干酪乳杆菌(*L. paracasei* CRI431)	丹麦汉森	长双歧杆菌 SBT-2928 (*B. longum* SBT-2928)	日本雪印
植物乳杆菌(*L. plantarum* 299V)	瑞典 Probi AB		
罗伊氏乳杆菌(*L. reuteri* SD 2112、MM2)	德国 Biogaia	短双歧杆菌(*B. breve* Yakult)	日本 Yakult

理论上，益生菌菌株的选择应依据如下标准：

① 益生菌应该来自寄主，理想的是来自健康人肠道的自然菌群。

② 能顺利通过消化道，尤其是在上消化道极端条件（高胃酸、高胆汁）下具有较高的存活率。

③ 具有对上皮细胞表面的黏附力，能在消化道内定植。

④ 能与寄主肠道内菌群竞争，并具有生存发展的能力。

⑤ 具有拮抗、免疫调节等有益于寄主健康的生理作用。

⑥ 非致病性的，并且无毒素产生。

⑦ 在加工和贮藏中具有稳定性，并且在加工和贮藏过程中，仍保持较高的存活率。

【产品指标要求】

具体要求参见本学习情境项目二凝固型发酵乳中的相应标准执行。

【自查自测】

1. 什么是发酵乳饮料？简述其一般生产方法和质量控制措施。
2. 什么是风味发酵乳？和发酵乳相比它有什么特殊的营养价值？
3. 什么是益生菌？如何选择益生菌？如何保证益生菌的活菌数？

项目五　发酵乳的检验

【检验任务一】发酵乳中乳酸菌总数的测定

一、实验原理

乳酸菌是一类可发酵糖主要产生大量乳酸的细菌的通称。本测定中的乳酸菌主要为乳杆菌属（*Lactobacillus*）、双歧杆菌属（*Bifidobacterium*）和嗜热链球菌属（*Streptococcus*）。

二、设备和材料

除微生物实验室常规灭菌及培养设备外，其他设备和材料如下：

（1）恒温培养箱　36℃±1℃。

（2）冰箱　2～5℃。

（3）均质器及无菌均质袋、均质杯或灭菌乳钵。

（4）天平　感量 0.01g。

（5）无菌试管　18mm×180mm、15mm×100mm。

（6）无菌吸管　1mL（具 0.01mL 刻度）、10mL（具 0.1mL 刻度）或微量移液器及吸头。

（7）无菌锥形瓶　500mL、250mL。

三、培养基和试剂

（1）生理盐水。

（2）MRS（Man Rogosa Sharpe）培养基，莫匹罗星锂盐和半胱氨酸盐酸盐改良 MRS 培养基。

（3）MC 培养基（Modified Chalmers 培养基）。

四、操作步骤

1. 样品制备

（1）样品的全部制备过程均应遵循无菌操作程序。

（2）冷冻样品可先使其在 2～5℃条件下解冻，时间不超过 18h，也可在温度不超过 45℃的条件解冻，时间不超过 15min。

（3）固体和半固体食品：以无菌操作称取 25g 样品，置于装有 225mL 生理盐水的无菌均质杯内，于 8000～10000r/min 均质 1～2min，制成 1∶10 样品匀液；或置于装有 225mL 生理盐水的无菌均质袋中，用拍击式均质器拍打 1～2min 制成 1∶10 的样品匀液。

（4）液体样品：液体样品应先将其充分摇匀后以无菌吸管吸取样品 25mL 放入装有 225mL 生理盐水的无菌锥形瓶（瓶内预置适当数量的无菌玻璃珠）中，充分振摇，制成 1∶10 的样品匀液。

2. 步骤

（1）用 1mL 无菌吸管或微量移液器吸取 1∶10 样品匀液 1mL，沿管壁缓慢注于装有 9mL 生理盐水的无菌试管中（注意吸管尖端不要触及稀释液），振摇试管或换用 1 支无菌吸管反复吹打使其混合均匀，制成 1∶100 的样品匀液。

(2) 另取 1mL 无菌吸管或微量移液器吸头，按上述操作顺序，做 10 倍递增样品匀液，每递增稀释一次，即换用 1 次 1mL 灭菌吸管或吸头。

(3) 乳酸菌计数

① 乳酸菌总数　乳酸菌总数计数培养条件的选择及结果说明见表 4-10。

表 4-10　乳酸菌总数计数培养条件的选择及结果说明

样品中所包括乳酸菌菌属	培养条件的选择及结果说明
仅包括双歧杆菌属	按 GB 4789.34 的规定执行
仅包括乳杆菌属	按照以下④操作。结果即为乳杆菌属总数
仅包括嗜热链球菌	按照以下③操作。结果即为嗜热链球菌总数
同时包括双歧杆菌属和乳杆菌属	(1)按照以下④操作。结果即为乳酸菌总数。 (2)如需单独计数双歧杆菌属数目,按照以下②操作
同时包括双歧杆菌属和嗜热链球菌	(1)按照以下②和③操作,二者结果之和即为乳酸菌总数。 (2)如需单独计数双歧杆菌属数目,按照②操作
同时包括乳杆菌属和嗜热链球菌	(1)按照以下③和④操作,二者结果之和即为乳酸菌总数。 (2)以下③结果为嗜热链球菌总数。 (3)以下④结果为乳杆菌属总数
同时包括双歧杆菌属、乳杆菌属和嗜热链球菌	(1)按照以下③和④操作,二者结果之和即为乳酸菌总数。 (2)如需单独计数双歧杆菌属数目,按照以下②操作

② 双歧杆菌计数　根据对待检样品双歧杆菌含量的估计，选择 2～3 个连续的适宜稀释度，每个稀释度吸取 1mL 样品匀液于灭菌平皿内，每个稀释度做两个平皿。稀释液移入平皿后，将冷却至 48℃ 的莫匹罗星锂盐和半胱氨酸盐酸盐改良的 MRS 培养基倾注平皿约 15mL，转动平皿使混合均匀。36℃±1℃厌氧培养 72h±2h，培养后计数平板上的所有菌落数。从样品稀释到平板倾注要求在 15min 内完成。

③ 嗜热链球菌计数　根据待检样品嗜热链球菌活菌数的估计，选择 2～3 个连续的适宜稀释度，每个稀释度吸取 1mL 样品匀液于灭菌平皿内，每个稀释度做两个平皿。稀释液移入平皿后，将冷却至 48℃的 MC 培养基倾注平皿约 15mL，转动平皿使混合均匀。36℃±1℃需氧培养 72h±2h，培养后计数。嗜热链球菌在 MC 琼脂平板上的菌落特征为：菌落中等偏小、边缘整齐光滑的红色菌落，直径 2mm±1mm，菌落背面为粉红色。从样品稀释到平板倾注要求在 15min 内完成。

④ 乳杆菌计数　根据待检样品活菌总数的估计，选择 2～3 个连续的适宜稀释度，每个稀释度吸取 1mL 样品匀液于灭菌平皿内，每个稀释度做两个平皿。稀释液移入平皿后，将冷却至 48℃的 MRS 琼脂培养基倾注平皿约 15mL，转动平皿使混合均匀。36℃±1℃厌氧培养 72h±2h。从样品稀释到平板倾注要求在 15min 内完成。

3. 菌落计数

按照计数菌落总数的方法计数（情境三项目四检验任务一）。

4. 结果的表述

按照计数菌落总数的方法表述结果（情境三项目四检验任务一）。

5. 菌落数的报告

按照计数菌落总数的方法报告（情境三项目四检验任务一）。

【检验任务二】发酵乳酸度的测定——酚酞指示剂法

一、实验原理

试样经过处理后，以酚酞作为指示剂，用0.1000mol/L氢氧化钠标准溶液滴定至中性，记录消耗氢氧化钠溶液的体积，经计算确定试样的酸度。

二、试剂及其配制

1. 试剂

(1) 氢氧化钠（NaOH）。

(2) 七水硫酸钴（$CoSO_4 \cdot 7H_2O$）。

(3) 酚酞。

(4) 95%乙醇。

(5) 乙醚。

(6) 氮气　纯度为98%。

(7) 三氯甲烷（$CHCl_3$）。

2. 试剂配制

(1) 氢氧化钠标准溶液（0.1000mol/L）　称取0.75g于105～110℃电烘箱中干燥至恒重的工作基准试剂邻苯二甲酸氢钾，加50mL无二氧化碳的水溶解，加2滴酚酞指示液（10g/L），用配制好的氢氧化钠溶液滴定至溶液呈粉红色，并保持30s。同时做空白试验。

注：把二氧化碳（CO_2）限制在洗涤瓶或者干燥管，避免滴管中NaOH因吸收CO_2而影响其浓度。可通过盛有10%氢氧化钠溶液的洗涤瓶连接的装有氢氧化钠溶液的滴定管，或者通过连接装有新鲜氢氧化钠或氧化钙的滴定管末尾而形成一个封闭的体系，避免此溶液吸收二氧化碳（CO_2）。

(2) 参比溶液　将3g七水硫酸钴溶解于水中，并定容至100mL。

(3) 酚酞指示液　称取0.5g酚酞溶于75mL体积分数为95%的乙醇中，并加入20mL水，然后滴加氢氧化钠溶液至微粉色，再加入水定容至100mL。

(4) 中性乙醇-乙醚混合液　取等体积的乙醇、乙醚混合后加3滴酚酞指示液，以氢氧化钠溶液（0.1mol/L）滴至微红色。

(5) 不含二氧化碳的蒸馏水　将水煮沸15min，逐出二氧化碳，冷却，密闭。

三、仪器和设备

(1) 分析天平　感量为0.001g。

(2) 碱式滴定管　容量10mL，最小刻度0.05mL。

(3) 碱式滴定管　容量25mL，最小刻度0.1mL。

(4) 水浴锅。

(5) 锥形瓶　100mL、150mL、250mL。

四、分析步骤

1. 制备参比溶液

向装有等体积相应溶液的锥形瓶中加入2.0mL参比溶液，轻轻转动，使之混合，得到标准参比颜色。如果要测定多个相似的产品，则此参比溶液可用于整个测定过程，但时间不得超过2h。

2. 滴定过程

称取10g（精确到0.001g）已混匀的发酵乳试样，置于150mL锥形瓶中，加20mL新煮沸冷却至室温的水，混匀，加入 2.0mL 酚酞指示液，混匀后用氢氧化钠标准溶液滴定，边滴加边转动烧瓶，直到颜色与参比溶液的颜色相似，且 5s 内不消退，整个滴定过程应在 45s 内完成。滴定过程中，向锥形瓶中吹氮气，防止溶液吸收空气中的二氧化碳。记录消耗的氢氧化钠标准滴定溶液体积（V_2，mL），代入式(4-1) 中进行计算。

3. 空白滴定

用等体积的不含二氧化碳的蒸馏水做空白实验，读取耗用氢氧化钠标准溶液的体积（V_0，mL）。

空白所消耗的氢氧化钠的体积应不小于零，否则应重新制备和使用符合要求的蒸馏水。

五、分析结果的表述

发酵乳试样中的酸度数值以（°T）表示，按式（4-1）计算：

$$X_2=\frac{c_2\times(V_2-V_0)\times100}{m_2\times0.1} \tag{4-1}$$

式中 X_2——试样的酸度，（°T）[以 100g 样品所消耗的 0.1mol/L 氢氧化钠体积（mL）计，单位为 mL/100g]；

c_2——氢氧化钠标准溶液的摩尔浓度，mol/L；

V_2——滴定时所消耗氢氧化钠标准溶液的体积，mL；

V_0——空白实验所消耗氢氧化钠标准溶液的体积，mL；

100——100g 试样；

m_2——试样的质量，g；

0.1——酸度理论定义氢氧化钠的摩尔浓度，mol/L。

以重复性条件下获得的两次独立测定结果的算术平均值表示，结果保留三位有效数字。

【自查自测】

1. 生产发酵乳的原料为什么不能有抗生素残留？
2. 乳酸菌检验的主要是哪些菌属？

情境五　乳粉生产与检验

项目一　全脂乳粉

【知识储备】

一、乳粉基础知识

1. 乳粉的概念及特点

乳粉是以新鲜牛乳为原料并配以其他辅料，经杀菌、浓缩、干燥等工艺过程制得的粉末状产品，一般添加一定数量的植物或动物蛋白质、脂肪、维生素、矿物质等配料。

乳粉的特点是在保持乳原有品质及营养价值的基础上，产品含水量低，体积小、重量轻，贮藏期长，食用方便，便于运输和携带，更有利于调节地区间供应的不平衡。品质良好的乳粉加水复原后，可迅速溶解恢复原有鲜乳的性状。乳粉在我国的乳制品结构中仍然占据着重要的位置。

2. 乳粉的种类

根据所用原料、原料处理及加工方法不同，乳粉可分为：

(1) 全脂乳粉　以鲜乳直接加工而成。根据是否加糖又分为全脂淡乳粉和全脂甜乳粉。

(2) 脱脂乳粉　将鲜乳的脂肪分离除去后用脱脂乳干燥而成。此部分又可以根据脂肪脱除程度分为无脂乳粉、低脂乳粉及中脂乳粉等。

(3) 加糖乳粉　在乳原料中添加一定比例的蔗糖或乳糖后干燥加工而成。

(4) 配制乳粉　鲜乳原料或乳粉中配以各种人体需要的营养素加工而成。

(5) 速溶乳粉　在乳粉干燥工序上调整工艺参数或用特殊干燥法加工而成。

(6) 乳油粉　在鲜乳中添加一定比例的稀奶油或在稀奶油中添加部分鲜乳后加工而成。

(7) 酪乳粉　利用制造奶油时的副产品酪乳制造的乳粉。

(8) 乳清粉　利用制造干酪或干酪素的副产品乳清制造而成的乳粉。

(9) 麦精乳粉　鲜乳中添加麦芽、可可、蛋类、饴糖、乳制品等经干燥而成。

(10) 冰激凌粉　鲜乳中配以适量香料、蔗糖、稳定剂及部分脂肪等经干燥加工而成。

二、乳粉理化性质

1. 乳粉颗粒大小与形状

一般用滚筒生产的乳粉，呈不规则的片状，不含有气泡；以喷雾法生产的乳粉，常具有单个或几个气泡，乳粉颗粒呈单球状或几个球连在一起的葡萄状。

乳粉颗粒的大小对乳粉的冲调性、复原性、分散性及流动性有很大影响。当乳粉颗粒达150μm左右时冲调复原性最好；小于75μm时，冲调复原性较差。离心喷雾干燥的乳粉直径为30～200μm（平均100μm）；压力喷雾干燥的乳粉直径为10～100μm（平均45μm）。

2. 乳粉密度

乳粉的密度有三种表示方法，即表观密度（松密度）、颗粒密度和真密度。

(1) 表观密度表示单位体积中的乳粉质量，包括颗粒与颗粒之间空隙中的空气。

一般滚筒干燥的乳粉表观密度为0.3～0.5g/mL；喷雾干燥乳粉的表观密度为0.5～0.6g/mL。

(2) 颗粒密度表示不包括任何空气的乳粉本身的密度。

(3) 真密度表示乳粉颗粒的密度，只包括颗粒内的空气泡，而不包括颗粒之间空隙中的空气。乳粉颗粒之间的空隙可以用式(5-1) 表示：

$$\text{乳粉颗粒之间的空隙}=1-\frac{\text{表观密度}}{\text{真密度}} \tag{5-1}$$

3. 乳粉的色泽

全脂乳粉和脱脂乳粉通常呈淡黄色。如果用加碱中和的原料乳，则乳粉的颜色为褐色。此外，在高温下加热时间过长也会使乳粉的颜色变褐。

4. 乳粉的溶解度与复原性

乳粉加水冲调后，理应复原为鲜乳一样的状态，但质量差的乳粉，并不能完全复原成鲜乳状。优质乳粉的溶解度应达99.90%以上，甚至是100%。

5. 乳粉中的气泡

以压力喷雾法干燥的全脂乳粉颗粒中含有空气量为7%～8%；脱脂乳粉颗粒中约含空气13%。以离心喷雾法干燥的全脂乳粉颗粒中含有空气量为16%～22%；脱脂乳粉颗粒中约含空气35%。

6. 乳粉中的脂肪

脂肪球大小：压力喷雾干燥的乳粉因高压泵起了一部分的均质作用，因而脂肪球较小，一般为1～2μm，离心法为1～3μm；滚筒干燥乳粉的脂肪球为1～7μm，但大小范围幅度很大，脂肪球大者有时达到几十微米，所以这种乳粉的保藏性较差，容易氧化变质。

含量：滚筒式干燥乳粉游离脂肪可达91%～96%；喷雾式乳粉为3%～14%。

7. 乳粉中的蛋白质

在喷雾干燥的过程中，乳粉中的蛋白质很少变性，但即使是优质牛乳，在加热过程中，若操作不当，也会引起蛋白质变性，使溶解度降低，形成沉淀物。

乳粉中蛋白质变性而引起的不溶性，主要由加工过程中的热处理引起，加热温度越高，时间越长，蛋白质的变性越严重。此外，原料乳的新鲜度对蛋白质的变性影响很大。

8. 乳粉中的乳糖

新制成的乳粉所含乳糖呈非结晶的玻璃状态，α-乳糖与β-乳糖的无水物保持平衡状态，其比例大致为1∶6。

乳粉中呈玻璃状态的乳糖，吸湿性很强，所以很容易吸潮。人们还利用乳糖的这一特性来制造速溶乳粉。

三、乳的浓缩

为了节约能源和保证产品质量，喷雾干燥前必须对杀菌乳进行浓缩。乳浓缩是利用设备的加热作用，使乳中的水分在沸腾时蒸发汽化，并将汽化产生的二次蒸汽排除，从而使制品的浓度提高，直至达到要求的浓度的工艺过程。

浓缩技术对其工艺流程的设计以及设备的选型和制造加工及其具体操作提出了较高要求，随着科学技术及生产的发展，浓缩已趋向低温、快速、连续的方面发展。

1. 浓缩的概念

如上所述，简单而言，乳的浓缩是使乳中水分蒸发，以提高乳固体含量使其达到所要求浓度的一种乳品加工方法。乳的浓缩不同于干燥，乳经过浓缩，最终产品还是液态乳。

就浓缩原理而言，浓缩方法分为平衡浓缩和非平衡浓缩。平衡浓缩是利用两相在分配上的某种差异而获得溶质和溶剂分离的方法。蒸发浓缩和冷冻浓缩即属于此法。蒸发是利用溶剂和溶质挥发度的差异，获得一个有利的汽、液平衡条件，使含有不挥发性溶质的溶液沸腾汽化并移出蒸汽，从而使溶液中溶质浓度提高的单元操作。蒸发需要不断供给热能。蒸发浓缩是利用热能使挥发性溶剂部分汽化，并将此汽化部分从余下的被浓缩的溶液中分离出去的过程。冷冻浓缩是利用稀溶液和固体冰在凝固点下的平衡关系，即利用有利的液固平衡条件。冷冻浓缩时，部分水分因放热而结冰，之后采用机械分离方法将浓缩液与冰晶进行分离。蒸发浓缩和冷冻浓缩，两相都是直接接触的，故称平衡浓缩。

非平衡浓缩是利用半透膜来分离溶质和溶剂的过程，分离不是靠两相的直接接触，两相采用半透膜隔开，由此称之为非平衡浓缩。

2. 浓缩的目的

(1) 作为干燥的预处理，以降低产品的加工热耗，节约能源。例如鲜乳中含有87.5%～89%的水分，要制成含水量为3%的乳粉，需要去除大量水分。若采用真空浓缩，每蒸发1kg水分，需要消耗1.1kg的加热蒸汽，而用喷雾干燥，每蒸发1kg水分需要消耗3～4kg蒸汽，故先浓缩后干燥，可以大大节约热能。

(2) 提高乳中干物质的含量，喷雾后使乳粉颗粒粗大，具有良好的分散性和冲调性，同时能提高乳粉的回收率，减少损失。

(3) 改善乳粉的品质和贮藏性。经过真空浓缩，使存在于乳中的空气和氧气的含量降低，一方面可除去不良气味，另一方面可减少对乳脂肪的氧化，因而可提高产品的品质及贮藏性。

(4) 增加黏度。对加工酸凝乳等产品来说，浓缩会增加其稠度。

3. 乳浓缩的方法

(1) 自然蒸发　溶液中的溶剂（通常为水）在低于其沸点的状态下进行蒸发，溶剂的汽化只能在溶液的表面进行，蒸发速率较低，乳品工业上几乎不采用。

(2) 沸腾蒸发　将溶液加热使其达到某一压力下的沸点，溶剂的汽化不但在液面进行，而且几乎在溶液的各部分同时产生汽化现象，蒸发速率高。工业生产上普遍采用沸腾蒸发。根据液面上方压力的不同，沸腾蒸发又可分为以下两种。

① 常压蒸发　蒸发过程是在大气压力状态下进行的，溶液的沸点就是某种物质本身的沸点，蒸发速度慢。乳品工业上最早使用的平锅浓缩就是常压浓缩，但目前该蒸发方法几乎已不采用。

② 减压蒸发　即真空浓缩，是利用抽真空设备使蒸发过程在一定的负压状态下进行，溶液的沸点低，蒸发速率高。由于压力越低溶液的沸点就越低，所以整个蒸发过程都是在较低的温度下进行的，特别适合热敏性物料的浓缩，目前减压蒸发在乳品工业生产中得到广泛应用。

牛乳浓缩的程度如何将直接影响乳粉的质量，牛乳浓缩的程度视各厂的干燥设备、浓缩设备、原料乳的性状、成品乳粉的要求等而异，一般浓缩到原料乳的1/4，即乳固体含量为40%～50%。通常，当浓缩终了时，测其相对密度或黏度以确定浓缩终点，此时的相对密度、黏度（50℃）见表5-1。

表 5-1 浓缩乳的相对密度和黏度

名称	相对密度	黏度(莫球尼尔黏度)/(m^2/s)
全脂浓缩乳	1.110～1.125	<70
脱脂浓缩乳	1.160～1.180	<60

需要指出的是，这里的相对密度和黏度并不一定成正比例关系，但喷雾干燥一般与黏度有密切关系，所以，有的工厂以测黏度为主、相对密度为辅。在相同黏度下，乳固体含量高者对喷雾干燥有利，所以都在研究如何在浓缩中不使黏度显著增高。

4. 牛乳真空浓缩的特点及其设备

(1) 牛乳真空浓缩的特点　由于牛乳属于热敏性物料，浓缩宜采用减压浓缩法。减压浓缩法的优点如下：

① 牛乳的沸点随压力的升高或下降而增高或降低，真空浓缩可降低牛乳的沸点，避免了牛乳高温处理，减少了蛋白质的变性及维生素的损失，对保全牛乳的营养成分，提高乳粉的色、香、味及溶解度有益。

② 真空浓缩可极大地减少牛乳中空气及其他气体的含量，起到一定的脱臭作用，这对改善乳粉的品质及提高乳粉的保存期有利。

③ 真空浓缩加大了加热蒸汽与牛乳间的温度差，提高了设备在单位面积单位时间内的传热量，加快了浓缩进程，提高了生产能力。

④ 真空浓缩为使用多效浓缩设备及配置热泵创造了条件，可部分地利用二次蒸汽，节省了热能及冷却水的耗量。

⑤ 真空浓缩操作是在低温下进行的，设备与室温间的温差小，设备的热量损失少。

⑥ 牛乳自行吸入浓缩设备中，无需进行料泵。

真空浓缩的不足之处：一是真空浓缩必须设置真空系统，增加了附属设备和动力消耗，工程投资增加；二是液体的蒸发潜热随沸点降低而增加，因此真空浓缩的耗热量较大。

(2) 真空浓缩设备

① 盘管式浓缩设备　盘管式浓缩设备由盘管式加热室、蒸发室、冷凝器、真空泵、除沫器、进出料口等组成，其结构如图 5-1 所示。

该设备的工作原理是：当乳由进料口进入浓缩锅时，盘管内的热蒸汽对通过盘管的乳进行加热，乳受热膨胀，相对密度降低，使乳上浮到液面时发生汽化，从而使浓度增加，相对密度变大，从温度较低的盘管中心处下降，形成乳沿锅壁及盘管处上升、从盘管中心下落的循环状态。产生的二次蒸汽通入冷凝器中凝结后排出，加热蒸汽使用后通过汽水分离器排出。这种设备的特点是结构简单，制造方便，能连续进料，不能连续出料，效率较低，适用于小型加工厂。

② 升膜式浓缩设备　单效升膜式浓缩设备结构简单，生产能力强，蒸发速度快，蒸汽消耗低，可连续生产，中、小型乳品厂使用较适合；缺点是加热管径长，焦管不易清洗，料浓时，不易上升且不易形成膜状，料少时，易焦管，故不适于炼乳生产，具体设备结构如图 5-2所示。

其工作原理是：乳从加热器底部进入加热管，蒸汽在管外对乳进行加热，加热管中的乳在管的下半部只占管长的 1/5～1/4。乳加热沸腾后产生大量的二次蒸汽，其在管内迅速上升，将牛乳挤到管壁，形成薄膜，进一步被浓缩。在分离器高真空吸力作用下，浓缩乳与二次蒸汽沿切线方向高速进入分离器。经分离器作用浓缩乳沿循环管回到加热器底部，与新进入的乳混合后再次进入加热管进行蒸发，如此循环直至达到要求浓度后，一部分浓缩乳由出

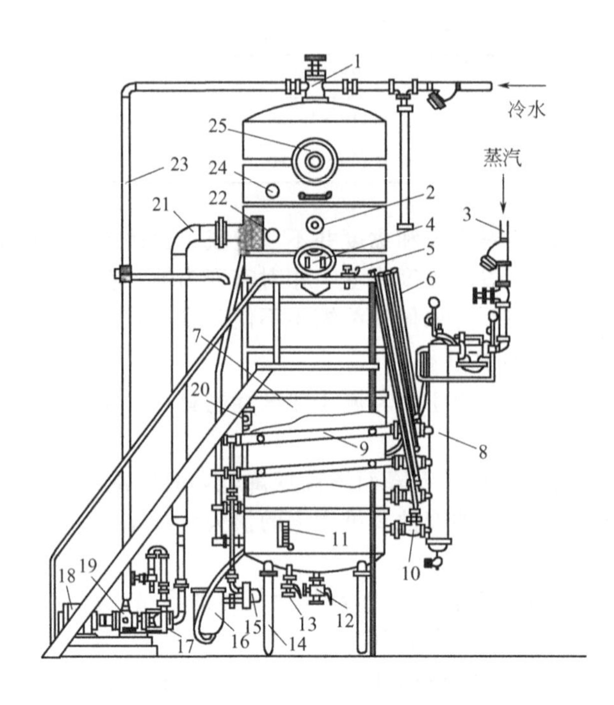

图 5-1　盘管式单效真空浓缩装置

1—冷水分配头；2—视镜；3—加热蒸汽总管；4—人孔；5—放空旋塞；6—蒸汽阀门操纵杆；7—浓缩罐；8—蒸汽分配器；9—盘管；10—蒸汽阀门；11—温度计；12—放料旋塞；13—取样旋塞；14—罐体支架；15—汽水分离器；16—排水器；17—冷却水排水泵；18—电动机；19—真空泵；20—料液进口旋塞；21—冷却水排水管；22—蒸汽压力表；23—不凝气体排出管；24—真空表；25—观察孔

料泵抽出，另一部分继续循环。一般要求出料量与蒸发量及进料量达到平衡，乳浓度由出料量进行控制。

单效升膜式浓缩设备的操作方法与盘管式浓缩设备大致相似，当牛乳自加热器底部进入后，由于真空及牛乳自蒸发（超沸点进料时）的关系，片刻后牛乳自分离器的切线入口喷出。牛乳喷出后，即稍开启加热蒸汽，于是循环加剧。同时，相应减少进乳量，必要时进行加压，待操作正常后，重新调整进乳量及加热蒸汽的使用压力。一般经 5～10min 的浓缩（视不同产品而异）待浓度达到要求时便可出料。

双效升膜式浓缩设备的构造及原理与单效相似，只是多一个加热器进行二次蒸发。

③ 降膜式浓缩设备　降膜式浓缩设备也有单效和多效之分。其构造及工作原理相似，区别也在加热器多少。降膜式浓缩设备构造如图 5-3 所示。

单效降膜蒸发设备：牛乳首先在低压下预热到等于或略高于蒸发温度的温度，然后从预热器流至蒸发器顶部的分配系统。由于蒸发器内形成真空，蒸发温度低于 100℃。当牛乳离开喷嘴时扩散开来，使部分水立刻蒸发，此时生成的蒸汽将牛乳压入管内，使牛乳呈薄膜状，沿着管的内壁向下流动。流动中，薄膜状牛乳中的水分很快蒸发。蒸发器下端安装有蒸汽分离器，经蒸汽分离器将浓缩牛乳与蒸汽分开。由于同时流过蒸发管进行蒸发的牛乳很少，降膜式蒸发器中的牛乳停留时间非常短（约 1min），这对于浓缩热敏感的乳制品相对有益。

④ 多效真空浓缩蒸发设备　从溶液中汽化水需消耗很多能量，这种能量是以蒸汽的形式提供，为了减少蒸汽消耗量，蒸发设备通常被设计成多效，即两个或者多个单元在较低的

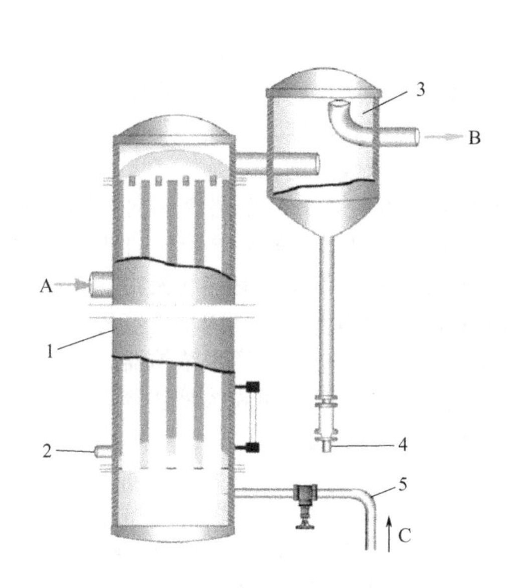

图 5-2 升膜式蒸发设备结构

1—加热蒸发室；2—冷凝水出口；3—分离器；
4—浓缩液出口；5—料液进口
A—加热蒸汽；B—二次蒸汽；C—料液

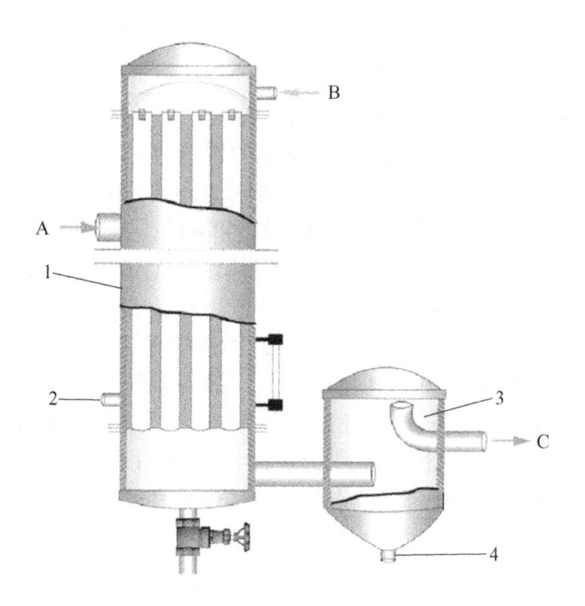

图 5-3 降膜式蒸发设备结构

1—加热蒸发室；2—冷凝水出口；
3—分离器；4—浓缩液出口
A—加热蒸汽；B—料液；C—二次蒸汽

压力下操作，从而获得较低的沸点。

多效蒸发器，其特点是上一效蒸发器的蒸汽作为下一效蒸发器的热源。各效蒸发器与冷凝器和抽真空相连，真空度越高，蒸发温度就越低。在多效蒸发器内，牛乳通常是由高温到低温。在整个操作过程中，各效之间的温度差几乎是相等的，皆为15℃左右，而且每一效蒸发掉的水分也大致相等。

多效降膜式蒸发器，第一效温度最高，最后一效温度最低，最高温度与最低温度之间的温度差由各效平均分布，即效数越多，相邻两效温差越小。要达到一定的蒸发速度，就必须增加加热面积，但是如果超过4效，能量的节省就会显著减少，实际应用中超过7效的很少见。

（3）影响浓缩效果的因素

① 浓缩设备条件的影响　主要因素有加热总面积、加热蒸汽与乳之间的温差、乳的翻动速度等。加热面积越大，供给乳的热量越多，浓缩速度就越快。加热蒸汽与乳之间温差越大，蒸发速度越快。一般用提高真空度降低牛乳沸点、增加蒸汽压力能提高蒸汽温度的方法来加大温差，但压力过大会出现“焦管”现象，影响产品质量，一般压力控制在0.5～2kgf/cm^2(1kgf/cm^2＝98.0665kPa)，翻滚速度越大，乳热交换效果越好。

② 乳的浓度与黏度的影响　乳的浓度与黏度对乳的翻滚速度有影响。浓缩初期，由于乳的浓度低、黏度小，翻滚速度快。随着浓缩的继续，乳的浓度逐渐提高、黏度逐渐增大，翻滚速度也减缓。

③ 加糖的影响　加糖可提高乳的黏度，延长浓缩时间。一般把乳浓缩到接近所需浓度时再将糖浆加入。

（4）真空蒸发浓缩设备的选择　料液的性质对蒸发有很大的影响，在选择和设计蒸发器时，要充分认识到这种影响。可根据物料的以下几种特性，按不同的需要选择相适应的蒸发浓缩设备。

① 发泡性　有些料液在浓缩过程中，会产生大量气泡。这些气泡易被二次蒸汽带走进入冷凝器，一方面造成溶液的损失，增加产品的损耗；另一方面会污染其他设备，严重时造成不能工作。发泡性料液浓缩时，应降低蒸发器内二次蒸汽的流速，防止跑泡现象，或在浓缩器的结构上考虑消除发泡的可能性，同时要尽量设法分离回收泡沫。一般采用管内流速很大的升膜式浓缩器或其他强制循环式浓缩器，用高速气流来冲破气泡。

② 黏滞性　对于高黏滞性物料，首先从流体动力学观点看，有一个层流倾向问题，即使物料受到强烈的搅拌，传热附近总存在不能忽视的层流内层，严重影响传热的速率。同时，由于上述原因，也还会产生结垢、局部停留时间长等一系列问题。有些料液在蒸发浓缩过程中随着浓度增加，黏度也随着增加，从而使流速降低，传热系数随之减小，蒸发过程中的传热速率预期也逐渐降低。故对黏滞性较高的料液，不宜选用自然循环型浓缩器，一般采用由外力强制的循环或搅拌措施，可选强制循环型、刮板式或降膜式薄膜浓缩器等。

③ 热敏性　牛乳主要由水、蛋白质、脂肪、乳糖、维生素、盐类和酶类等组成，其中很多为热敏性物质成分，这些热敏性物质在高温下或长时间受热时会受到破坏（如褐变、变性、氧化等作用），从而影响产品色、香、味等质量指标。热敏性物料的变化与加热的温度和时间均有关系，若温度较低，变化很慢；温度虽然很高，若受热时间很短，变化也很小。蒸发浓缩要严格考虑加热温度和加热时间，加热温度和加热时间两者是不可分割的，要将温度和时间作为统一体来考虑。牛乳这类热敏性料液应采用停留时间短、蒸发温度低的蒸发浓缩设备。

由于料液的沸点与外压有关，低压可使料液沸点降低，所以采用真空蒸发浓缩可较有效地满足此项要求。缩短蒸发操作时的加热时间，可采用缩小料液在蒸发器内的平均停留时间和局部性停留时间的方法。因此，一般可采用薄膜式或真空度较高的蒸发浓缩器。

④ 结垢性　热蒸发浓缩是一个热交换的过程，有些料液尤其是其中的热敏性成分，会在加热界面上生成垢层，垢层热导率低，严重影响热交换效率。所以，对容易生成垢层的料液，可采用提高流速的工艺，最好选取流速较大的强制循环型或升膜式浓缩设备。对垢层要定期清洗，垢层可采用化学药品清洗，也可用机械方法剥除或采用电磁防垢措施。

⑤ 腐蚀性　通常在设计蒸发器时必须考虑腐蚀性问题，即使是轻度的腐蚀，其所引起的污染往往为产品规格所不允许，浓缩设备的材料必须能抵抗腐蚀。一般蒸发浓缩器接触液体部分多采用不锈钢或各种覆有防腐涂层材料的钢材结构。

⑥ 结晶性　在蒸发浓缩过程中，有些料液在浓度增加时，会析出晶粒沉积于传热面上，从而影响传热效果，严重时甚至会堵塞加热管。对于易结晶性料液的蒸发浓缩，应采用带搅拌的浓缩器或强制循环浓缩器。

四、干燥

干燥是乳粉生产中很关键的一道工序。浓缩乳中一般含有50%～60%的水分，通过对浓缩乳的干燥可除去其所含的大部分水分，得到营养价值高、贮藏期长、方便运输的乳粉制品。在乳及乳制品生产上，干燥设备主要用于牛乳、脱脂乳、乳清、奶油、冰激凌混合料、蛋白质浓缩物、婴儿食品等的生产过程中。

1. 乳粉的干燥方法

干燥方法分为冷冻干燥法和加热干燥法。其中冷冻干燥法包括离心法和升华法；加热干燥法包括平锅法、滚筒干燥法、流化床干燥法和喷雾干燥法等。虽然冷冻干燥法产品的蛋白质变性率低，在蛋白质品质保存上具有明显优势，但是由于能耗太高，在乳品工业中并没有得到广泛应用。

2. 干燥类型

（1）滚筒干燥　滚筒干燥是一种接触式内加热传导型的干燥，主要用于膏状和高黏度物料的干燥。干燥机按滚筒的数量分为单滚筒、双滚筒、多滚筒干燥机；按操作压力分为常压式和真空式两种；按布膜形式分为顶部进料、浸液式、喷洒式。

① 设备结构　滚筒干燥机械的结构主要包括：滚筒、布膜装置、刮料装置、传动装置、设备支架、抽气罩或密封装置、产品输送和最后干燥器等。如图 5-4 所示为对滚式双滚筒干燥机结构图。滚筒主要包括筒体、端盖、端轴及轴承。布膜装置主要包括料槽、喷淋器、搅拌器、膜厚控制器。刮料装置主要包括刮刀、支承架、压力调节器。传动装置主要包括电动机、减速装置及传动件。

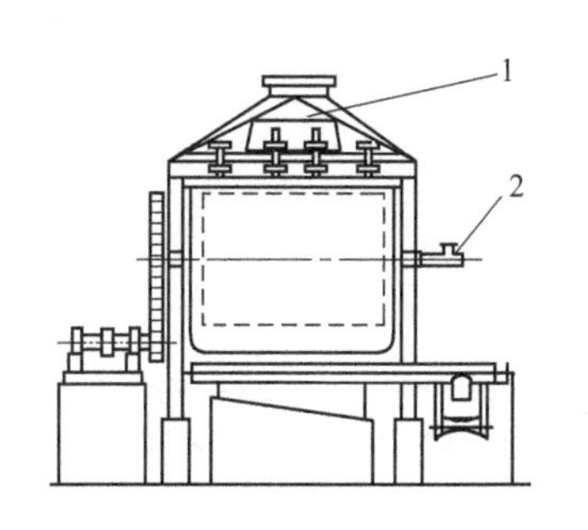

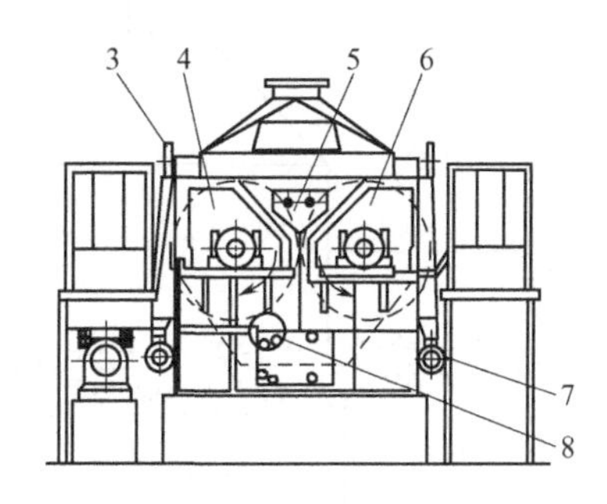

图 5-4　对滚式双滚筒干燥机

1—密封罩；2—进气口；3—刮料器；4—主动滚筒；5—料堰；6—从动滚筒；7—螺旋输送器；8—传动齿轮

② 工作原理　滚筒干燥机工作原理如图 5-5 所示。料液通过布膜装置在滚筒上形成薄膜状，热量由滚筒的内壁传到其外壁，将附在滚筒外壁面上的液膜状物料加热蒸发水分，随着滚筒转动，料液被不断干燥，并由刮料装置刮下，由产品输送装置排出。滚筒干燥机械是一种连续式干燥生产机械，物料以膜状形式附于滚筒上，物料能否附着滚筒成膜以及所成的膜能否有利于干燥，与物料性质（形态、表面张力、黏附力、黏度等）、滚筒的线速度、筒壁温度、筒壁材料及布膜方式等因素有关。料膜的干燥过程分为预热、等速和降速三个阶段进行。

③ 特点及用途　滚筒干燥适应范围广，操作弹性大，热效率较高。由于滚筒表面温度高，产品质量较差，常用于膏状和高黏度物料的干燥，特别是预糊化食品的干燥。由于常压滚筒干燥法生产的乳粉呈片状，冲调性差，风味差，色泽较暗，国内很少采用此法生产乳粉。而真空式滚筒干燥适合热敏性非常高的物料，生产的产品风味好、营养损失少，目前应用较多的是采用真空滚筒干燥法生产婴儿乳粉。

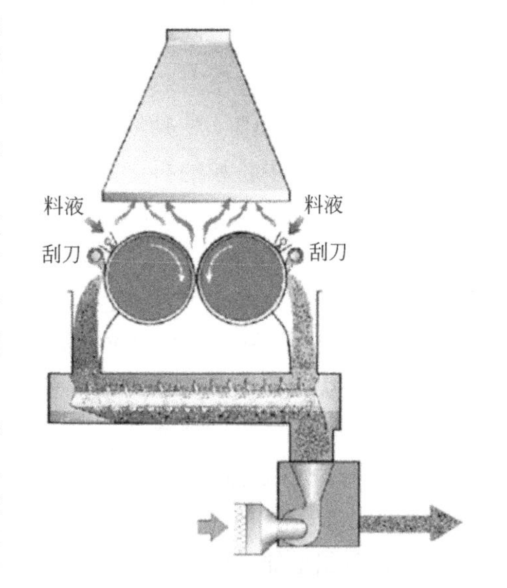

图 5-5　喷洒式双滚筒干燥原理

(2) 流化床干燥　流化床干燥用于固体颗粒类物料的干燥处理，它将固体颗粒在沸腾状态下通过干燥介质，使固体颗粒在沸腾状态下进行干燥。流化床干燥又称作沸腾床干燥，在乳及乳制品生产过程中常与喷雾干燥配合使用。

流化床按设备结构形式分为单层流化床干燥器、多层流化床干燥器、卧式分室流化床干燥器、喷动床干燥器、脉冲流化床干燥器、振动流化床干燥器、惰性粒子流化床干燥器、锥形流化床干燥器等；按操作情况分为间歇式和连续式。

① 设备结构　乳品工厂最常用的是振动流化床干燥器。振动流化床干燥器主要由分配段、流化（沸腾）段和筛选段三部分组成（如图 5-6 所示）。在分配段和筛选段下部均有热空气进入。在平板的振动下，物料均匀地被送入流化段进行流化干燥，干燥后进入筛选段进行分级分选，将细粉和大块去掉，中间型即为合格成品。

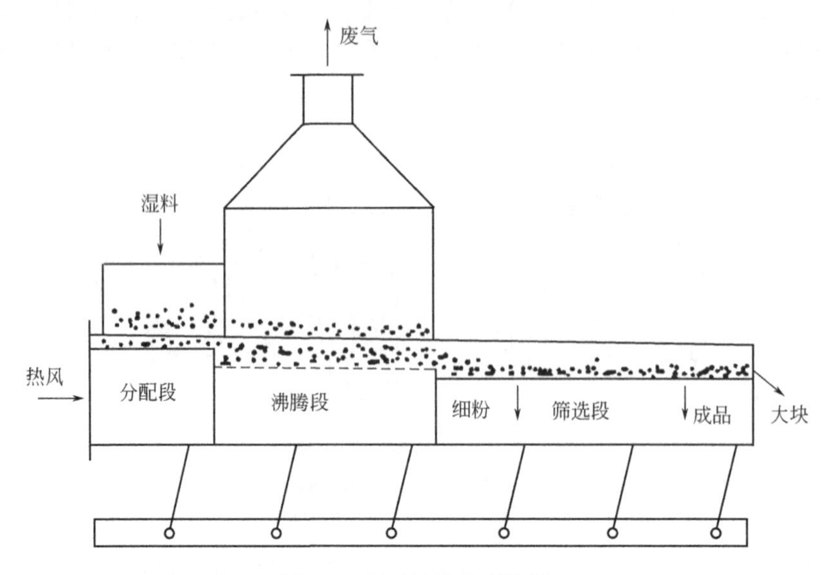

图 5-6　振动流化床干燥器

② 工作原理　流化床是指在一个设备中，将颗粒物料堆放在分布板上，气流由设备下部通入床层，随着气流速度加大到某种程度，固体颗粒在床内产生沸腾。通常采用热空气为流化介质。在干燥湿物料时，热空气既为流化介质，又是干燥介质，起了双重作用。被干燥物料则在热空气流中一方面被吹起、翻滚、互相混合和摩擦碰撞，另一方面又在进行传热和传质，从而达到干燥的目的。

③ 特点及用途　流化床干燥器的特点是装置简单，设备造价低廉，维修费用低；物料与干燥介质接触面大，搅拌激烈，表面更新机会多，热传导效果好；易于控制制品的含水率；干燥速度快，物料停留时间短。

流化床干燥器适宜于对热敏性物料的干燥，被干燥物料的颗粒度要求在 30μm～6mm，可用于干燥过粗或过细、易黏结、不易流化的物料以及对产品质量有特殊要求的物料。其常用于乳粉生产过程中粉粒的再干燥、冷却、粉粒附聚等。

（3）喷雾干燥

① 喷雾干燥的原理　喷雾干燥法是乳和各种乳制品生产中最常见的干燥方法。其原理是使浓缩乳在机械力（压力或高速离心力）的作用下，在干燥室内通过雾化器将乳分散成极细小的雾状微滴（直径为 10～100μm），使牛乳表面积增大。雾状微滴与通入干燥室的热空气直接接触，从而大大地增加了水分的蒸发速率，在瞬间（0.01～0.04s）使微滴中的水分蒸发，乳滴干燥成乳粉，降落在干燥室底部。如图 5-7 所示为喷雾干燥示意。

雾滴直径 D 与表面积 S 增加的倍数之间的关系不是简单的线性关系。一般从直径为 1cm 的球体分散为直径为 50μm 的微粒时，其表面积增加约 200 倍，如果分散成 1μm 的球体，则其表面积增加 10000 倍。由于单位质量的物料的表面积越大，则热交换越迅速，水分除去越快，物料受热时间缩短，产品质量提高。因此，雾化液滴的直径对产品质量有较大的影响。

② 喷雾干燥的特点

a. 喷雾干燥的优点

ⓐ 干燥速度快，物料受热时间短，浓缩乳经雾化分散成无数直径为 10～100μm 大小的微粒，表面积大大增加。微粒与干热空气接触后水分蒸发速度很快，整个干燥过程仅需 10～30s。牛乳营养成分的破坏程度较小，乳粉的溶解度高、冲调性好。

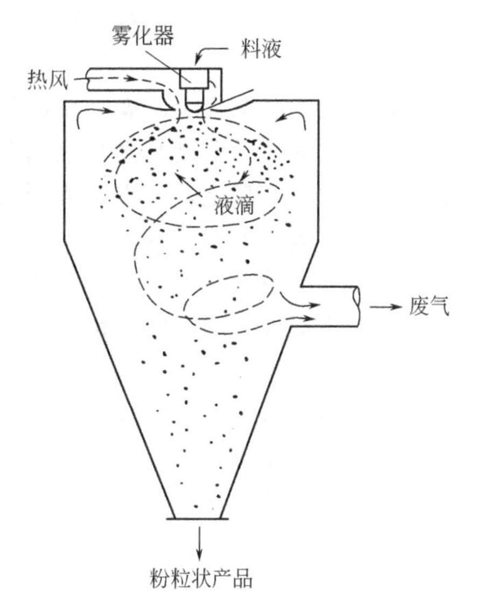

图 5-7　喷雾干燥示意

ⓑ 整个干燥过程中乳粉颗粒表面的温度较低，不会超过干燥介质的湿球温度（50～60℃），从而可以减少牛乳中一些热敏性物质的损失，且产品具有良好的理化性质。

ⓒ 工艺参数可以方便地调节，产品质量容易得到控制，同时也可以生产有特殊要求的产品。

ⓓ 整个干燥过程都是在密闭的状态下进行的，产品不易受到外来的污染，从而最大程度地保证了产品的质量。

ⓔ 操作简单，机械化、自动化程度高，操作人员少，劳动强度低，生产能力大。

b. 喷雾干燥的缺点

ⓐ 喷雾干燥过程中，一般用饱和蒸汽加热干燥介质，加热后干燥介质的温度为 130～170℃。如用电热或燃油炉加热，可使干燥介质的温度提高至 200℃以上，但考虑到影响乳粉的质量，干燥介质的温度受到一定的限制，一般不宜超过 200℃。故所需的干燥设备体积较大，占地面积大或需多层建筑，投资大，干燥室的水分蒸发强度一般仅达到 2.5～4.0kg/(m^3·h)。

ⓑ 为了保证乳粉水分含量的要求，必须严格控制各种产品干燥时排风（废气）的相对湿度，一般在乳粉生产上排风的相对湿度为 10%～13%，故需耗用较多的空气量，从而增加了风机的容量及电耗，同时也增加了粉尘回收装置的负荷，在一定程度上影响了粉尘的回收，影响了产品得率。

ⓒ 喷雾干燥室内壁一般均粘有乳粉，个别设备较为严重，清除困难，清理时劳动强度较大，且粘壁的那一部分乳粉由于受热程度不同，其溶解度将低于其他部分的乳粉。

③ 喷雾干燥的过程　喷雾干燥是一个较为复杂的过程，它既要将浓缩乳中的绝大部分水分除去，又要最大限度地保留牛乳的营养价值，使产品达到一定的质量要求。喷雾干燥过程包含浓缩乳微粒表面水分的汽化和微粒内部水分不断地向表面扩散然后蒸发两个过程，只有当微粒的水分超过其平衡水分、微粒表面的蒸汽压力超过干燥介质的蒸汽分压时，干燥过程才能进行。喷雾干燥过程一般可以分为以下三个干燥阶段：

a. 预热阶段　浓缩乳经雾化与干燥介质一经接触，干燥过程即行开始，微粒表面的水分即汽化。若微粒表面温度高于干燥介质的湿球温度，则微粒表面因水分的汽化而使其表面温度下降至干燥介质的湿球温度。若微粒表面温度低于湿球温度，干燥介质供给其热量，使其表面温度上升至干燥介质的湿球温度，则称为预热阶段。预热阶段持续到干燥介质传给微粒的热量，与用于微粒表面水分汽化所需的热量达到平衡时为止。在这一阶段，干燥速度迅速地增大至某一最大值，即进入恒速干燥阶段。

b. 恒速干燥阶段　当微粒的干燥速度达到最大值后，即进入恒速干燥阶段。在此阶段，浓缩乳微粒水分的汽化发生在微粒的表面，微粒表面的水蒸气分压等于或接近于水的饱和蒸气压；微粒水分汽化所需的热量取决于干燥介质，微粒表面的温度等于干燥介质的湿球温度（一般为50～60℃）。

干燥速度主要取决于干燥介质的状态（温度、湿度以及气流的状况等）。干燥介质的湿度越低，干燥介质的温度与微粒表面湿球温度间的温度差越大，微粒与干燥介质接触越好，则干燥速度越快；反之，干燥速度则慢，甚至达不到预期的目的。恒速干燥阶段的时间是极其短促的，仅为0.01～0.04s。

c. 降速干燥阶段　由于微粒表面水分的不断汽化，微粒内部水分的扩散速度不断变缓，不再使微粒表面保持潮湿时，恒速干燥阶段即告结束，进入降速干燥阶段。

在降速干燥阶段，微粒水分的蒸发将发生在其表面内部的某一界面上，当水分的蒸发速度大于微粒内部水分的扩散速度时，则水汽在微粒内部形成，若此时颗粒呈可塑性，就会形成中空的干燥乳粉颗粒，乳粉颗粒的温度将逐步超出干燥介质的湿球温度，并逐步接近干燥介质的温度，乳粉的水分含量也接近或等于该干燥介质状态的平衡水分。此阶段的干燥时间较恒速干燥阶段长，一般需15～30s。

④ 喷雾干燥的雾化方法　喷雾干燥按浓缩乳雾化方法分，主要有压力喷雾干燥法和离心喷雾干燥法。

a. 压力喷雾干燥法　在压力喷雾干燥中，浓缩乳的雾化是通过高压泵给乳施加70～200kgf/cm^{2}的压力，使其通过直径为0.5～1.5mm的喷头来完成的。其雾化的原理是当浓缩乳在高压泵的作用下通过一狭小的喷嘴后，瞬间得以雾化成无数微细的小液滴。

b. 离心喷雾干燥法　在离心喷雾干燥中，浓缩乳的雾化是利用在水平方向作高速旋转的圆盘产生的离心力来完成的。其雾化的原理是当浓缩乳在泵的作用下进入高速旋转的转盘中央时，由于受到很大的离心力作用而以高速被摔向四周，形成液膜、乳滴，并在热空气的摩擦、撕裂作用下分散成微滴，进行干燥。

根据物料雾化后的运动方向与干燥介质气流相对运动的方式可将喷雾干燥分为并流干燥法、逆流干燥法和混流干燥法，如图5-8所示。

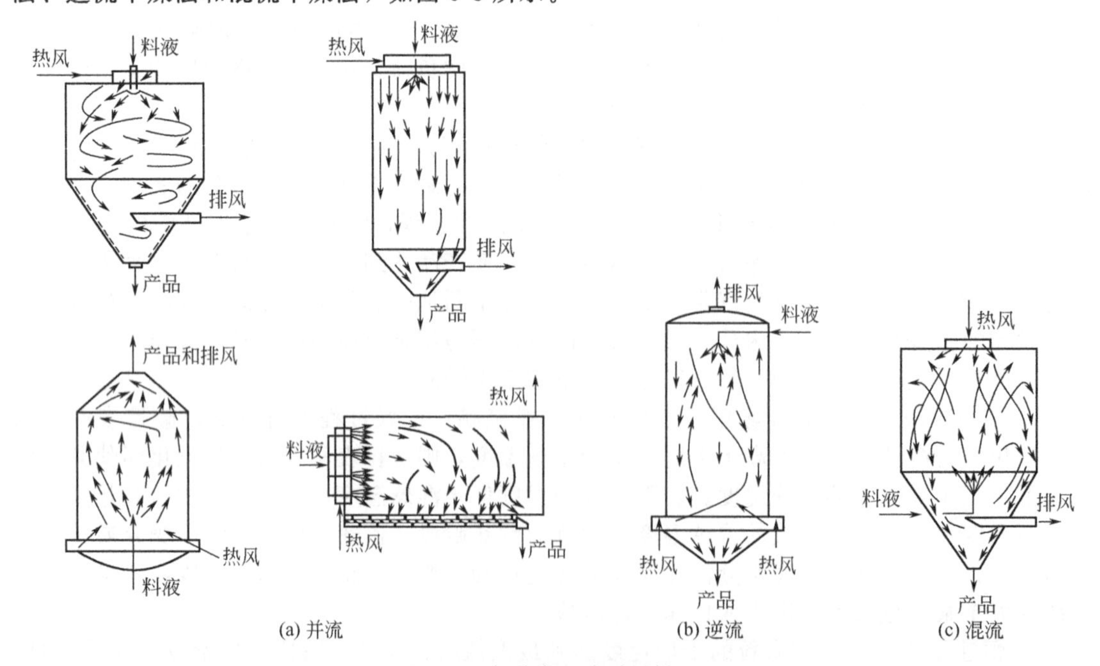

图5-8　各种类型喷雾干燥室

⑤ 立式喷雾干燥塔 干燥塔按干燥室结构形式分为立式干燥塔和卧式干燥塔。目前乳品工厂多采用立式干燥塔。

喷雾干燥系统结构如图 5-9 所示。

喷雾干燥设备的基本结构介绍如下：

a. 空气加热系统 包括空气过滤器、进（鼓）风机、空气加热器、热风分配器等。

b. 雾化系统 包括料液贮存器、过滤器、供料装置、雾化器等。

c. 干燥室 分为立式和卧式两种。不同的雾化装置，其干燥室的设计形式不同。

d. 产品收集系统 包括出粉器、贮粉装置、产品冷却装置、产品粒度筛分（分级）装置等。

e. 废气排放及微粉回收系统 包括捕粉装置、排风装置等。

f. 系统控制装置及废热回收装置 包括控制柜、热量回收装置等。

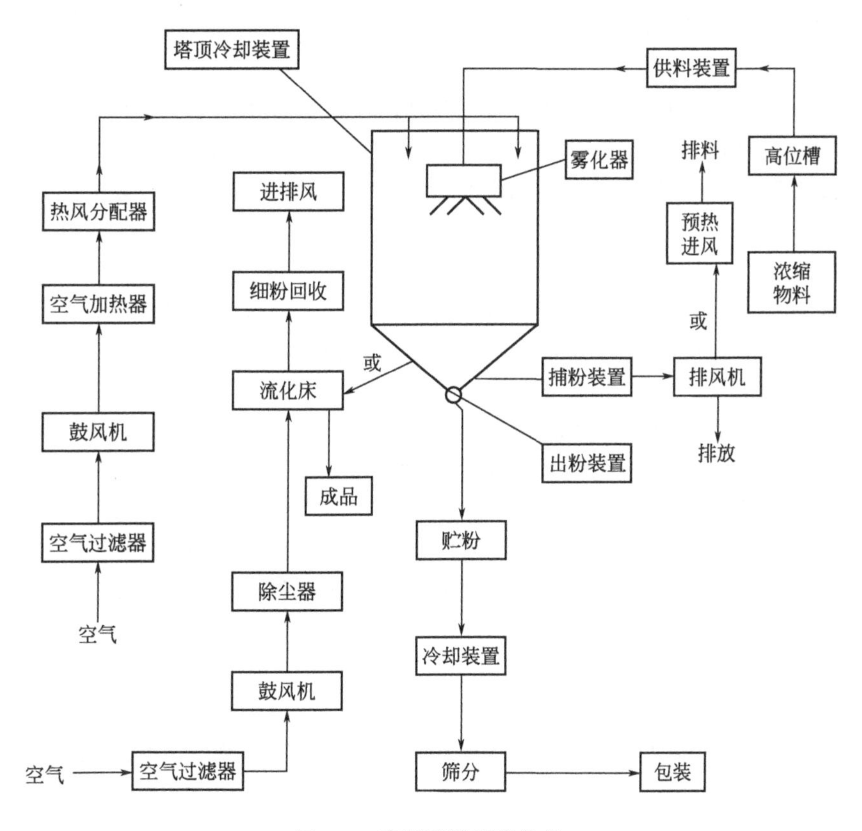

图 5-9 喷雾干燥系统结构

五、全脂加糖乳粉生产工艺流程

全脂加糖乳粉生产工艺流程如图 5-10 所示。

六、操作要点

1. 原料乳的验收及预处理

加工乳粉所需的原料，必须符合国家标准中规定的各项要求。鲜乳经过严格的感官、理化及微生物检验合格后，才能够进入加工程序。鲜乳经过验收后应及时进行过滤、净化、冷却和贮存等预处理。

2. 标准化

通过净乳机的离心作用可以把乳中难以过滤去除的细小污染物及芽孢分离，同时还能对

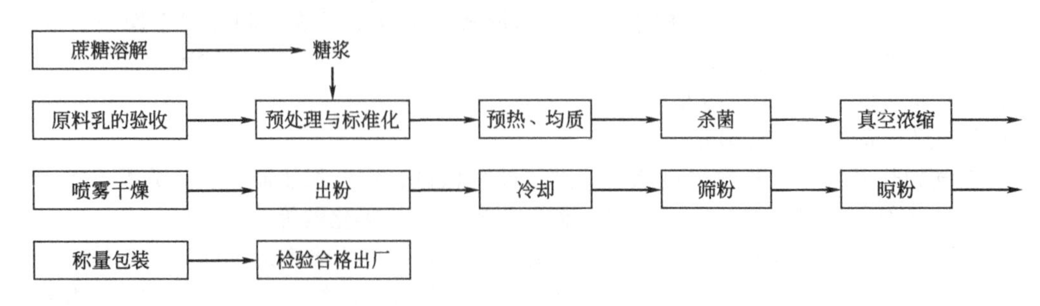

图 5-10　全脂加糖乳粉生产工艺流程

乳中的脂肪进行标准化。一般将全脂乳粉中的脂肪含量控制在 25%～30%，将全脂加糖乳粉中的脂肪含量控制在 20%以上。

3. 预热、均质

生产全脂乳粉、全脂加糖乳粉及脱脂乳粉时，一般不必经过均质操作，但若乳粉的配料中加入了植物油或其他不易混匀的物料时，就需进行均质。均质时的压力一般控制在 14～21MPa，温度控制在 60℃为宜。均质后脂肪球变小，从而可以有效地防止脂肪上浮，并易于消化吸收。

4. 加糖

在生产全脂加糖乳粉时，需要向乳中加糖。加糖的方法有：①净乳之前加糖；②将杀菌过滤的糖浆加入浓缩乳中；③包装前加蔗糖细粉于乳粉中；④预处理前加一部分糖，包装前再加一部分。

选择何种加糖方式，取决于产品配方和设备条件。当产品中含糖在 20%以下时，最好是在 15%左右，采用以上①或②法加糖为宜。当糖含量在 20%以上时，应采用以上③或④法加糖为宜。因为蔗糖具有热熔性，在喷雾干燥时流动性较差，容易粘壁和形成团块。带有二次干燥的设备，采用加干糖法为宜。以溶解加糖法制成的乳粉冲调性好于加干糖的乳粉，但是密度小，体积较大。无论采取何种加糖方法，均应做到不影响乳粉的微生物指标和杂质度指标。

5. 杀菌

乳粉中不允许存在病原菌。一般的腐败性细菌是引起产品变质的重要因素。乳中含有解脂酶和过氧化物酶对产品贮藏性不利，必须在杀菌过程中将其钝化。因此，乳粉生产中杀菌的主要目的是杀灭各种病原菌，并破坏各种酶的活力，如杀灭金黄色葡萄球菌等大部分腐败菌及其他微生物，破坏蛋白酶、酯酶、过氧化物酶等。

原料乳经过普通杀菌后（UHT 除外），各种致病菌、大肠杆菌、葡萄球菌可全部杀灭，一般细菌有 99.5%被杀死，但一些耐热的芽孢杆菌、小球菌和部分嗜热性乳酸链球菌可能残存下来。因此，乳粉成品不是绝对无菌的。乳粉之所以能长期保持乳的营养成分，主要是因为成品的含水量很低，使残存微生物细胞和周围环境的渗透压差值增大，从而发生所谓“生理干燥现象”。这时，乳粉中残存的微生物不仅不能繁殖，甚至还会死亡。

原料乳的杀菌方法，可以采用低温杀菌法、高温短时间杀菌法或超高温瞬时杀菌法等。选择杀菌条件与设备和干燥方法有关。喷雾干燥制造全脂乳粉，一般采用高温短时间杀菌法，其设备与浓缩设备相连。若使用列管式杀菌器，通常采用的杀菌条件为 80～85℃、5～10min；板式杀菌设备，选用 80～85℃、15s；若采用超高温瞬时杀菌装置则为 130～135℃、2～4s。而国外生产中采用较多的是 85～115℃、2～3min。

杀菌方法对全脂乳粉的品质特别是溶解度和贮藏性有很大影响，提高杀菌温度和延长时间直接影响溶解度等指标。因此必须根据制品的品质特性，选择合适的杀菌方法。超高温瞬时杀菌不仅几乎能将原料乳中的微生物全部杀死，而且，乳蛋白质可以达到软凝块化，营养成分破坏程度小，近年来为人们所重视。但须指出，高温长时间的杀菌加热会严重影响乳粉的溶解度。

6. 真空浓缩

目前我国所使用的浓缩设备有单效循环式升膜蒸发器、单效降膜式蒸发器、双效降膜式蒸发器和板式蒸发器等。我国乳粉加工厂目前使用双效和三效者居多。使用双效降膜式蒸发器控制蒸发室温度，第一效保持70℃左右，第二效为45℃左右。真空度一般保持在85.33～89.33kPa。

7. 喷雾干燥

(1) 喷雾干燥的工艺流程　如图5-11所示。

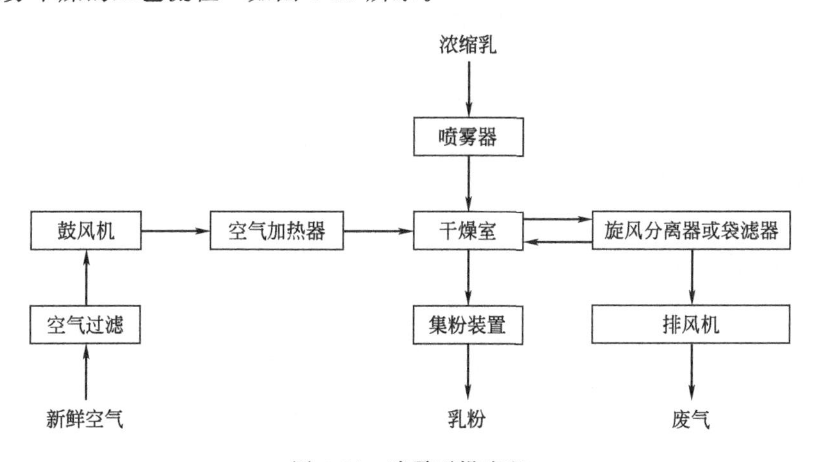

图5-11　喷雾干燥流程

(2) 喷雾干燥机组　喷雾干燥设备类型很多，但都是由干燥室、雾化器及其附属设备共同组成。

① 干燥室　干燥室是浓缩乳被喷雾器雾化成微小液滴与热空气进行热交换的场所。若根据干燥室外观结构划分，则可分为箱式和塔式两种。现在一般多使用塔式干燥室，也称为干燥塔，其底部有锥形底、平底和斜底三种。

干燥室热风筒周围要安装起冷却作用的夹套，以减轻乳粉干燥过程中的热变性焦化。干燥室内壁一般为不锈钢，外壳采用钢板结构，内外壁之间以绝热材料填充，通常用80～100mm厚的岩棉层保温。为了防止乳粉黏壁，需要在干燥塔壁装置多个打击锤，定时敲打塔壁，使黏粉及时脱离塔壁，防止造成乳粉过度受热以及出现焦粉。干燥室下部的锥角大都是60°或50°，干燥后的乳粉靠重力排出。干燥室还装有检查门、光源等，有的还配置安全灭火装置。

② 雾化器　雾化器是将浓缩乳稳定地雾化成均匀的乳滴，且均匀散布于干燥室的有效空间内，而不喷到壁上。它还能与其他喷雾条件配合，喷出符合质量要求的成品。

③ 高压泵　凡是压力式喷雾都需使用高压泵。高压泵一般为三柱塞式往复泵，可供产生高压和均质，使浓缩乳在高压力作用下由雾化器喷出，形成雾状。离心式喷雾不需要高压泵，使用一般乳泵即可。

④ 空气过滤器　浓缩乳在喷雾干燥过程中，吹入干燥室内的热风是吸收周围环境中的空气经加热而成的，吸入的空气必须经过过滤除尘。过滤器一般使用钢丝、尼龙丝、海绵、泡沫、塑料等物充填，约10cm厚。空气过滤器性能约为$100m^3/(m^2 \cdot min)$。通过的风压

控制在 147Pa，风速为 2m/s。过滤器应经常洗刷，保持其工作效率。

⑤ 空气加热器　空气加热器是用于加热吸入的冷空气，使之成为热风，供干燥雾化的浓缩乳用。它有蒸汽加热和燃油炉加热两种，前者可加热到 150～170℃，后者可加热到 180～200℃。空气加热器多用紫铜管和钢管制造，加热面积因管径、散热片及排列状态等因素而异。一般总传热膜系数为 29.08W/(m^2·K)。

⑥ 进、排风机　进风机的作用是吸入空气，并将加热的空气送入干燥室内，使雾化的浓缩乳干燥。同时排风机将浓缩乳蒸发出去的水蒸气及时排掉，以保持干燥室的干燥作用正常进行。为防止粉粒向外飞扬，干燥室需维持 98～196Pa 的负压状态，所以，排风机的风压要比进风机大。排风机风量要比进风机风量大 20%～40%。

⑦ 滤粉装置　滤粉装置的作用是将排风中夹带的粉粒与气流分离。常用的滤粉装置有旋风分离器、袋滤器或两者结合使用，也有湿回收器和静电回收器。

一般旋风分离器对 10μm 以下的细粉回收率不高，其分离效果与尺寸比例、光洁度、气流速度有关，一般认为 18～20m/s 的速度效果最好，与出料口的密封度也有关。袋滤器回收率较高，但操作管理麻烦。如将旋风分离器与袋滤器串联使用，效果较好。

分风箱安装在热风进入干燥室的分风室处，其作用是将进入热风分散均匀无涡流，与雾化的浓缩乳进行很好的接触，避免干燥室内出现局部积粉、焦粉或潮粉。

8. 冷却

喷雾干燥室温度较高，乳粉温度一般都在 60～65℃。高温下包装的乳粉，尤其是全脂乳粉，受热过久，游离脂肪增多，在贮藏期间容易引起脂肪氧化变质，产生氧化臭味；高温状态下的乳粉还容易吸收大气中的水分，影响溶解度和色泽，严重降低制品的质量。因此，迅速连续出粉，通过晾粉和筛粉使乳粉温度及时冷却至 30℃以下，是乳粉生产中重要的环节。筛粉一般采用机械振动筛，网眼为 40～60 目。过筛后可将粗粉、细粉混合均匀，并除去团块和粉渣。新生产的乳粉经过 12～24h 的贮藏，其表观密度可提高 5%左右，有利于包装。

9. 包装

由于乳粉颗粒的多孔性，表面积大，吸潮性强，所以，对称量包装操作和包装容器的种类都必须注意。尤其是全脂乳粉含有 26%以上的乳脂肪，易受光、氧气等的作用而变化，因此还要对包装室的空气采取调湿、降温措施，室温一般控制在 18～20℃，空气相对湿度以 50%～60%为宜。

需要长期贮藏的乳粉应采取真空包装或充氮密封包装。充氮包装是使用半自动或全自动的真空充氮封罐机，在称量装罐之后，抽成真空排除乳粉及罐内的空气，然后立即充以纯度为 99%以上的氮气进行密封，这是目前全脂乳粉密封包装最好的方法之一。该处理可使乳粉保质期达 3～5 年，否则保质期仅为半年或更少。

塑料袋简易包装成本低，劳动强度小，但对乳粉的贮藏性有一定的影响。目前复合薄膜包装材料正广泛地用于乳粉包装，虽然成本较高，但仍是很有发展前途的包装材料之一。

七、乳粉的质量缺陷

在乳粉的生产过程中，如果操作不当，就有可能出现各种质量缺陷。目前乳粉常见的质量缺陷主要有水分含量过高、溶解性差、易结块、颗粒形状和大小异常、有脂肪氧化味、色泽较差、细菌总数过高、杂质度过高等。

1. 乳粉水分含量过高

正常乳粉的水分含量在 2%～5%。乳粉中的水分含量过高，将会促进乳粉中残存的微生物生长繁殖，产生乳酸，使乳粉中酪蛋白变性而变得不可溶。乳粉中水分含量过高的主要原因如下：

① 喷雾干燥过程中进料量、进风温度、进风量、排风温度、排风量控制不当。

② 雾化器因阻塞等原因使雾化效果不好，导致雾化后的乳滴太大而不干燥。

③ 乳粉包装间的空气相对湿度偏高，使乳粉吸湿造成水分含量上升。包装间的空气相对湿度应该控制在50%～60%。

④ 乳粉冷却过程中，冷风湿度太大，从而引起乳粉水分含量升高。

⑤ 乳粉包装封口不严或包装材料本身不密闭。

2. 乳粉溶解性差

引起乳粉溶解性差的原因如下：

① 原料乳的质量差，混入了异常乳或酸度高的乳，导致蛋白质热稳定性差，受热易变性。

② 原料乳在杀菌、浓缩或喷雾干燥过程中温度偏高，或受热时间过长，引起乳蛋白质受热过度而变性。

③ 喷雾干燥时雾化效果不好，使乳滴过大，干燥困难。

④ 以不同干燥方法生产的乳粉溶解度亦有所不同。一般来讲，以滚筒干燥法生产的乳粉溶解度较差，仅为70%～85%，而以喷雾干燥法生产的乳粉溶解度可达99.0%以上。

⑤ 乳粉的贮存条件及时间对其溶解度也会产生影响。当乳粉贮存于温度高、湿度大的环境中时，其溶解度会有所下降。

3. 乳粉结块

乳粉极易吸潮而结块，这主要与乳粉中含有的乳糖有关。在乳粉干燥过程中操作不当使乳粉水分含量偏高或部分产品水分含量过高，产品在包装或贮存中吸收空气水分都会导致产品结块。

4. 乳粉颗粒形状和大小异常

乳粉颗粒的形状随干燥方法的不同而不同。乳粉颗粒大小及分布对产品质量的影响主要体现在：乳粉颗粒直径大，色泽好，则冲调性能和可湿性能好；如果乳粉颗粒大小不一，而且有少量黄色焦粒，则乳粉的溶解度就会较差，且杂质度高。影响乳粉颗粒形状及大小的因素如下。

① 雾化器出现故障，将有可能影响乳粉颗粒的形状。

② 干燥方法不同，将影响乳粉颗粒的形状和大小。

③ 同一干燥方法，不同类型的干燥设备，所生产的乳粉颗粒直径亦不同。例如压力喷雾干燥法中，立式干燥塔较卧式干燥塔生产的乳粉颗粒直径大。

④ 浓缩乳的干物质含量对乳粉颗粒直径有很大的影响。在一定范围内，干物质含量越高，则乳粉颗粒直径就越大，所以在不影响产品溶解度的前提下，应尽量提高浓缩乳的干物质含量。

⑤ 压力喷雾干燥中，高压泵压力的大小是影响乳粉颗粒直径大小的因素之一，使用压力低，则乳粉颗粒直径大，但前提是不能影响干燥效果。

⑥ 离心喷雾干燥中，转盘的转速也会影响乳粉颗粒直径的大小，转速越低，乳粉颗粒的直径就越大。

⑦ 喷头的孔径大小及内孔表面的光洁度状况也影响乳粉颗粒直径的大小及分布状况，喷头孔径大，内孔光洁度高，则得到的乳粉颗粒直径大，且颗粒大小均一。

⑧ 浓缩乳的黏度、输粉的方式等都将影响乳粉颗粒的形状及大小。

5. 乳粉中的脂肪变化

由于脂肪导致的质量缺陷主要是脂肪分解产生的酸败臭味和脂肪氧化臭味。乳粉出现脂肪氧化味的反应过程比较复杂，而且影响因素也很多。亚油酸、花生四烯酸等不饱和脂肪酸经氧化后，氧进入到这些物质双键处的不饱和醛基上，形成氢过氧化物，即出现脂肪氧化臭味的主体。

（1）预防措施　脂肪分解产生的酸败可从下述几个影响方面采取有效的预防措施。

① 将牛乳中的解脂酶在预热杀菌时彻底破坏，否则在随后的浓缩、喷雾干燥时的受热程度不足以将解脂酶破坏。

② 喷雾干燥前浓缩乳经过二级均质，可使乳粉中游离脂肪含量降低。

③ 在出粉及乳粉的输送过程中，应避免高速气流的冲击和机械擦伤。

④ 干燥后的乳粉应迅速冷却，以减少游离脂肪的产生。

⑤ 防止乳粉水分含量大于8.5%，否则因乳糖的结晶会促使游离脂肪增加。

（2）影响因素　影响产生氧化臭味的因素包括空气中的氧、光线、重金属、酶以及酸度等。

① 空气中的氧　由于氧化臭味产生的主要原因是氧进入到不饱和脂肪酸的双键处，所以在乳粉制造过程中，应尽可能避免与空气长时间接触，尽量提高浓缩时的浓度，尽量避免乳粉颗粒在喷雾时含有大量气泡，而且尽可能采用真空充氮包装。

② 光线和热　乳粉易受光线和热的影响而促进氧化。喷雾干燥时，乳粉在干燥箱内停留时间要尽可能短，如果不能及时出粉，则乳粉颗粒受热，游离脂肪增多，也容易发生氧化臭味。

③ 重金属　特别是二价铜离子，能够促进脂肪的氧化，含有1mg/kg时就有影响，超过1.5mg/kg以上，则显著地促进氧化反应的发生。其他重金属（三价铁）也有促进氧化的作用，但不像铜那样显著。所以，为防止乳粉（或乳制品）产生氧化臭味，最重要的是避免铜的混入，可使用不锈钢设备。

④ 原料乳的酸度　原料乳酸度过高也是使乳粉发生氧化臭味的一个原因。所以一定要严格控制牛乳的酸度。

⑤ 原料牛乳中的过氧化物酶　过氧化物酶是促进氧化的一个重要因素，必须在预热杀菌时将这种酶破坏，最好采用高温短时杀菌或超高温瞬时杀菌。

⑥ 乳粉中的水分含量　乳粉中水分应保持在适当含量，含水分太少，反而易发生氧化臭味。

6. 乳粉的色泽异常

乳粉出现异常颜色时，可能受到如下因素影响。

① 原料乳酸度过高而加入碱中和后，所制得的乳粉色泽较深，呈褐色。

② 牛乳中脂肪含量较高，则乳粉颜色较深。

③ 乳粉颗粒较大，则颜色较黄；乳粉颗粒较小，则颜色呈灰黄色。

④ 空气过滤器过滤效果不好或袋滤器长期不更换，会导致乳粉呈暗灰色。

⑤ 乳粉生产过程中，物料热处理过度或乳粉在高温下存放时间过长，会使产品色泽加深。

⑥ 乳粉水分含量过高，或贮存环境的温度和湿度较高，易使乳粉色泽加深，甚至产生褐色。

7. 细菌总数过高

乳粉中细菌总数过高与下列因素有关：

① 原料乳污染严重，细菌总数过高，导致杀菌后残留量太多。

② 杀菌温度和时间没有严格按照工艺条件的要求执行。

③ 板式换热器垫圈老化破损，使生乳混入杀菌乳中。

④ 生产过程中受到二次污染。

8. 杂质度过高

杂质度的测定方法是：将试样用水充分调和后，测定不溶的残留于过滤板的可见带色杂质数量，通过与杂质度标准板比较来定量，乳粉中的杂质度应不大于 16mg/kg。通过杂质度的测定可以判断乳粉加工质量情况。造成乳粉杂质度高的原因如下：

① 原料乳净化不彻底。

② 生产过程中受到二次污染。

③ 干燥室热风温度过高，导致风筒周围产生焦粉。

④ 分风箱热风调节不当，产生涡流，使乳粉局部过度受热而产生焦粉。

【产品指标要求】

一、感官要求

乳粉感官要求如表 5-2 所示。

表 5-2 乳粉感官要求

项目	要求		检验方法
	乳粉	调制乳粉	
色泽	呈均匀一致的乳黄色	具有应有的色泽	取适量试样置于 50mL 烧杯中，在自然光下观察色泽和组织状态。闻其气味，用温开水漱口，品尝滋味
滋味、气味	具有纯正的乳香味	具有应有的滋味、气味	
组织状态	干燥均匀的粉末		

二、理化指标

乳粉理化指标如表 5-3 所示。

表 5-3 乳粉理化指标

项目		指标		检验方法
		乳粉	调制乳粉	
蛋白质/%	≥	非脂乳固体[①]的 34%	16.5	GB 5009.5
脂肪[②]/%	≥	26.0	—	GB 5413.3
复原乳酸度/(°T) 牛乳 羊乳	≤	 18 7～14	 — —	GB 5413.34
杂质度/(mg/kg)	≤	16	—	GB 5413.30
水分/%	≤	5.0		GB 5009.3

① 非脂乳固体(%)=100%－脂肪含量(%)－水分含量(%)。

② 仅适用于全脂乳粉。

三、微生物限量

乳粉微生物限量如表 5-4 所示。

表 5-4 乳粉微生物限量

项目	采样方案[①]及限量(若非指定,均以 CFU/g 表示)				检验方法
	n	*c*	*m*	*M*	
菌落总数[②]	5	2	50000	200000	GB 4789.2
大肠菌群	5	1	10	100	GB 4789.3 平板计数法
金黄色葡萄球菌	5	2	10	100	GB 4789.3 平板计数法
沙门菌	5	0	0/25g	—	GB 4789.4

① 样品的分析及处理按 GB 4789.1 和 GB 4789.18 执行。

② 不适用于添加活性菌种（好氧和兼性厌氧益生菌）的产品。

【自查自测】

一、填空题

1. 真空浓缩设备种类繁多，按加热部分的结构可分为（　　）、（　　）和（　　）三种；按其二次蒸汽利用与否，可分为（　　）和（　　）浓缩设备。

2. 水分在（　　）以上的乳粉贮藏时会发生羰氨反应产生棕色化，温度高会加速这一变化。

3. 乳粉浓缩时的真空度一般为（　　）kPa。

4. 乳粉浓缩时的温度为（　　）℃。

5. 乳粉加工过程中，一般要求原料乳浓缩至原体积的 1/4，乳干物质达到（　　）左右。浓缩后的乳温一般为 47～50℃。

二、简答题

1. 喷雾干燥操作过程中的注意事项有哪些?

2. 影响乳浓缩的因素有哪些?

3. 乳粉干燥前为何需要进行真空浓缩?

项目二　婴幼儿配方乳粉

【知识储备】

配制乳粉是在鲜乳中添加一部分维生素、无机盐及其他一些营养成分，再经杀菌、浓缩、干燥制成的乳制品。初期的配制乳粉为加糖乳粉，后来发展成各种维生素强化乳粉。配制乳粉主要是针对婴儿营养需要而研制的，供给人乳不足的婴儿食用。近年来，配制乳粉已呈现出系列化的发展趋势，如中小学生乳粉、中老年乳粉、孕妇乳粉、降糖乳粉、营养强化乳粉等。现以婴儿配方乳粉为例加以说明。

一、婴儿配方乳粉的调制原则

牛乳被认为是人乳的最好代乳品，但人乳和牛乳在感官、组成上都有一定区别。故需要将乳中的各种成分进行调整，使之近似于人乳，并加工成方便食用的粉状乳产品。

1. 蛋白质

牛乳和人乳蛋白质的生物学价值几乎无差别，但牛乳中的酪蛋白含量较人乳中多很多，为人乳的 5 倍多，且牛乳中酪蛋白与乳清蛋白的比例为 5∶1，人乳接近 1∶1。牛乳蛋白质含量远远高出人乳，这些易导致婴儿消化不良。因此，必须调低牛乳中酪蛋白与乳清蛋白的比例，使之同人乳中的比例相一致。一般采用加脱盐乳清粉或大豆分离蛋白进行调整。

2. 脂肪

牛乳和人乳中的脂肪含量无大的差别，但构成不同。牛乳中饱和脂肪酸多，不饱和脂肪酸少，特别是亚油酸、亚麻酸类的必需脂肪酸少，使牛乳脂肪的吸收率比人乳脂肪低20%以上。调整时可采用植物油脂替换牛乳脂肪的方法，以增加亚油酸的含量。亚油酸的量不宜过多，规定的上限用量为：n-6亚油酸不应超过总脂肪量的2%，n-3长链脂肪酸不得超过总脂肪的1%。

3. 碳水化合物

牛乳和人乳中的碳水化合物绝大部分是乳糖。但牛乳中乳糖含量比人乳低得多，且主要是α型，人乳主要是β型（α型与β型比例为4∶6）。α型乳糖能促进大肠杆菌的生长；β型乳糖对于双歧杆菌的发育有刺激作用，抑制大肠杆菌的生长发育。一般采用添加可溶性糖类如葡萄糖、麦芽糖、糊精等或加β型乳糖，调整乳糖和蛋白质比例及平衡α型和β型比例，使其接近人乳。

4. 无机盐

牛乳中的无机盐含量比人乳中高3倍多。婴儿的肾脏机能尚未健全，过多摄入微量元素会加重肾脏负担，因此需要脱掉牛乳中部分无机盐类。一般采用连续脱盐机进行调整，但是牛乳中的铁含量比母乳低，根据需要补充一部分铁等微量元素。

添加微量元素时应慎重，因为微量元素之间的相互作用以及微量元素与牛乳中的酶蛋白、豆类中的植酸之间的相互作用对食品的营养性影响很大。

5. 维生素

婴儿乳粉中应充分强化维生素，特别是维生素A、维生素C、维生素D、维生素K、叶酸和维生素B_1、维生素B_2、烟酸等。其中水溶性维生素的强化没有规定的上限，但脂溶性维生素中的维生素A、维生素D长时间过量摄入时会引起中毒，因此必须按规定加入。

二、婴儿乳粉营养成分的调整

1. 蛋白质的调整

母乳中蛋白质含量在1.0%～1.5%，其中酪蛋白为40%、乳清蛋白为60%；牛乳中的蛋白质含量为3.0%～3.7%，其中酪蛋白为80%、乳清蛋白为20%。牛乳中酪蛋白含量高，在婴幼儿胃内形成较大的坚硬凝块，不易消化吸收。

调整方法：用乳清蛋白和植物蛋白取代部分酪蛋白，按照母乳中酪蛋白与乳清蛋白的质量比为1∶1.5来调整牛乳中蛋白质含量。可以通过向婴儿配方食品中添加乳免疫球蛋白浓缩物来完成牛乳婴儿食品的免疫生物学强化。

2. 脂肪的调整

牛乳中的乳脂肪含量平均在3.3%，与母乳含量大致相同，但质量有很大差别。牛乳脂肪中的饱和脂肪酸含量比较多，而不饱和脂肪酸含量少。母乳中不饱和脂肪酸含量比较多，特别是不饱和脂肪酸的亚油酸、亚麻酸含量相当高，是人体必需脂肪酸。

调整方法：添加植物油，常使用的是精炼玉米油和棕榈油。棕榈酸会增加婴儿血小板血栓的形成，故后者添加量不宜过多。生产中应注意有效抗氧化剂的添加。

3. 碳水化合物的调整

牛乳中乳糖含量为4.5%，母乳中为7.0%。

调整方法：添加蔗糖、麦芽糊精及乳清粉。

4. 无机质的调整

牛乳中盐的质量分数（0.7%）远高于母乳中的含量（0.2%），需要除去部分盐类。另外，需要补充一部分铁，达到母乳的水平。

调整方法：用脱盐率大于90%的脱盐乳清粉，其盐的质量分数在0.8%以下。

5. 维生素的调整

配制乳粉中一般添加的维生素有维生素 A、维生素 B_6、维生素 B_2、维生素 C、维生素 D 和叶酸等。在婴幼儿乳粉中，叶酸和维生素 C 是必须强化添加的。为了促进钙、磷的吸收，提高二者的蓄积量，维生素 D 的含量必须达到 300～400IU/d。

维生素在添加时一定要注意维生素（也包括灰分）的可耐受最高摄入量，防止因添加过量而对婴儿产生毒副作用。

6. 其他微量成分的调整

婴儿配方乳粉的成分调整应具有更加合理的生理营养价值和安全性，其成分要更接近于母乳，因此，在婴儿配方乳粉成分的调整上，还需要注意对母乳中存在的其他微量营养成分，如免疫物质等进行研究和强化。

① 核苷酸　核苷酸是母乳中非蛋白氮（NPN）的组成部分，也是 DNA 和 RNA 的前体物质。牛乳中仅含微量的核苷酸，需要在婴幼儿配方乳粉中进行强化添加。

② 双歧因子　双歧因子可以促进双歧杆菌的繁殖，调节肠道菌群平衡使通便性良好，同时可促进婴幼儿对氨基酸和脂肪的吸收。

【产品指标要求】

一、原料要求

产品中所使用的原料应符合相应的安全标准和/或有关规定，保证婴儿的安全，满足营养需要，不应使用危害婴儿营养与健康的物质。

所使用的原料和食品添加剂不应含有谷蛋白。不应使用氢化油脂。不应使用经辐射处理过的原料。

二、产品指标

1. 感官指标

感官要求（包括冲调性）应符合相应产品的特性。

2. 必需成分

产品中所有必需成分对婴儿的生长和发育是必需的。产品在即食状态下每 100mL 所含的能量应在 250～295kJ(60～70kcal) 范围。

婴儿配方食品每 100kJ（100kcal）所含蛋白质、脂肪、碳水化合物的量应符合表 5-5 的规定。对于乳基婴儿配方食品，首选碳水化合物应为乳糖、乳糖和葡萄糖聚合物。只有经过预糊化后的淀粉才可以加入婴儿配方食品中，不得使用果糖。

表 5-5　婴儿配方食品中蛋白质、脂肪和碳水化合物指标

营养素	指标				检验方法
	每 100kJ		每 100kcal		
	最小值	最大值	最小值	最大值	
蛋白质① 乳基婴儿配方食品/g 豆基婴儿配方食品/g	 0.45 0.50	 0.70 0.70	 1.88 2.09	 2.93 2.93	GB 5009.5
脂肪②/g	1.05	1.40	4.39	5.86	GB 5413.3
其中：亚油酸/g	0.07	0.33	0.29	1.38	GB 5413.27
α-亚麻酸/g	12	N.S.③	50	N.S.③	GB 5413.27
亚油酸与α-亚麻酸的比值	5∶1	15∶1	5∶1	15∶1	—

续表

营养素	指标				检验方法
	每 100kJ		每 100kcal		
	最小值	最大值	最小值	最大值	
碳水化合物④/g	2.2	3.3	9.2	13.8	—

① 乳基婴儿配方食品中乳清蛋白含量应≥60%；婴儿配方食品中蛋白质含量的计算，应以氮(N)×6.25。

② 终产品脂肪中月桂酸和肉豆蔻酸（十四烷酸）总量小于总脂肪酸的 20%；反式脂肪酸最高含量小于总脂肪酸的 3%；芥酸含量小于总脂肪酸的 1%；总脂肪酸指 C_4～C_{24}脂肪酸的总和。

③ N. S. 为没有特别说明。

④ 乳糖占碳水化合物总量应≥90%；对于乳基产品，计算乳糖占碳水化合物总量时，不包括添加的低 7 聚糖和多聚糖类物质；乳糖百分比含量的要求不适用于豆基配方食品。

3. 维生素

维生素具体指标见表 5-6。

表 5-6 维生素指标

营养素	指标				检验方法
	每 100kJ		每 100kcal		
	最小值	最大值	最小值	最大值	
维生素 A/μg RE①	14	43	59	180	GB 5413.9
维生素 D/μg②	0.25	0.60	1.05	2.51	
维生素 E/mg α-TE③	0.12	1.20	0.50	5.02	
维生素 K_1/μg	1.0	6.5	4.2	27.2	GB 5413.10
维生素 B_1/μg	14	72	59	301	GB 5413.11
维生素 B_2/μg	19	119	80	498	GB 5413.12
维生素 B_6/μg	8.5	45.0	35.6	188.3	GB 5413.13
维生素 B_{12}/μg	0.025	0.360	0.105	1.506	GB 5413.14
烟酸(烟酰胺)/μg④	70	360	293	1506	GB 5413.15
叶酸/μg	2.5	12.0	10.5	50.2	GB 5413.16
泛酸/μg	96	478	402	2000	GB 5413.17
维生素 C/mg	2.5	17.0	10.5	71.1	GB 5413.18
生物素/μg	0.4	2.4	1.5	10.0	GB 5413.19

① RE 为视黄醇当量。1μg RE=1μg 全反式视黄醇(维生素 A)=3.33IU 维生素 A。维生素 A 只包括预先形成的视黄醇，在计算和声称维生素 A 活性时不包括任何的类胡萝卜素组分。

② 钙化醇，1μg 维生素 D=40IU 维生素 D。

③ 1mg α-TE(α-生育酚当量)=1mg *d*-α-生育酚。每克多不饱和脂肪酸中至少应含有 0.5mg α-TE，维生素 E 含量的最小值应根据配方食品中多不饱和脂肪酸的双键数量进行调整：0.5mg α-TE/g 亚油酸（18∶2，*n*-6)；0.75mg α-TE/g α-亚麻酸（18∶3，*n*-3)；1.0mg α-TE/g 花生四烯酸（20∶4，*n*-6)；1.25mg α-TE/g 二十碳五烯酸（20∶5，*n*-3)；1.5mg α-TE/g 二十二碳六烯酸（22∶6，*n*-3)。

④ 烟酸不包括前体形式。

4. 矿物质

矿物质具体指标见表 5-7。

表 5-7 矿物质指标

营养素	指标				检验方法
	每 100kJ		每 100kcal		
	最小值	最大值	最小值	最大值	
钠/mg	5	14	21	59	GB 5413.21
钾/mg	14	43	59	180	
铜/μg	8.5	29.0	35.6	121.3	
镁/mg	1.2	3.6①	5.0	15.1①	
铁/mg	0.10	0.36	0.42	1.51	
锌/mg	0.12	0.36	0.50	1.51	
锰/μg	1.2	24.0	5.0	100.4	
钙/mg	12	35	50	146	
磷/mg	6	24①	25	100①	GB 5413.22
钙磷比值	1∶1	2∶1	1∶1	2∶1	—
碘/μg	2.5	14.0	10.5	58.6	GB 5413.23
氯/mg	12	38	50	159	GB 5413.24
硒/μg	0.48	1.90	2.01	7.95	GB 5009.93

① 仅适用于乳基婴儿配方食品。

【自查自测】

一、填空题

1. 牛乳中乳糖含量比人乳少得多，牛乳中主要是（　　）型，人乳中主要是（　　）型。

2. 牛乳中的无机盐量较人乳高（　　）倍多。摄入过多的微量元素会加重婴儿肾脏的负担，因此，调制乳粉中采用脱盐办法除掉一部分无机盐。

3. 一般婴儿乳粉含有（　　）%的碳水化合物，主要是乳糖和麦芽糊精。

4. 婴儿配方乳在调整时可采用植物油脂替换牛乳脂肪的方法，以增加亚油酸的含量。亚油酸的量不宜过多，规定的上限用量为：n-6 亚油酸不应超过总脂肪量的（　　）。

5. 婴儿配方乳在调整时可采用植物油脂替换牛乳脂肪的方法，以增加亚油酸的含量。亚油酸的量不宜过多，规定的上限用量为：n-3 长链脂肪酸不得超过总脂肪的（　　）。

二、简答题

1. 生产母乳化乳粉时调整蛋白质的依据是什么？
2. 生产母乳化乳粉时调整脂肪的依据是什么？
3. 生产母乳化乳粉时为何调整乳糖？调整后要达到什么标准？
4. 母乳与牛乳比较，在无机质含量、种类上有何不同？

项目三　乳粉的检验

【知识储备】

一、乳粉安全现状

近年来，关于乳粉（奶粉）质量、奶粉污染异物，如有关于三聚氰胺、奶粉激素、亚硝酸盐、肉毒杆菌、阪崎肠杆菌等的奶粉安全事件相继发生，奶粉质量问题令人担忧。

2008 年，我国发生多起因食用某品牌奶粉而导致的婴幼儿肾结石事件，有超过万名婴幼儿因食用某品牌奶粉而住院接受治疗，其中4名婴幼儿死亡。原国家质检总局检查发现国内22家奶粉生产企业的69批次产品含有三聚氰胺。此次事件，也成为中国奶粉安全问题的标志性事件。

而对于国外奶粉，其质量问题同样也不少。2017年9月，韩国多批次配方奶粉因超过保质期而被拒入境，产品重达600.48kg；2017年8月，上海食药监局抽检，检出1批次瑞乐恩幼儿配方奶粉菌落总数超标；2017年6月，宾博有机婴儿配方奶粉被入境口岸检验检疫机构查出细菌总数超标，11208kg奶粉被退货或销毁。

婴儿时期是人体生长发育的特殊阶段，其特点是自身代谢系统尚不完善的同时，生长发育迅速，需要全面和大量的营养。该时期营养素摄入的数量和质量都将直接影响婴幼儿身体及智力的发育，影响其一生的身体健康。所以，世界各国都非常重视相关标准及法规的制定，有关婴儿配方食品的法规都是严格的，安全和品质管理受到极大重视，我国也不例外。近十年间，我国政府密集出台了一系列严格的管理政策，包括：全面实施配方注册制度，规范产品标签；持续落实企业的主体责任；加强抽检的力度，采取“市场买样、异地抽样、轮流检验、月月抽检、月月公布”的措施，实现生产企业和检验项目全覆盖；加强监督检查；保持违法严惩高压态势。随着抽检合格率的逐年上升，国产婴幼儿配方乳粉市场占有率逐步增加，国民的消费信心也逐步恢复，国内主流生产企业生产设备设施条件达到世界一流水平，检验能力也达到国际领先水平。

二、乳粉检验标准

2008年三聚氰胺事件后，由卫生部牵头，在质检总局、农业部、工商总局等部门协作下，对我国乳制品标准开始整顿，将乳制品标准缩减为66项，去除了重叠和交叉的部分，同时在具体指标的设定上，也做了一定的调整和提高。2010年我国卫生部颁布了一套新的乳品国家标准，其中包括《食品安全国家标准 婴儿配方食品》(GB 10765—2010)、《食品安全国家标准 较大婴儿和幼儿配方食品》(GB 10767—2010)和《食品安全国家标准 粉状婴幼儿配方食品良好生产规范》(GB 23790—2010)，覆盖了适用于0～36个月龄婴幼儿的产品。

我国乳制品相关限量的国家标准，从整体来讲，已经与发达国家和国际标准比较接近，但是在个别指标方面，我国与发达国家仍存在一定的差距。例如对汞、砷等污染物的要求高于国际发达国家水平；有些指标低于发达国家水平，如脂肪含量指标等；某些危害物的限量要求要少于发达国家，如乳制品中农药残留指标。目前现有的乳制品标准主要针对乳制品最终产品中兽药残留、农药残留、污染物、添加剂等有毒有害物质进行监管，对于源头、加工过程、运输储存及销售等加工生产全过程关注较少。此外，针对特殊医学用途配方食品，虽然在2010年和2013年发布了相关的产品标准通则，但是相关配套标准，如QS（生产许可）审核细则以及临床试验规范等尚未发布，造成了国内实际无法生产。

目前乳粉基础检测包括：①感官指标，包括色泽、滋气味、组织状态以及冲调性。②营养成分指标，包括能量、蛋白质、脂肪以及脂肪酸（包括反式脂肪酸、亚油酸和亚麻酸）、碳水化合物（乳糖、低聚果糖及低聚半乳糖等）、维生素A、维生素B_1、维生素B_2、维生素B_6。③物理化学指标，包括水分、灰分、杂质度。④安全性项目，包括三聚氰胺、硝酸盐和亚硝酸盐、残留物（农兽药等）、食品添加剂、有害元素（重金属）、食品加工生成的有害物质、食品掺假检测技术和有害微生物等。⑤其他，如对包装材料的安全性进行严格的检测。

新技术、新方法的开发已经成为检测鉴定奶粉品质、是否掺假、药物残留的重中之重。随着科学技术的进步及检测技术的迅速发展，各种先进技术已不断应用到乳制品安全检测领域中，既缩短了检测时间，减少了人为误差，也大大提高了检测的灵敏度和精确度。例如气相色谱-质谱（GC/MS），常用于有机氯磷、气味性添加剂等残留的检测分析；液相色谱-质谱（LC/MS），适用于不易汽化、受热易分解的有害物质残留的检测分析，如兽药（青霉素类、四环素类等）、一些农药和真菌毒素或者大分子有机物的残留分析；电感耦合等离子体原子发射光谱-质谱法（ICP/MS），适用于各类药品、食品中痕量及常量元素的分析等。这些已成为乳粉现代检测的主流手段。同时还包括核磁共振波谱法（NMRS）、紫外吸收光谱法（UV）和红外吸收光谱法（IR）等一些传统的现代检测方法，它们都是奶粉进行检测分析的有力武器。要想精确确定奶粉品质好坏、掺假与否或者某一残留有害物质的结构与性质，必须分别应用这些技术或联用这些技术进行检测分析。

【检验任务一】婴幼儿食品和乳品中乳糖、蔗糖的测定

一、原理

试样中的乳糖、蔗糖经提取后，利用高效液相色谱柱分离，用示差折光检测器或蒸发光散射检测器检测，外标法进行定量。

二、试剂和材料

（1）乙腈。

（2）乙腈　色谱纯。

（3）标准溶液

① 乳糖标准贮备液（20mg/mL）　称取在94℃±2℃烘箱中干燥2h的乳糖标样2g（精确至0.1mg），溶于水中，用水稀释至100mL容量瓶中。放置4℃冰箱中。

② 乳糖标准工作液　分别吸取乳糖标准贮备液0mL、1mL、2mL、3mL、4mL、5mL于10mL容量瓶中，用乙腈定容至刻度。配成乳糖标准系列工作液，浓度分别为0mg/mL、2mg/mL、4mg/mL、6mg/mL、8mg/mL、10mg/mL。

③ 蔗糖标准溶液（10mg/mL）　称取在105℃±2℃烘箱中干燥2h的蔗糖标样1g（精确到0.1mg），溶于水中，用水稀释至100mL容量瓶中。放置4℃冰箱中。

④ 蔗糖标准工作液　分别吸取蔗糖标准溶液0mL、1mL、2mL、3mL、4mL、5mL于10mL容量瓶中，用乙腈定容至刻度。配成蔗糖标准系列工作液，浓度分别为0mg/mL、1mg/mL、2mg/mL、3mg/mL、4mg/mL、5mg/mL。

三、仪器和设备

（1）天平　感量为0.1mg。

（2）高效液相色谱仪，带示差折光检测器或蒸发光散射检测器。

（3）超声波振荡器。

四、分析步骤

1. 试样处理

称取固态试样1g或液态试样称取2.5g（精确到0.1mg）于50mL容量瓶中，加15mL 50～60℃水溶解，于超声波振荡器中振荡10min，用乙腈定容至刻度，静置数分钟，过滤。取5.0mL过滤液于10mL容量瓶中，用乙腈定容，通过0.45μm滤膜过滤，滤液供色谱分析。可根据具体试样进行稀释。

2. 测定

① 参考色谱条件

色谱柱：氨基柱4.6mm×250mm，5μm，或具有同等性能的色谱柱。

流动相：乙腈-水＝70＋30。

流速：1mL/min。

柱温：35℃。

进样量：10μL。

示差折光检测器条件：温度 33～37℃。

蒸发光散射检测器条件：飘移管温度，85～90℃；气流量 2.5L/min；撞击器：关。

② 标准曲线的制作　将标准系列工作液分别注入高效液相色谱仪中，测定相应的峰面积或峰高，以峰面积或峰高为纵坐标、以标准工作液的浓度为横坐标绘制标准曲线。

③ 试样溶液的测定　将试样溶液注入高效液相色谱仪中，测定峰面积或峰高，从标准曲线中查得试样溶液中糖的浓度。

五、分析结果的表述

试样中糖的含量按式(5-2) 计算：

$$X=\frac{c\times V\times 100\times n}{m\times 1000} \tag{5-2}$$

式中　X——试样中糖的含量，g/100g；

c——样液中糖的浓度，mg/mL；

V——试样定容体积，mL；

n——样液稀释倍数；

m——试样的质量，g。

以重复性条件下获得的两次独立测定结果的算术平均值表示，结果保留三位有效数字。

【检验任务二】婴幼儿配方乳粉溶解性的测定

一、原理

溶解度（solubility）是指每百克样品经规定的溶解过程后，全部溶解的质量。

二、仪器和设备

（1）离心管　50mL，厚壁、硬质。

（2）烧杯　50mL。

（3）电动离心机　有速度显示器，垂直负载，有适合于离心管并可向外转动的套管，管底加速度为 $160g_n$，并且在离心机盖合时，温度保持在 20～25℃。

注意：在离心过程中产生的加速度等于 $1.12rn^2\times 10^6$，其中，r 为水平旋转的有效半径，mm；n 为转速，r/min。

（4）玻璃离心管，带橡胶塞。刻度数和标注“mL(20℃)”应持久不退，刻度线应清晰干净。20℃时，其容量最大误差如下：

在 0.1mL 处：±0.05mL；

0.1～1mL：±0.1mL；

1～2mL：±0.2mL；

2～5mL：±0.3mL；

5～10mL：±0.5mL；

在 10mL 处：±1mL。

三、分析步骤

（1）称取样品 5g（准确至 0.01g）于 50mL 烧杯中，用 38mL 25～30℃的水分数次将乳粉溶解于 50mL 离心管中，加塞。

（2）将离心管置于 30℃水中保温 5min，取出，振摇 3min。

（3）置离心机中，以适当的转速离心 10min，使不溶物沉淀。倾去上清液，并用棉栓擦净管壁。

（4）再加入 25～30℃的水 38mL，加塞，上下振荡，使沉淀悬浮。

（5）再置离心机中离心 10min，倾去上清液，用棉栓仔细擦净管壁。

（6）用少量水将沉淀冲洗入已知质量的称量皿中，先在沸水浴上将皿中水分蒸干，再移入 100℃烘箱中干燥至恒重（后两次质量差不超过 2mg）。

四、分析结果的表述

样品溶解度按式(5-3) 计算：

$$X=100-\frac{(m_2-m_1)\times 100}{(1-B)\times m} \tag{5-3}$$

式中 X——样品的溶解度，g/100g；

m——样品的质量，g；

m_1——称量皿质量，g；

m_2——称量皿和不溶物干燥后质量，g；

B——样品水分，g/100g。

注意：加糖乳粉计算时要扣除加糖量。

【自查自测】

1. 乳粉溶解性与哪些因素有关？
2. 婴幼儿乳粉与全脂乳粉的检测项目有什么区别？

情境六　干酪生产与检验

干酪，又名奶酪、乳酪，或译称芝士、起司、起士，是乳制食品的通称，有各式各样的味道、口感和形式。

干酪一般是指在乳（也可用脱脂乳或稀奶油等）中加入适量的乳酸菌发酵剂和凝乳酶，使乳蛋白质（主要是酪蛋白）凝固后，排除乳清，将凝块压成所需形状而制成的产品。制成后未经发酵成熟的产品称为新鲜干酪（fresh cheese）；经长时间发酵成熟而制成的产品称为成熟干酪（ripened cheese）。国际上，将这两种干酪统称为天然干酪（natural cheese）。

另外还有一种定义是：奶酪以奶类为原料，含有丰富的蛋白质和脂肪，奶源包括家牛、水牛、家山羊或绵羊等。制作过程中通常加入凝乳酶，造成其中的酪蛋白凝结，使乳品酸化，再将固体分离、压制为成品。大多数奶酪呈乳白色到金黄色。

传统的干酪含有丰富的蛋白质和脂肪、维生素A、钙和磷。现代也有用脱脂牛乳作的低脂肪干酪。

项目一　发酵剂及凝乳酶的制备

【知识储备】

一、干酪的发酵剂

干酪发酵剂可分为细菌发酵剂和霉菌发酵剂两大类。

细菌发酵剂一般以乳酸菌为主。乳酸菌可分为嗜温性和嗜热性两类，前者的最适生长温度为30～33℃，包括乳球菌属和明串珠菌属，它们用于发酵温度为20～40℃的乳制品发酵工艺中，嗜热乳酸菌的最适生长温度为40～45℃，主要用于30～50℃工艺条件下。这种划分并不严格，实际还有许多嗜热性发酵剂也用在嗜温工艺中（例如嗜热链球菌用在布里干酪和契达干酪生产中）。另外存在和发酵乳制品有关的其他一些乳酸菌，包括嗜温性乳酸菌（干酪乳杆菌和植物乳杆菌）、成熟的硬质和半硬质干酪中的片球菌属，称为非发酵剂乳酸菌。乳酸菌对人体健康有益，比如嗜酸乳杆菌、罗尹乳杆菌和双歧杆菌等。

霉菌发酵剂一般用于一些特殊品种干酪的生产，如卡门培尔干酪、蓝纹干酪的生产。霉菌发酵剂主要包括表面霉菌（如白地霉）发酵剂和内部霉菌（如娄地青霉）发酵剂，此发酵剂的蛋白酶和脂肪酶活力相对较高，可快速降解干酪中部分蛋白质和脂肪，生成大量挥发和不挥发性风味物质，可给干酪带来浓郁、芳香、别致的风味。因此，对霉菌发酵剂的研究已成为热点之一。

生产干酪时，添加发酵剂的主要目的是：促进凝块的形成；使凝块收缩和容易排出乳清；防止在制造过程和成熟期间杂菌的污染；改进产品的组织状态；成熟中给酶的作用提供适当的pH条件。

发酵剂的作用是发酵乳糖产生乳酸、发酵柠檬酸形成干酪特有的风味物质；发酵剂中的某些微生物可以产生相应的分解酶分解蛋白质、脂肪等物质，从而提高制品营养价值、消化率，并且还可形成制品特有的芳香风味。由于丙酸发酵，使乳酸菌产品的乳酸还原，产生丙酸和二氧化碳气体，在某些硬质干酪中产生特殊的孔眼特征。如表 6-1 所示为干酪发酵剂种类及使用范围和作用。

表 6-1　干酪发酵剂种类及使用范围、作用

发酵剂种类	菌种名	使用范围、作用
乳酸球菌	嗜热链球菌(*S. thermophilus*)	各种干酪,产酸及风味
	乳酸链球菌(*S. lactis*)	各种干酪,产酸
	乳脂链球菌(*S. cremoris*)	各种干酪,产酸
	粪链球菌(*S. faecalis*)	契达干酪
乳酸杆菌	乳酸杆菌(*L. lactis*)	瑞士干酪
	干酪乳杆菌(*L. casei*)	各种干酪,产酸、风味
	嗜热乳杆菌(*L. thermophilus*)	干酪,产酸、风味
	胚芽乳杆菌(*L. plantarum*)	契达干酪
丙酸菌	薛氏丙酸菌(*P. shermanii*)	瑞士干酪
短密青霉菌	短密青霉菌(*P. brevicompactum*)	砖状干酪、林堡干酪
酵母菌	解脂假丝酵母(*C. lipolytica*)	青纹干酪、瑞士干酪
曲霉菌	米曲霉(*A. oryzae*)	法国绵羊乳干酪
	娄地青霉(*P. roqueforti*)	法国绵羊乳干酪、蓝纹干酪
	卡门培尔干酪青霉(*P. camembertii*)	法国卡门培尔干酪

乳球菌是应用最普遍、用于制作多种类型干酪的嗜温性发酵剂。在目前公认的 5 种乳球菌属的菌种中，仅有乳酸乳球菌乳脂亚种及乳酸乳球菌乳酸亚种用于食品发酵剂中。作为干酪发酵剂，一般认为乳酸乳球菌乳脂亚种为更重要的微生物。这是由于乳酸乳球菌乳脂亚种比乳酸乳球菌乳酸亚种的生化活性低，并且可使干酪具有较少的苦味和风味缺陷。同时，由于乳脂亚种比乳酸亚种的细胞裂解速度快，所以乳脂亚种能够产生更好的干酪风味。

二、干酪的凝乳酶

1. 凝乳酶的来源及分类

凝乳酶是干酪制造过程中起凝乳作用的关键性酶。同时凝乳酶对干酪的质构形成及干酪特有风味的形成有非常重要的作用。凝乳酶应用到干酪生产中，按其来源可分为动物性凝乳酶、植物性凝乳酶、微生物凝乳酶以及基因工程凝乳酶等，其中又主要是动植物和微生物凝乳酶用于干酪产业。就目前市场销售的凝乳酶大约 70％是动物凝乳酶，30％的来自微生物凝乳酶，剩下不到 1％的来自植物凝乳酶。

动物凝乳酶最早应用于干酪加工，大多数是胃蛋白酶。传统干酪中所使用的凝乳酶主要是从小牛第四胃中提取出来的，也称小牛皱胃酶。小牛凝乳酶适于制造各种类型的干酪，而且是衡量其他凝乳酶代用品的标准。凝乳酶皱胃酶的等电点为 4.45～4.65，凝乳的最适 pH 为 4.8 左右、最适温度为 40～41℃，在弱碱（pH 9）、强酸、热、超声波的作用下易失活。凝乳酶制造干酪时的凝固温度通常为 30～35℃，时间为 20～40min。长期以来，小牛皱胃被用来加工凝乳酶，而在干酪大规模产业化生产进程中，宰杀小牛来获取凝乳酶已无法满足需求，而且代价太大，为了缓解小牛凝乳酶供不应求的状况，近年来，人们积极研究能够代替小牛凝乳酶的产品。有学者研究发现，从羊、鸡、狗中也能够提取出大量的凝乳酶。近来对羔羊皱胃酶的研究较多，羊和牛都是反刍动物，两者的皱胃也相似。羔羊皱胃酶分子量是36kDa，和小牛皱胃酶一样，且氯化钙的添加有助于凝乳。

大多数植物例如木瓜、无花果、菠萝、合欢树和银杏的花朵、叶子、果实、种子、根和茎等组织中分布着能使牛乳凝固的蛋白酶。植物凝乳酶比动物凝乳酶蛋白质降解能力强。通过蛋白质水解活力太强的植物凝乳酶制作的干酪容易产生苦味，产率低，质地较差，因此不适合加工干酪。

微生物资源较多，种类丰富，已有研究表明许多来源于微生物的胞外蛋白酶均有凝乳活性，且只有凝乳活力与蛋白质水解活力比值适当的微生物凝乳酶可以应用于干酪生产，人们为了寻找能够替代皱胃酶的微生物凝乳酶，做了巨大的探索。这是因为微生物的生长周期较短，产量较大，不受地域、气候、时间的限制，且从微生物中提取凝乳酶成本较低、经济效益高。现阶段，微生物凝乳酶（MCE）的来源主要是放线菌、细菌、真菌等，如米曲霉（*Aspergillus oryzae*）、米黑毛霉（*Mucor miehei*）、枯草芽孢杆菌（*Bacillus subtilis*）等。微生物凝乳酶本质上属于蛋白质水解酶，根据其催化类型的不同分属天冬氨酸蛋白酶、金属蛋白酶、丝氨酸蛋白酶等蛋白酶种类；微生物蛋白酶的多样性，使其在满足不同食品工艺要求方面具有得天独厚的优势。

20世纪90年代，重组小牛凝乳酶由美国FDA登记注册，成为第一种由DNA重组技术制造的食品添加剂。通过分析确定的控制凝乳酶产生的基因序列，将其导入产酶性能优良的微生物中，这种利用特定基因在常用工业菌株中的异源表达已经成为获取微生物凝乳酶的重要手段。尽管利用DNA重组技术可显著降低凝乳酶的生产成本，但也有一定的局限性，由于改变的仅是工程菌种中的一小部分基因，得到的重组工程菌种中产凝乳酶基因的表达及凝乳酶性状有一定程度的不确定性，因此不一定能得到理想的凝乳酶。

微生物凝乳酶中使用最广泛的是从微小毛霉获得的凝乳酶。从微小毛霉中获得的凝乳酶蛋白质降解能力较强，凝固牛乳的能力强。与微小毛霉相比，其他一些微生物凝乳酶的蛋白质降解活力较高，在干酪加工过程中，导致大量蛋白质流失到排出的乳清中，使得干酪的产率降低。

2. 凝乳酶对干酪蛋白降解程度和风味的影响

凝乳酶在干酪生产过程中一方面可以使干酪形成特有的质构，另一方面对干酪风味的形成也有一定的作用。

（1）凝乳酶对干酪蛋白降解程度的影响　凝乳酶引起的牛乳凝结一般认为是一个三步反应，第一步是酶使酪蛋白上的一个特殊肽键断裂，第二步是酪蛋白胶束的聚集，第三步是胶束的脱水作用。酪蛋白胶束上的κ-酪蛋白受到凝乳酶的作用，多肽链的105～106位的苯丙氨酸、蛋氨酸之间的肽键被水解。这种水解作用产生了两个肽：糖巨肽（106～169）和副κ-酪蛋白（1～105），糖巨肽因为具有强的亲水性，而从胶束中释放出来进入乳清中，副κ-酪蛋白因为具有强的疏水性仍然留在酪蛋白胶束上。随着副κ-酪蛋白的逐步水解，引起了酪蛋白胶束性质的改变，破坏了体系的平衡。一旦κ-酪蛋白水解程度达到80%左右，聚集作用就会发生，凝胶也就形成了。凝胶一旦形成，其中的水分便通过脱水收缩这样一个过程而排出。经凝乳酶的作用，酪蛋白的凝胶网络形成。切割凝胶时，凝胶网络收缩。

干酪制造过程实质是凝乳酶控制牛乳凝块脱水收缩的过程。最初形成的凝乳水分含量为87%，然后可以减少到20%～50%。在此过程中相当数量的凝乳酶随着乳清排出。但是保留在凝乳中的那部分凝乳酶在干酪成熟初期能水解α_{s1}-酪蛋白。α_{s1}-酪蛋白的降解程度对干酪的质构特性有很大的影响。干酪中的蛋白质决定着新鲜干酪凝乳的质构特性，当这种蛋白质网络结构被降解时，干酪的流变学性质将发生变化。

（2）凝乳酶对干酪风味的影响　在一定的温度、酸度和水分等条件下，干酪中的凝乳酶和细菌蛋白酶使蛋白质、脂肪和乳糖发生降解，使干酪成熟且产生独特的风味和质地。

干酪蛋白质降解产生的物质对干酪的风味有重要的影响。β-酪蛋白降解产生的肽使干酪产生苦味。干酪中的蛋白质水解时，疏水性氨基酸包裹在蛋白质分子内部，没有和味蕾接触，因而干酪没有苦味。随着干酪蛋白质水解的进行，其蛋白质结构中的肽键渐渐被打开，裸露的疏水性残基与味蕾接触，继而使干酪产生了苦味。干酪中蛋白质进一步水解，苦味肽累积增多，干酪中的苦味也加重。但干酪中的蛋白质降解到一定程度时，在干酪中各种酶的作用下，苦味肽被进一步降解成小分子量肽或游离氨基酸，苦味逐渐降低。干酪加工时添加的凝乳酶不同，蛋白质降解也不同，蛋白质分解形成的风味化合物也就不同。

3. 影响凝乳酶凝乳的因素

（1）温度的影响　在40～41℃时，凝乳酶的凝乳作用最强，低于20℃或高于50℃时凝乳酶不发生作用。

（2）pH值的影响　在低pH值条件下，皱胃酶活性增高，酪蛋白胶束的稳定性降低，使得凝乳酶的作用时间缩短，凝块较硬。

（3）钙离子的影响　钙离子不仅影响凝乳，而且影响副酪蛋白的形成。

（4）牛乳加热的影响　如果牛乳先加热至42℃以上，再冷却到凝乳所需的正常温度后添加皱胃酶，则凝乳时间延长，凝块变软，此种现象被称为滞后现象。

4. 凝乳酶的制备

在国外，牛凝乳酶基因已成功地在大肠杆菌、黑曲霉和乳酸克鲁维酵母中表达，骆驼凝乳酶也已经成功地在黑曲霉中表达。在我国也已成功地将牛凝乳酶基因在乳酸克鲁维酵母、大肠杆菌、毕赤酵母、乳酸乳球菌中表达，微小毛霉凝乳酶基因在毕赤酵母、大肠杆菌中成功表达。

应用酵母系统，重组蛋白可在其内进行高水平表达，使凝乳酶的分泌量提高了1.5～6倍，同时解决了凝乳酶蛋白的错误折叠。

应用真菌表达系统，霉菌是凝乳酶原基因表达的另一个载体资源，具有不产生内毒素、下游提取方便、易被消费者接受等许多优点。

此外，现代科技也可采用诱变育种。由于绝大多数野生菌株产凝乳酶活力较低，或因其产生的酶蛋白水解活力高，而不适合工业化生产。因此对菌株有目的地进行人工诱变，能提高突变频率，可迅速获得优良高产菌种，产生巨大的经济效益。以突变和筛选为中心的传统诱变育种技术在工业微生物发展到现在规模的过程中始终起着重要作用。诱变是利用物理或化学因素处理微生物细胞群体，诱发基因突变，然后获得理想的突变株，它是获得优良菌种的有效途径，也是目前应用最广的一种方法。

目前关于高产凝乳酶微生物的诱变育种的研究大多集中在真菌如微小毛霉、黑曲霉、米黑毛霉等。诱变育种所采用的方法主要有^{60}Co-γ射线诱变、紫外线照射诱变、脱氧胆酸钠诱变、常压低温等离子体诱变、微波辐照诱变和*N*-甲基-*N*′-硝基-*N*-亚硝基胍（NTG）诱变等。

凝乳酶活力单位（RU）是指凝乳酶在35℃条件下，使牛乳40min凝固时，单位质量（通常为1g）皱胃酶能使若干牛乳凝固而言，即1g（或1mL）凝乳酶在一定温度（35℃）、一定时间（40min）内所能凝固牛乳的体积（mL）。据此测定凝乳酶的活力。

三、发酵剂的制备工艺

1. 乳酸菌发酵剂的制备

参考情境四项目一：发酵剂的制备。

2. 霉菌发酵剂的制备

将除去表皮的面包切成小立方体，放入三角瓶，加入适量的水及少量的乳酸后进行高温灭菌，冷却后在无菌条件下将悬浮的霉菌菌丝或孢子的菌种喷洒在灭菌的面包上，然后置于21～25℃的培养箱中培养8～12天，使霉菌孢子布满面包表面，将培养物取出，于30℃条件下干燥10天，或在室温下进行真空干燥。最后，将所得物破碎成粉末，放入容器中备用。干酪发酵剂一般采用冷冻干燥技术生产和真空复合金属膜包装。

3. 发酵剂的活力检查

将发酵剂制备好后，要进行风味、组织、酸度和微生物学鉴定检查。风味应具有清爽的乳酸味，不得有异味，酸度以0.75%～0.85%为宜。进行活力试验时，将10g脱脂乳粉用90mL蒸馏水溶解，经120℃、10min加压灭菌冷却后分注10mL试管中，加0.3mL发酵剂，盖紧，于38℃条件下培养210min。然后称取培养液10g于锥形瓶中，测定酸度，如乳酸度上升到0.8%以上，即视为活性良好。另外，将上述灭菌脱脂乳液9mL分注于试管中，加1mL发酵剂及0.1mL、0.005%的刃天青溶液后，于37℃培养30min，每5min观察刃天青褪色情况，全褪为淡桃红色为止。褪色时间在培养开始后35min以内为活性良好，50～60min褪色为活力正常。

【产品指标要求】

1. 感官检查

首先观察发酵剂的质地、组织状态、色泽及乳清分离等；其次检查凝块的硬度、黏度及弹性等；品尝酸味是否过高或不足，有无苦味和异味等。

2. 化学性质检查

测定酸度和挥发性酸度。酸度一般采用滴定酸度表示法，一般乳酸度为0.9%～1.1%时为宜。

3. 检查形态和菌种比例

将发酵剂涂片，革兰染色，在高倍光学显微镜（油镜头）下观察乳酸菌的形态以及杆菌与球菌的比例和数量等。

【自查自测】

1. 生产干酪时，添加发酵剂的主要目的是什么？
2. 简述乳酸菌发酵剂的制备步骤。
3. 简述发酵剂活力的检查方法。
4. 凝乳酶对干酪蛋白降解程度的影响有哪些？
5. 影响凝乳酶凝乳的因素有哪些？

项目二 天然干酪

【知识储备】

干酪是指高度浓缩的固体或近似固体的发酵奶制品，英文是Cheese，所以“芝士”是其音译，而干酪是意译。除此之外，法国人称它为“fromage”，德国人称它为“kaese”，意大利人称它为“formaggio”。

一、干酪的分类

全世界的干酪加起来总共有8000多种，也有很多种分类方法，例如按照发酵时间、纹理、制作方法、脂肪含量、奶源、产地等分类，非常复杂。

1. 按含水量分类

干酪的含水量不同，其软硬程度也会有所差异，可分为软、中软、中硬和硬质四类。

（1）软干酪　不经过成熟加工处理，直接将牛乳凝固后，去除部分水分而成。其含水量比较高，质感柔软湿润，散发着清新的奶香与淡淡的酸味，十分爽口。但其储存期很短，要尽快食用。

（2）中软干酪　含有较多水分的干酪，口感相对比较温和。

（3）中硬干酪　这是软质到硬质的过渡类型，制造过程中强力加压并去除部分水分，比硬质干酪质感柔软。其口感温和顺口，容易被一般人接受。由于它的质地易于溶解，因此常被大量用于菜肴烹调上，常作为三明治材料或切成小块与海鲜一起熏烤，再配以清淡的红酒或带果味的白葡萄酒，效果俱佳。

（4）硬质干酪　一种以上经过挤压的干酪团，经熔化后加入牛乳、奶油或黄油后制成。这也是最常见的一种干酪，其质感较硬，口感略咸，有些带有气孔，含水量低，比软干酪陈年更久；不同产品可以添加不同成分，如香草、坚果等；味道不浓烈，可以长期保存；除可作为小食外，更可磨成粉末，拌沙拉、汤或意大利粉；也是作干酪火锅的主要原料，适合配以淡红酒或玫瑰红酒享用。

2. 按乳原料分类

（1）牛乳干酪　世界上大多数干酪都是用牛乳制成。

（2）山羊干酪　顾名思义，这种干酪是由山羊乳制成，味道略带酸性，口感近似果仁。而且其体积比较小，形状比较多样化，多呈圆柱状或金字塔状。有些以核桃叶包裹，可作为餐后的甜品，将之薄切于沙拉或面包上，放入烤箱加热，美味可口，可以配以干质白葡萄酒享用。

（3）绵羊干酪　用绵羊的乳汁发酵而成，味道在山羊干酪和牛乳干酪之间，相对质地比较温和，很多对牛乳过敏又爱吃干酪的人都会选择购买。

（4）驴奶干酪　世界上最昂贵的干酪非普莱干酪莫属，这种灰白、疏松的干酪需要用塞尔维亚当地自然保护区独有的驴奶来制作，没有任何添加剂。该种干酪售价颇高的部分原因是，该种驴子产奶量少，而且需要人工挤奶，一天三次。因而，15 只驴子大约每天产奶1 加仑（1 加仑＝4.546L），而 1lb 干酪（1lb 大约相当于 453.6g）却要耗费大约 3.5 加仑驴奶。该保护区的这些驴子一年仅仅能产 200lb（约 90kg）普莱干酪。这种干酪色白而酥脆，以其浓醇的口味和天然的咸味备受欢迎。

3. 按不同工艺分类

（1）新鲜干酪　新鲜干酪指没有经过成熟的新鲜干酪，也称“鲜干酪”，是其他所有类型天然干酪的基础。它的水分充足、酸味清爽、口感嫩滑，脂肪含量很低，其鲜美质感可以与豆腐相比拟。但其储存期很短，需尽快食用。固体的新鲜干酪通常加于沙拉内进食，其他食法有混合果酱、蜜糖、香草或香料一起食用，甚至可以作为甜品的材料。

（2）乳清干酪　这也是一种未经熟成的新鲜干酪，指的是乳在油水分离后的乳清产物。严格说来乳清干酪并不算是干酪，而是干酪的副产品。常见的有意大利的里柯塔干酪(Ricottacheese)。这些干酪的主要成分是水溶性的白蛋白，质地比较柔软，爽口而又含有牛乳的醇厚奶味和甘甜，是制作意大利点心时不可缺少的配料。

（3）拉伸型干酪　干酪制作主要包括凝聚、处理凝聚物和陈化三个步骤，这类干酪在第二步时会有一个揉拉过程，其中最著名的就是马苏里拉干酪（Mozzarella）。经过这种类似揉面过程的 Mozzarella，质地坚韧而细腻，口味平和。

4. 其他分类

（1）软质成熟干酪　这是一类陈化时间较长的干酪，质地较软，如著名的 Brie 就是这种干酪，它有一种特殊的氨味，与用来发酵的特殊菌群有关。其形如圆盘，外表通常覆盖一层白色的菌丝，因此也被称为白菌干酪。

（2）洗浸干酪　洗浸干酪顾名思义，要“洗”，要“浸”。其表面轻微坚硬，内部柔软，黏稠醇厚。其独特的香气是由于使用盐水、白兰地或其他酒类清洗表面而产生，待其成熟，香气更迷人，再搭配以醇厚的红酒或干邑，口感更是相得益彰。而一般在洗浸干酪洗浸的过程中，每个产地都会用当地的酒精来擦洗，这样干酪就带上了产地的独特风味，很有特色。

（3）蓝纹干酪　质感柔软，主要成分是牛乳或羊乳，经青霉菌发酵而成，带有独特的香气，通常带有蓝绿色条纹或斑点，表面呈大理石花纹状，中心部分最美味。其配合面包最为经典；配以蜜糖、梨子或苹果可以使干酪味升华，亦可点缀于沙拉上，皆是至高享受，可配以醇厚的红酒、甜白葡萄酒、啤酒或威士忌一起享用。

（4）再制干酪　再制干酪是为了满足消费者对于口感等的要求，在原制干酪的基础上再次加工而成的干酪。原制干酪是由牛乳直接制作而成。再制干酪加工过程是将原制干酪经过高温熔化，然后再添加一些辅料，制成不同口味、形状、质地的干酪。

二、天然干酪生产的一般工艺

天然干酪是由牛乳直接制成，也有少部分是由乳清或乳清和牛乳混合制成。熔化干酪是将一种或多种天然干酪经过搅拌加热而制成。天然干酪生产中，一般主要工艺流程都是通用的。生产特殊品种的干酪时，可采用某些特殊的处理方法。天然干酪的主要生产步骤如图 6-1所示。

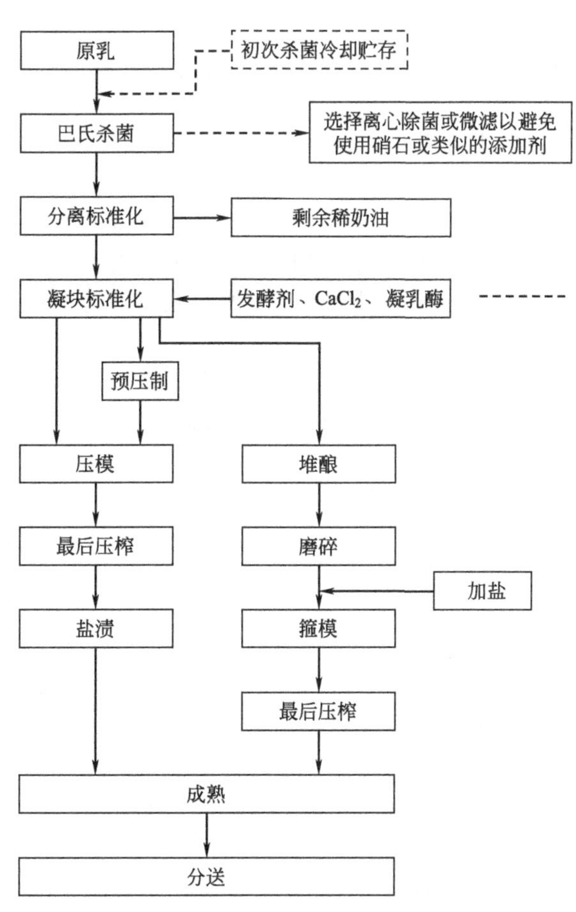

图 6-1　天然干酪生产的一般工艺流程

干酪用乳经处理，加入某种特定菌种预发酵后，加入凝乳酶。凝乳酶的酶作用使乳凝固成固体胶冻状即为凝块，凝块用特殊切割工具切割成要求尺寸的小凝块——这是利于乳清析出的第一步。在凝块加工过程中，细菌生长并产生乳酸，凝块颗粒在搅拌器具下进行机械处理，同时凝块按预定的程序被加热，这三种作用的混合效果——细菌生长、机械处理和热处理——导致凝块收缩，使乳清自凝块中析出，最终凝块被装入金属的、木制的或塑料的模具中，模具确定了最终产品干酪的外形。

干酪经自重或通过向模具加压被压榨，在凝块加工中，凝块所受处理和最终压榨决定了干酪的特性。图 6-1 中的工艺流程也表示了干酪的加盐和贮存过程，以及最后干酪的浸膜、包裹和包装。

三、工艺要点

1. 凝块的生产

（1）牛乳的处理　如前所述，用于大多数类型干酪生产的牛乳在经管道输送到干酪槽之前要进行适当的巴氏杀菌。但准备用于生产瑞士埃门塔尔干酪或珀尔梅散干酪的牛乳是一个例外。

用于生产干酪的牛乳除非是再制乳否则通常不用均质，基本的原因是均质导致结合水（水分）能力的大大上升，致使很难生产硬质和半硬质类型的干酪。而在用牛乳生产蓝纹和 Feta 干酪的特殊情况下，乳脂肪以 15%～20%稀奶油的状态被均质。这样做可使产品更白，而重要的原因是使脂肪更易酯解成为自由脂肪酸；这些自由脂肪酸是这两种干酪风味物质的重要组成部分。

（2）添加发酵剂　在干酪槽（缸）中加入牛乳的同时，发酵剂在约 30℃下加入乳中，在管道中按剂量加入有两个原因，即：①达到细菌良好均匀分散；②给细菌以时间去“适应”“新培养基”，从培养到开始生长所需时间，也称预成熟时间，一般为 30～60min。

不同类型的干酪需要使用发酵剂的剂量不同。在所有的干酪生产过程中要避免牛乳进入干酪槽时裹入空气，因为这将影响凝块的质量而且会引起酪蛋白损失于乳清中。

（3）添加剂和凝乳酶　如有必要，在添加凝乳酶前可加入氯化钙和硝石，水解氯化钙盐可依最高每 100kg 乳 20g 的剂量使用。硝石的剂量则一定不能超过每 100kg 乳 30g。在一些国家添加剂的使用剂量受到法律的限制或禁止。

活力为 1∶10000～1∶15000 的液体凝乳酶的剂量在每 100kg 乳中可用到 30mL，为了便于分散，凝乳酶至少要用双倍的水进行稀释。加入凝乳酶后，小心搅拌牛乳不超过 2～3min。在随后的 8～10min 内乳静止下来是很重要的，这样可以避免影响凝乳过程和酪蛋白损失。

为进一步利于凝乳酶分散，自动计量系统可用于用适量水稀释凝乳酶并通过分散喷嘴将凝乳酶喷洒在牛乳表面。这个系统最初应用于大型密封（10000～20000L）的干酪槽或干酪罐。

2. 凝块切割

典型的凝乳或凝固时间大约是 30min。在凝块切割之前，通常要进行一个简单实验来鉴定凝块的乳清排出质量。典型的方法是将一把小刀刺入凝固后的乳表面下，然后慢慢抬起，直至裂纹的出现呈适宜状态，一旦出现玻璃样分裂状态就可以认为凝块已适宜开始切割。

切割是把凝块柔和地分裂成 3～15mm 大小的颗粒，其大小决定于干酪的类型。切块越小，最终干酪中的水分含量越低。

切割工具可依不同方式进行设计，如图 6-2 所示为一个普通开口干酪槽，它装有几个可更换的搅拌和切割工具。

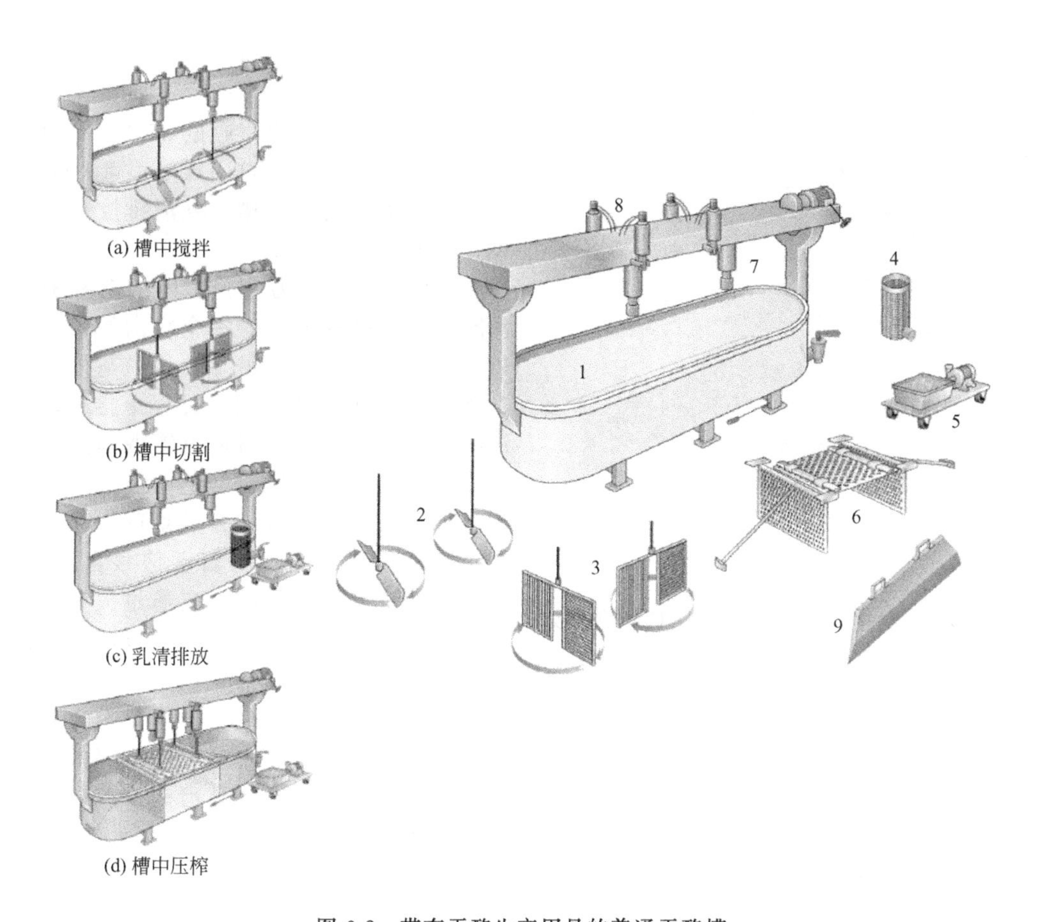

图 6-2 带有干酪生产用具的普通干酪槽

1—带有横梁和驱动电机的夹层干酪槽；2—搅拌工具；3—切割工具；4—置于出口处干酪槽内侧的过滤器；5—带有一个浅容器小车上的乳清泵；6—用于圆孔干酪生产的预压板；7—工具支撑架；8—用于预压设备的液压筒；9—干酪切刀

在现代化的密封水平干酪罐中（图 6-3），搅拌和切割由焊在一个水平轴上的工具来完成。水平轴由一个带有频率转换器的装置驱动。这个具有双重用途的工具是搅拌还是切割决定于其转动方向。凝块被剃刀般锋利的辐射状不锈钢刀切割，不锈钢刀背呈圆形，可以给凝块轻柔而有效的搅拌。

另外，干酪槽可安装一个自动操作的乳清过滤网、能良好分散凝固剂（凝乳酶）的喷嘴以及能与 CIP（就地清洗）系统连接的喷嘴。

3. 预搅拌

刚刚切割后的凝块颗粒对机械处理非常敏感，因此，搅拌必须缓和并且足够快，以确保颗粒能悬浮于乳清中。凝块沉淀在干酪的底部会导致形成黏团，这会使搅拌机械受很大力，搅拌必须非常有力。低脂干酪的凝块沉积到干酪槽底部的趋势很强，这就意味着这一类凝块需要的搅拌要比高含脂率的凝块的搅拌更强烈。

黏团会影响干酪的组织而且会导致酪蛋白的损失。

凝块的机械处理和由细菌持续生产的乳酸有助于挤出颗粒中的乳清。

4. 乳清的预排放

某些类型的干酪如高达和 Edam，需要自颗粒中排出相对大量的乳清，为此，可通过向乳清和凝块混合物中直接加入热水的方法以提供热量。加水也降低了乳糖浓度。一些生产人

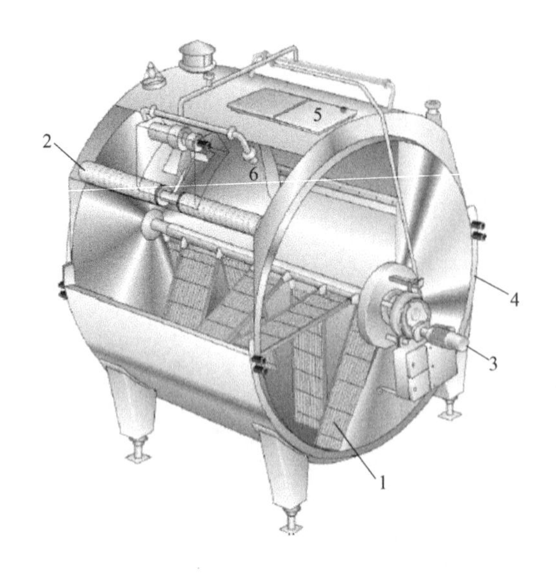

图 6-3　带有搅拌和切割工具以及升降乳清排放系统的水密闭式干酪缸

1—切割与搅拌相结合的工具；2—乳清排放的滤网；3—频控驱动电机；4—加热夹套；5—人孔；6—CIP 喷嘴

员也会采取排放掉乳清以减少用于直接加热凝块所需的热量，对于个别品种的干酪，每次排掉同等量的乳清，通量 35%，有时多达每一批容积的 50%，这一点是很重要的。

对于传统的干酪槽，乳清排放形式很简单，如图 6-2(c) 表示。

如图 6-3 所示为一个密闭的全机械化干酪罐的乳清排放系统。一个纵向的带有槽的过滤网自不锈钢缆上悬下，该缆与外部的提升驱动机相连。过滤网通过一个接口，与乳清吸入管线相连，然后通过罐壁与外部的吸入管相连。安装在过滤网上的液位电极控制升降电机。在整个乳清排放期间，保持过滤网正好位于液面以下，启动信号自动给出。预定的乳清量能被排掉，它通过提升电机的脉冲显示器来控制。安全开关显示了过滤网的高位和低位。

乳清应该总是在高容量下排放，可持续 5～6min。排放进行的同时，搅拌停止，凝块可能形成黏团，所以乳清的排放总是在搅拌操作的间隙中进行，通常是在预搅拌的第二段和加热之后进行。

5. 加热/烧煮/热烫

在干酪的制造过程中，为使凝块的大小和酸度符合要求，需要进行热处理，通过加热，产酸细菌的生长受到抑制，这样使得乳酸的生成量符合要求。

除了对细菌的影响以外，加热亦促进凝块的收缩并伴以乳清析出（脱水收缩）。

随干酪类型的不同，加热可通过以下方式进行：①仅通过干酪槽或罐夹套中的蒸汽加热；②通过夹套中的蒸汽伴以在凝块/乳清混合物中加入热水；③仅通过向凝块/乳清混合物中加入热水。

加热的时间和温度程序由加热的方法和干酪的类型决定。加热到 40℃以上时，有时亦称为热煮（cooking）。通常分两个阶段进行，在 37～38℃，嗜温乳酸链球菌的活力下降，此时停止加热，检查酸度，随后继续加热到预期的最终温度。嗜温菌在 44℃以上时完全失活，并在 52℃下保持 10～20min 被杀死。

加热到 44℃以上时，称之为热烫（scalding）。某些类型的干酪，如埃门塔尔、Gruyere、Parmesan 和 Grana，其热烫温度甚至高达 50～56℃，只有极耐热的乳酸菌可经此处理而残留下来，其中之一即为薛氏丙酸杆菌，该菌对于埃门塔尔干酪特性的形成至关重要。

6. 最终搅拌

随着加热和搅拌的进行，凝块颗粒的敏感性下降。在最终搅拌过程中，更多的乳清自颗粒中析出。这主要是由于乳酸的持续生成，也有搅拌的机械作用的影响。最终搅拌的时间长短决定于干酪所需的酸度和水分含量。

7. 乳清的最后去除

一旦凝块的硬度和酸度达到要求，且经生产者检查后，凝块中最后一部分乳清就要以各种不同的方法排除掉，形成不同质地的干酪。

(1) 粒纹质地干酪　一种方法是直接从干酪口排出乳清，这种方法主要是针对开口干酪槽进行手工操作。乳清排出后，将凝块压入模具，最终干酪的组织状态应具有不规则的孔或眼，也称为粒纹质地。孔眼首先是由典型的发酵剂生成的二氧化碳形成的。如果凝块在收集和压榨之前暴露在空气中，凝块将不会完全融合，在干酪内部存留大量的细小气泡。在干酪成熟过程中生成并释放出的二氧化碳填入进来并逐渐扩大这些气孔。以这种方式形成的孔眼呈不规则形状。也可将凝块乳清混合物用泵送至一个振动或滚动式过滤网，以使乳清排掉，同时从乳清中分离出的凝块可直接泄入模具中，最终干酪的质地为粒纹状。

(2) 圆孔干酪　产气菌也应用于生产圆孔干酪，但加工过程有些差别。

依照传统方法，如生产埃门塔尔干酪，把仍在乳清中的凝块收集到干布袋中，然后转入到一个兼有排放乳清和压榨台的大模具中，这一过程可避免凝块在收集和压榨过程中暴露在空气中，而这一点是生产这一类型干酪正确组织状态的重要因素。

对圆孔/眼形成的研究表明，当凝块在乳清液面下被收集起来时，凝块含有微小的空穴。发酵剂细菌在这些细小的充满乳清的空穴中繁殖，当这些菌开始生长时，生成的气体首先溶解在液体中。但随着细菌持续生长，区域内出现过饱和，引发微小孔眼的生成。随后，当由于底物，如柠檬酸缺乏时，气体生成停止，气体的扩散变成了最重要的过程，这一过程在扩大了一些已经相当大的孔眼的同时，最小的孔眼消失。以较小的孔眼消失为代价使较大的孔眼增大是表面张力定律的必然结果。该定律表明，增大一个比较大的孔所需的气体压力比增大一个比较小的孔所需的气体压力小。

在长方形的干酪槽中进行手工操作时，仍在乳清中浸没的凝块可被堆积在一个临时由宽松得多的孔板隔成的小间内，凝块堆到一定高度，然后压上一块多孔板。多孔板上放两根横梁。横梁由水压或气压装置加压，压力均匀分散在板面上。压榨或称初压榨过程一般需要20～30min，乳清被排掉直至凝块高度被压到预定的水平位置。当压榨装置取出后，剩余乳清被排掉；凝块经手工切割成块，装入模具。

(3) 致密组织干酪　具致密组织的干酪类型中，契达是典型的一种。通常这些干酪是由不产气发酵剂生产，这种发酵剂是产乳酸的单菌株，如乳脂链球菌和乳酸链球菌。

然而，特定的加工技术可能导致形成空穴，称为“机械孔”。粒纹或圆孔干酪具有特定闪亮的内表面，而机械孔的内表面则是粗糙的。

当乳清的滴定酸度已达到0.2%～0.22%乳酸时（大约加入凝乳酶后2h），排放乳清，同时凝块要经过一种被称为“堆酿”的特殊处理。

在排掉所有乳清后，凝块留下来继续发酵和熔融。此期典型的为25h，凝块被制成砖块状，并不断被翻转堆叠。当被挤出的乳清的滴定酸度达到0.75%～0.85%乳酸时，干酪块被切成“条”，这些条在上箍（契达干酪的模具称“箍”）之前，加干盐，堆酿。

8. 凝块的最终处理

如前所述，当所有自由乳清被去除后，凝块可用不同的方式对它们进行处理：

① 直接送入模具（粒纹干酪）；

② 预压榨成块并切成合适的大小尺寸后入模（圆孔干酪）。

(1) 压榨　凝块入模或加箍后就需进行最终压榨，其目的有四：①协助最终乳清排出；②提供组织状态；③干酪成型；④在以后的长时间成熟阶段提供干酪表面一坚硬外皮，压榨的程度和压力依干酪的类型进行调整。

小批量干酪生产可使用手动操作的垂直或水平压榨，气力或水力压榨系统可使所需压力的调节简化，如图 6-4 所示为垂直压榨器。

大批量生产所用的压榨系统有多种，包括活动台压榨、自动填充隧道式压榨、传送压榨以及成坯系统。

(2) 帕斯塔-费拉塔类型干酪的热煮和压延　帕斯塔-费拉塔（塑性凝块）干酪的特征是通过热煮和压延、堆酿处理，取得一种“松紧带”凝块，这种“棉花糖凝块”干酪如 Prouolor Mozzarella 和 Caciocavallo 最早来自意大利南部，现在帕斯塔-费拉塔不仅在意大利，且在许多国家生产。在东欧几个国家生产的 Kashkaval 干酪也属于帕斯塔-费拉塔干酪类。

经过堆酿和研碎，乳清中乳酸酸度为 0.7%～0.8%（31～35.5°SH）的酪条被传送或铲入装有 82～85℃热水的钢制混合钵或容器或是一个豆腐混合机中，搅拌所有物料直至其变得光滑、有弹性、没有黏团为止，通常，混合的水要存留并与乳清一起分离出来以回收脂肪。

伸展和混合必须彻底，在最终产品中有“大理石状”硬块通常是由于过分的混合、水温太低、低酸度凝块或是这些缺陷的组合。

连续热煮-压延机用于大批量的生产。转杆的速度可变，以便获得最佳的工作方式。热煮用水的量和温度是连续控制的。“堆酿”凝块连续送入机器的漏斗或圆桶，这可取决于添料的方法——螺杆输送或风送。

在生产 Kashkaval 干酪时，热煮器中的水被 5%～6%的盐液（盐）所代替。然而，热盐水腐蚀性极强，因此，容器、螺杆和其他与盐水接触的设备必须用特殊材料制造，以使设备寿命延长。

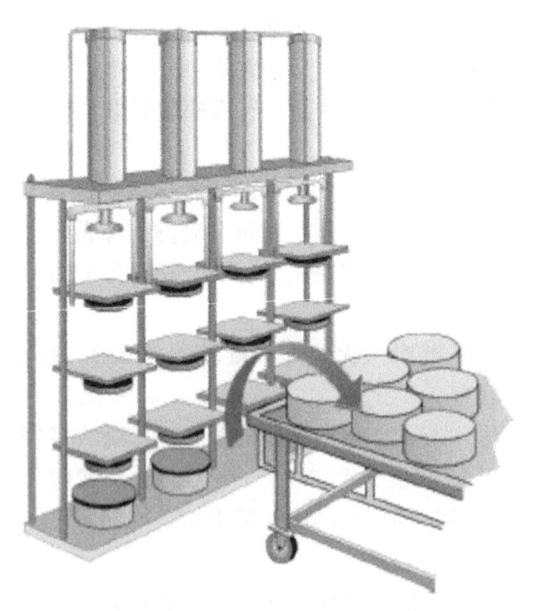

图 6-4　带有气动操作压榨平台的垂直压榨器

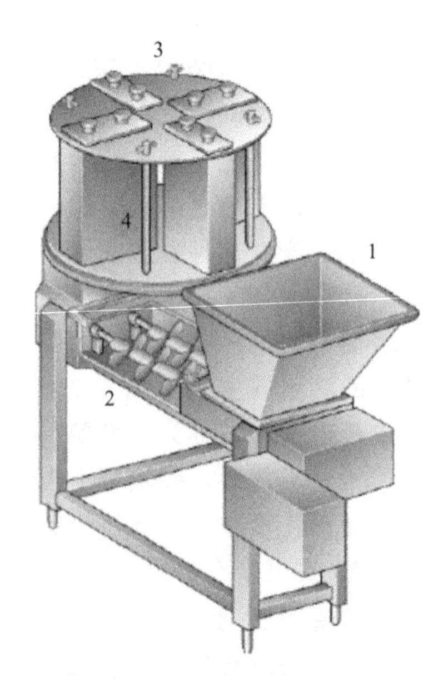

图 6-5　用于比萨干酪的装模机

1—料斗；2—对转螺杆；3—旋转的模子；4—固定的模子

(3) 装模　干酪的形状通常很多，有球形、梨形、香肠形等，所以很难描述装模的工艺过程。自动装模机可用于方形或矩形装模，通常为比萨干酪。这种装模机比较典型的是具有对转螺杆和一个可旋转装模系统，如图 6-5 所示。

塑性凝块在65～70℃下装入模具，为了稳定干酪形状和利于出模，装模的干酪必须要冷却。为缩短冷却硬化时间，在一条完整的帕斯塔-费拉塔干酪生产线上必须配有一个“硬化隧道”。

（4）加盐　在干酪中，如同在许多食品中一样，盐的功能是防腐，但盐也具有其他重要功能，如降低发酵剂活力、降低成熟期中的细菌作用。盐加于凝块而导致排出的水分更多，这是借助于渗透压的作用和盐对蛋白质的作用。渗透压可在凝块表面形成吸附作用，导致水分被吸出。

除少数例外，干酪中盐含量为0.5%～2%。而蓝霉干酪或白霉干酪的一些类型（Feta、Domiati 等）通常盐含量在3%～7%。

加盐引起的副酪蛋白上的钠和钙交换也给干酪的组织带来良好影响，使其变得更加光滑。一般而言，在乳中不含有任何抗菌物质的情况下，在添加原始发酵剂5～6h后，pH在5.3～5.6时在凝块中加盐。

① 加盐方式

a. 干盐　加干盐可通过手工或机械进行，将干盐从料斗或类似容器中定量（称量），尽可能地手工均匀撒在已彻底排放了乳清的凝块上。为了充分分散，凝块需进行5～10min搅拌。

机械撒盐的方法很多，一种形式是与契达干酪加盐相同，即酪条连续在通过契达机的最终段上，在表面上加定量的盐。

另一种加盐系统用于帕斯塔-费拉塔干酪的生产。干盐加入器装于热煮压延机和装模机之间。经过这样处理，一般8h的盐化时间可减少到2h左右，同时盐化所需的地面面积变小。

b. 盐渍　盐渍系统有很多种，从相当简单到技术非常先进都有。然而，最常用的系统是将干酪放置在盐水容器中，容器应置于4～12℃的冷却间。

以浅盐浸泡或容器浸泡为基础的各种各样的系统可以用于大量生产盐渍干酪。

② 盐水制备中的一些注意事项　盐水和干酪间的渗透压不同导致一些溶于水的物质，如乳清蛋白、乳酸和盐随水分从干酪中流出，并代之以氯化钠。在制备盐水时要把这些因素考虑在内。除了盐要按浓度溶解，pH值也要用可食用的盐酸调整到5.2～5.3。酸不能含有任何重金属和砷。也可以使用乳酸以及其他“无害”的酸。

③ 盐在干酪中的渗透　干酪凝块中毛细管纵横形成网络，每平方米的干酪上可见到约10000个毛细孔。有几项因素可以影响毛细管的渗透性和盐溶液流过毛细管的能力。但不是所有这些因素都受加工技术改变的影响，比如含脂率就是这样的因素，由于脂肪球堵塞了结构，盐在高含脂率的干酪中渗透所需时间要比在低含脂率的干酪中要长得多。

盐化时pH值对盐的吸收率具有相当大的影响，在低pH值时比在高pH值时可吸收更多的盐。然而，在低的pH<5.0时，干酪的组织会变硬和脆；在pH>5.6时，组织变得有弹性。

盐水浓度越高，被吸收的盐量越大，在低浓度如<16%时，酪蛋白膨胀，干酪表面因酪蛋白再溶解而变黏。

在10～14℃下盐浓度常高达18%～23%。盐化时间决定于：a. 盐浓度，尤其是对某些类型的干酪；b. 干酪的大小，尺寸越大，时间越长；c. 盐水的温度。

④ 盐水处理　除了盐浓度要调整外，盐水的微生物方面也要有所保证，因为可能出现各种各样的质量问题。一些耐盐的微生物能降解蛋白质，给干酪带来黏腻的表面；其他一些可能引起色素形成或表面脱色，当使用低浓度盐水如<13%时，来自盐水的微生物引发缺陷的风险是很大的。

有时要对盐水进行巴氏杀菌处理：a. 在设计盐水系统时，要避免消毒后的盐水与未经巴氏消毒的盐水混合。b. 盐水具有腐蚀性，换热器的材料必须耐腐蚀，如钛钢，然而这些材料很昂贵。c. 巴氏杀菌破坏了盐水的盐平衡并导致磷酸钙沉淀。一些磷酸钙盐会粘在换热板上，而另一些将沉淀到盐池的底部成为污泥。

处理的另一种方法是加入化学物质，如次氯酸钠、山梨酸钾/钠或海松素，具有不同的效果。化学品的使用必须符合法规的要求。

其他能降低或使微生物活力停止的方法还有：a. 让盐水流经 UV 光（紫外线），同时，盐水要过滤、在处理后不与未经处理的盐水混合。b. 微滤等。

9. 干酪的成熟与贮存

（1）成熟（凝块化） 除了鲜干酪以外，其他的干酪在经凝块化处理后，全部要经过一系列的微生物、生物化学和物理方面的变化。这些变化涉及乳糖、蛋白质和脂肪，并由三者的变化形成成熟循环。这一循环随硬质、中软质和软质干酪的不同而有很大区别。同时，每一类群的干酪随品种不同也会差别显著。

① 乳糖降解　生产不同品种的干酪采用不同的技术，一个总的方针是控制和调节乳酸菌的生长和活力，用这种方式自发地影响乳糖发酵的程度和速度。在前面已经述及，在契达干酪生产中，乳糖在凝块上模前已经发酵。至于其他品种的干酪，乳糖也应被控制在这样一个情形。乳糖的绝大部分降解发生在干酪的压榨过程中和贮存的第一周或前两周。

在干酪中生成的乳酸有相当一部分被乳中缓冲物质所中和，绝大部分被包裹在胶体中。这样，乳酸以乳酸盐的形式存在于干酪中。在最后阶段，乳酸盐类为丙酸菌提供了适宜的营养，而丙酸菌又是埃门塔尔、Gruyere 和类似类型干酪的微生物菌丛重要的组成部分。在上述提及的这些干酪中，除了生成丙酸、醋酸，还生成了大量的二氧化碳气体。这些气体直接导致干酪形成大的圆孔。

丁酸菌也可以分解乳酸盐类，如果条件适宜，这种类型的发酵就会生成氢气、一些挥发性脂肪酸和二氧化碳。这一发酵往往出现于干酪成熟的后期，氢气实际上会导致干酪的胀裂。

用于生产主要是硬质和中软质类型干酪的发酵剂不仅可以使乳糖发酵，而且有能力自发地利用干酪中的柠檬酸，这样就产生了二氧化碳，形成了圆孔眼或不规则孔眼。

乳糖的发酵是由出现于乳酸菌中的乳糖酶引发的。

② 蛋白质降解　干酪的成熟，尤其是硬质干酪的成熟，第一个标志是蛋白质的降解。蛋白质的降解在很大程度上影响着干酪的质量，尤其是组织状态和风味。引起蛋白质降解的酶系统为：凝乳酶；微生物产生的酶；胞质素，纤维蛋白溶酶的一种。

凝乳酶的唯一作用即是把酪蛋白分子分解为多肽。如果细菌酶直接对酪蛋白分子起作用，这一过程可使蛋白质降解的速度加快。对于高热煮处理的干酪，如热烫类干酪，像埃门塔尔、珀尔梅散干酪，胞质素活力在初次降解中起着重要的作用。

对于半软质干酪，如太尔西特和 Limburgar，两种成熟过程平行起作用，一种是硬质凝乳酶干酪的一般成熟过程，另一种是在表面进行的黏化过程。在后一过程中，蛋白质降解进一步持续直至最终产生氨，这是黏液菌的强蛋白分解作用的结果。

（2）贮存　贮存的目的是要创造一个尽可能控制干酪成熟循环的外部环境。对于每一类型的干酪，在成熟的不同阶段具有特定的温度和相对湿度组合，必须在不同贮室中加以保持。

① 贮存条件　在贮存室中，不同类型的干酪要求不同的温度和相对湿度（RH）。

环境条件对成熟的速率、重量损失、硬皮形成和表面菌丛（在 Tilsiter、Romadur 及其他）至关重要，也就是说，对干酪的全部自然特征至关重要。

带有硬表皮的干酪，通常大部分是硬质、半硬质类型的。此类干酪具有一层塑料或石蜡或蜂蜡的外包装。

无硬皮干酪，由塑料膜或可收缩塑料袋包装。

干酪的包装具有双重目的：a. 防止水分过量损失；b. 防止表面被微生物污染和沾染灰尘。

以下四个例子将分别介绍不同干酪的不同贮存条件。

a. 契达类干酪通常在低温下成熟，即 4～8℃，相对湿度低于 80%。这些干酪在被送去贮存前，通常被包在塑料膜或袋中，再装于纸盒或木盒中。它们的成熟时间变化很大，可以从几个月到 8～10 个月不等，以满足不同消费者需求。

b. 如埃门塔尔干酪，可能需要贮存在一个"绿"干酪室中，室温 8～12℃，经 3～4 周后贮存在一个"发酵"室，室温 22～25℃，经 6～7 周，贮存室相对湿度通常为 80%～90%。

c. 表面黏液类型干酪，如 Tilsiter、Havarti 等，典型地贮存于发酵室约 2 周，室温 14～16℃，相对湿度约为 90%，在此期间，表面用特殊混有盐液的发酵剂黏化处理。一旦达到一层合乎要求的黏化表面，干酪即被送入发酵室。在 10～12℃和 RH 为 90%条件下进一步发酵 2～3 周。最后，黏表面被洗去后，干酪被包装于铝箔中，送入冷藏室贮存于 6～10℃、相对湿度为 70%～75%条件下，直至售出。

d. 硬质和半硬质干酪，如哥达和类似的品种，可首先在"绿"干酪室中于 10～12℃、相对湿度为 75%的条件下贮存两周。随后在 12～18℃、相对湿度为 75%～80%的条件下发酵 3～4 周。最终干酪送入 10～12℃、相对湿度约 75%的贮存室中。在此，干酪形成最终特有品质。

以上所给出的温度和相对湿度的值是约略值并随同类干酪不同品种而变化，相对湿度值与薄膜包裹和袋装的干酪不相关。

② 空气调节的方法　在干酪成熟贮存中，通常需要一个完善的空气调节系统来保证必要的温度和湿度条件。由于干酪的水分必须去除，因此如果干酪周围空气的湿度太高，这一过程的进行就很困难。进来的空气必须经冷凝器去除水分，接着对脱除水分的空气进行控制并加热到要求的条件。

使空气湿度在贮存室内均匀分布也不容易，空气的分送管路也许有所补益。但管路很难保证不被霉菌污染。因此，分送管路必须在设计上能够清洗和消毒。

③ 贮存平面布置与空间要求　干酪的平面布置决定于干酪类型。在贮存间安装永久性干酪架对于硬质和半硬质干酪的存放一直是比较方便的方法。8～10kg 一块的干酪一层层地放置在干酪架的搁板上，这样一个贮存间的贮藏能力为 300～350kg/m^2。干酪架的间隔为 0.6m 宽，贮藏室中间主通道通常为 1.50～1.80m，"将干酪架放置在轮车上或用天车吊起干酪架"的方法减少了干酪架之间的间隙，使得干酪架彼此可以靠得较近，并只在需要时进行挪动，这样的系统使贮存室的贮存能力加大了 30%～40%，但由于这种类型的干酪架的费用较高使得贮存室和建筑的费用也增大了 30%～40%。

排架或排架箱是一种广泛应用的贮存系统。排架或排架箱也同样被置于在轨道上运动的特殊带轮排架上。这种方法也同样允许密集贮存。如图 6-6 所示为机械化干酪贮存室。在木架板上有五块干酪，木架板被传送到"绿"干酪室内后进入到一个特殊设计的电梯（未在图上显示），电梯升降木板架到预定的高度后将之推入到贮存室内。

用薄膜包装成熟的干酪被包装在纸箱中并叠放在排架上，度过其最后的贮存阶段。这意味着干酪是密集地贮存在一起的。然而，如果采用这种方法就必须考虑每单位面积货量，因为干酪的重量有时会远远超出一个建筑允许的一般贮量。

排架箱系统与永久性干酪架相比，其贮存能力大大增加。

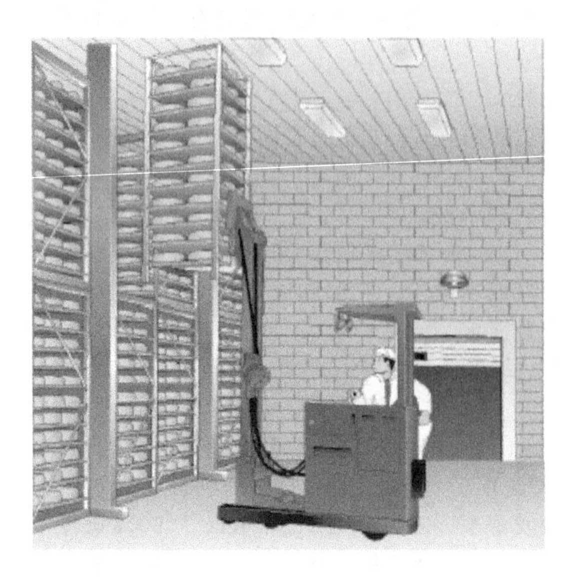

图 6-6 使用排架的干酪贮存库

目前，有许多家公司专精于贮存系统，包括从传统的干酪架直至计算机化程度的不同复杂系统。这些公司也可为不同的系统提供最合适的空气调节系统。

四、干酪的质量缺陷及防止方法

1. 滋味和气味方面的

（1）滋味不浓　主要是因干酪没有充分成熟。低温成熟的干酪，易出现该缺陷。随着干酪酸度的升高，达到成熟时，这种缺陷就会逐渐消失。可在乳中添加活性的细菌发酵剂，加工时使干酪颗粒保持足够的水分，保证成熟条件。

（2）滋味不纯正　由乳中存在产气菌和霉烂微生物菌群的生长引起。如以原料乳制作干酪，未经杀菌进行自然发酵，就容易出现这种缺陷。另外，在干酪成熟初期采用高温成熟也能引起该缺陷，而且这种缺陷容易变成酸败味、霉腐味及其他异味。采用适宜的巴氏杀菌技术以及选用纯培养发酵剂均可预防上述缺陷。

（3）霉腐气味　主要是由腐烂微生物菌群生长而引起。干酪成熟室如果通风不良等都可能引起这种缺陷。采用纯培养发酵剂、降低干酪成熟温度、保持成熟室良好通风等均可以防止该缺陷的发生。

（4）酸味　在实际生产过程中，如凝块加工时间过长，常会使硬质干酪出现酸味，使其失去典型特征。出现酸味的同时常伴随易碎，这是因为蛋白质的脱水作用，干酪组织状态黏性小，外皮显得嫩弱。预防措施是不使用酸度高的原料乳，凝块加工时防止酸度过高，缩短第二次加热前的加工时间，保持干酪适宜的成熟温度等。

（5）苦味　产生苦味的原因较多，可能来源于饲料、酵母及不是发酵剂的乳酸菌且与液化菌有关，食盐中含有硫酸镁、硫酸钠等杂质，高温杀菌，凝乳酶添加量大，成熟温度高等均可导致苦味。杀菌乳添加纯培养发酵剂、低温成熟以及严格按成熟条件操作等可预防该缺陷。

（6）油味　油味是因霉菌产生脂肪酶分解脂肪而形成。对于硬质干酪，脂肪分解产生油味是一种很明显的缺陷。让成熟后的干酪低温保藏、及时把干酪表面的霉菌消除、不使干酪过分成熟等均可预防这种缺陷的发生。

2. 组织状态方面的

（1）组织状态粗糙坚硬　主要是由于干酪中水分不足所致，也可能是因颗粒剧烈干缩的结果，成熟室温度过低会使干酪具有硬的组织状态，加盐过量也会使组织状态发硬。提高颗粒含水量、缩短凝块加工时间、降低第二次加热温度、保持适宜的成熟条件、及时挂蜡等可防止该缺陷的产生。

（2）龟裂　在干酪团块缺乏黏结性时出现。干酪中形成孔眼时，弹性较差的团块在气体压力下发生干裂。原因是干酪团块硬度高，在第二次加热前凝块加工过快过软，凝块压榨与乳清分离不好。采用新鲜原料乳并及时加工可克服该缺陷。

（3）小窟窿　常在圆形硬质干酪中出现，近似龟裂。开始时在干酪中形成内部裂缝，甚至把干酪穿透。原因是干酪压榨成型不正确以及团块的酸度过高等。

3. 色泽方面的

（1）团块色泽不均匀　因干酪中乳酸和食盐分布不均匀所致。在硬质干酪中，皮层颜色与干酪中心部分颜色不同，表明食盐没有充分扩散。

（2）呈现各种色彩　干酪呈现浅蓝色是因原料乳中含有铜，转入干酪与氨起反应；金属性变黑是由于乳中含有铁、铅等金属离子与硫化氢反应产生黑色硫化物，依干酪质地而呈绿、灰、褐等不同颜色；若添加大量硝酸钾，则与蛋白质反应，使干酪团块出现红色。

【产品指标要求】

一、感官要求

干酪感官要求见表 6-2。

表 6-2　干酪感官要求

项目	要求	检验方法
色泽	具有该类产品正常的色泽	取适量试样置于 50mL 烧杯中，在自然光下观察色泽和组织状态。闻其气味，用温开水漱口，品尝滋味
滋味及气味	具有该类产品特有的滋味和气味	
组织状态	组织细腻，质地均匀，具有该类产品应有的硬度	

二、微生物指标

干酪微生物指标见表 6-3。

表 6-3　干酪微生物指标

项目		采样方案①及限量(若非指定，均以 CFU/g 表示)				检验方法
		n	c	m	M	
大肠菌群		5	2	100	1000	GB 4789.3 平板计数法
金黄色葡萄球菌		5	2	100	1000	GB 4789.10 平板计数法
沙门菌		5	0	0/25g	—	GB 4789.4
单核细胞增生李斯特菌		5	0	0/25g	—	GB 4789.30
酵母②	≤	50				GB 4789.15
霉菌②	≤	50				

① 样品的分析及处理按 GB 4789.1 和 GB 4789.18 执行。

② 不适用于霉菌成熟干酪。

【生产实训任务】契达干酪的制作工艺

干酪中的契达干酪是一种牛乳用酶凝乳的酸性半硬质成熟干酪，它是世界干酪生产的主要品种之一，也是世界上购买与消费最多的干酪之一。契达干酪的风味与其他许多干酪品种相比较为温和，容易被中国消费者所接受。

一、实验材料及设备

1. 实验材料

原料乳、发酵剂、氯化钙、食盐、凝乳酶、次氯酸钠溶液等。

2. 实验设备

搅拌器、切割刀、板式热交换器、干酪槽、压榨机、干酪模具、真空包装机等。

二、操作步骤

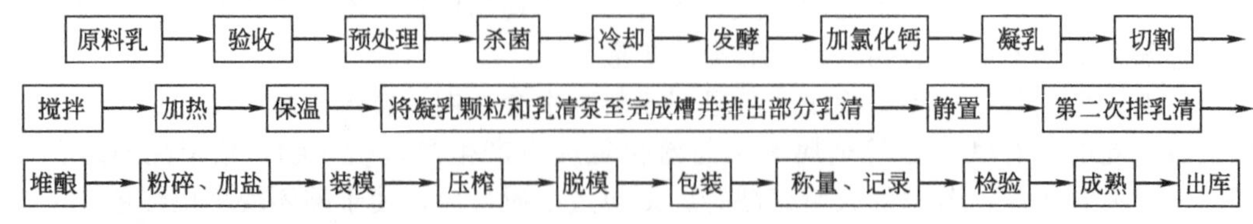

以下重点介绍部分步骤。

1. 对原料乳的要求

牛乳的化学组成和微生物数量都会影响干酪的产量和品质，好的原料乳是生产高品质干酪的前提和保证。

生产干酪对原料乳的要求如下：

① 滴定酸度：14～16°T，经体积分数为75%的酒精试验呈阴性；

② 抗生素检测呈阴性；

③ 细菌总数：≤50×10^4个/mL。

干酪生产中最主要的是原料乳脂肪和酪蛋白含量的变化，用于契达干酪生产的原料乳中，酪蛋白与脂肪的最佳比例是（0.69～0.71）∶1。

2. 原料乳的预处理

原料乳的预处理包括计量、净乳、冷却和贮存等工序。

3. 巴氏杀菌和冷却

将原料乳加热至72～75℃，保持15s，然后冷却到30～32℃。加热和冷却都在板式热交换器中完成。杀菌的主要目的是杀死有害菌和致病菌，同时也钝化了乳中的酶类，并使部分蛋白质变性，改善了牛乳的凝乳性，但杀菌的温度变化不能太强烈，否则会影响凝乳和干酪最终的水分含量。原料乳杀菌后，要求冷却至30～32℃，有利于发酵剂的生长产酸。将该物料泵入干酪罐（槽）。

4. 添加发酵剂、氯化钙，发酵

按物料质量的1%～1.7%添加发酵剂，充分搅拌5～15min后，加入物料质量0.02%的氯化钙溶液，即在加入前，先将氯化钙在其3倍质量的蒸馏水中溶解，加热至温度90℃并自然冷却后加入。添加发酵剂使乳糖发酵产生乳酸，牛乳发酵产酸可提高凝乳酶的凝乳性和促进乳清排出。

添加氯化钙的目的是为了提高牛乳蛋白质的凝结性，减少凝乳酶的用量，缩短凝乳时间，并利于乳清排出。

5. 添加凝乳酶

牛乳凝结是干酪生产的基本工艺，它通常是通过添加凝乳酶来完成的。发酵20～40min后，加入物料质量0.003%的凝乳酶溶液，搅拌5min后停止，20min后开始观察。凝乳酶在添加前，先将质量分数为2%的食盐蒸馏水溶液煮沸并冷却至30～40℃（食盐水用量为凝乳酶的30倍），将称好的凝乳酶加入其中充分溶解（此操作过程注意对工器具的消毒）。

6. 凝块的切割

（1）凝乳终点的判定　加入凝乳酶20min后，开始观察判定凝乳终点，并用刀切割凝块，当其断面光滑、平整，有清晰乳清析出时，即为凝乳终点。凝乳时间一般控制在25～30min。

（2）切割的目的　当凝块达到所要求的硬度时，要对凝块进行切割，目的在于切割大凝块为小颗粒，从而缩短乳清从凝块中流出的时间，并增加凝块的表面积，改善凝块的收缩脱水特性。正确的切割对成品干酪的品质和产量都有重要意义。

（3）切割　将搅拌器换成切割刀，将凝块切割成0.5～1.0cm见方的小块。

7. 搅拌和加温

在搅拌凝乳颗粒的同时还要升温，其目的是促进凝乳颗粒收缩脱水，排出乳清，使凝乳变硬，形成稳定的质构。切割后的凝乳颗粒体积为0.5～1.0cm^3，搅拌5min后开始加热。搅拌加热时间模式为：加温速度控制为每3～5min升温1℃，同时温度每上升1℃速度调快1档，直至25～35min内升温至38～39℃时停止加热。

8. 保温

搅拌速度不变，保温30～50min。

9. 第一次排乳清

将凝乳颗粒和乳清用正位移泵泵至完成槽，并排出一部分乳清，搅拌3～5min。这里的完成槽即是干酪槽。

10. 静置

停止搅拌，取下搅拌器，静置沉降30min，使凝乳颗粒沉淀到完成槽的底部。

11. 第二次排乳清

静置30min后，将剩余乳清排出。在排出乳清的过程中将凝乳向槽两边堆积，以便进一步排出乳清。

12. 堆酿

保持夹层水的温度为38～40℃，观察凝乳颗粒被充分黏合后，将凝乳块切成约20cm宽的小块，然后每隔10min翻转、堆积1次，每翻转1次向上堆1层，共6～8次，当乳清滴定酸度为38～45°T、pH值为5.5时翻转结束。

13. 切碎、加盐

凝块被切磨成胡桃木大小的条状，再在这些凝块条表面撒上2%的干盐，搅拌20min使盐均匀分布于干酪中，停止搅拌。

14. 入模、压榨

将充分搅匀后的凝块装入清洗消毒后的干酪模中，放到压榨机上压榨，预压榨压力为294～490kPa，压榨时间为1～2h；后压榨压力为588～784kPa，压榨时间为10～12h。

15. 脱模、真空包装

脱模包装所有平台操作人员的手、臂，必须严格用质量分数为200×10^{-6}的次氯酸钠溶液消毒。真空包装一定要严密。

16. 称量、记录

将包装严密的干酪称重记录后，及时进入成熟室进行成熟。

17. 成熟

干酪成熟是指在一定温度、湿度和一段时间内，干酪中的蛋白质、脂肪和碳水化合物在微生物和酶的作用下发生降解的过程，它包含了一系列复杂的微生物学和生物化学的变化，这些变化形成了干酪特有的风味和质地。成熟室温度应为12～14℃，在此条件下成熟3～15个月。

三、注意事项

① 在搅拌加热过程中，温度上升必须缓和，以免凝乳颗粒表面收缩，妨碍脱水作用，造成干酪含水量过高；加热必须伴有强力搅拌，以防止凝块颗粒沉淀到底部。

② 堆酿这个步骤是契达干酪所特有的，把凝乳块切成砖状，并不断翻转，在10～

15min之后，把它们一块块堆叠起来。重复地翻转堆叠会使契达干酪具有特有的纹理特征。这样能通过个体凝乳颗粒的相互挤压，排出部分乳清，同时促进乳酸菌进一步生长产酸。

【自查自测】

1. 简述干酪的分类及其性质。
2. 简述干酪的制作流程。
3. 干酪制作过程中杀菌的目的是什么？
4. 在生产干酪的原料中氯化钙的作用是什么？
5. 简述干酪的缺陷及其防止方法。

项目三　再制干酪

【知识储备】

目前再制干酪在各国均有生产，而所有国家中又以美国的产量为最大，大约占世界再制干酪总量的一半。由于再制干酪加工过程中对风味进行了调整，而且乳化过程进行的同时也完成了杀菌，所以再制干酪具有货架期长、质地均一、口感柔和、口味更易于接受、包装形式多样、易于携带等特点，正是由于这些特点，再制干酪的消费量正在逐年增长，目前每年的消费量已经超过干酪产量的一半以上。

再制干酪组织状态滑腻致密，风味温和，比天然干酪更为可口，是一种易于保藏的方便乳品，它以天然干酪为主要原料，添加一些提供蛋白质、脂肪的原料（脱脂乳粉、乳蛋白、奶油等），再加上香料、色素、稳定剂、水，必要时添加防腐剂，然后在乳化、加热、搅拌、脱气、冷却的作用下形成。

由于再制干酪保质期长，风味多样，食用方便，比天然干酪容易被消费者接受，目前国内市场上再制干酪产品越来越多，消费量越来越大。随着对生产再制干酪工艺研究的深入，对生产设备的不断开发，我国的再制干酪产业将会有良好的发展前景。

一、再制干酪的分类

再制干酪总体来说可以分为两大类，即切片型和涂抹型两种。其中切片型再制干酪的产量占再制干酪总量的三分之一稍多，涂抹型再制干酪仍占主要部分。我国对干酪的消费主要是来自再制干酪。什么样的再制干酪更符合我国人民的饮食习惯和口味是需要解决的一个关键问题，这个问题一旦解决，我国干酪市场的潜力将大大表现出来。

二、再制干酪的特点

1. 具有较长的保质期

由于经过不同程度的热处理（巴氏杀菌或者UHT灭菌），再制干酪中大部分残留微生物和酶的活性被破坏，因此在炎热的天气下也能存放很长时间。

2. 具有柔和均一的口感

由于添加了乳化盐，酪蛋白的溶解性得以提高，脂肪表面形成了一个薄层，这种表面具有蛋白质薄层的脂肪球在加热过程中可以保持稳定而不分离，所以再制干酪在从固体转化为液体的过程中依旧能够保持均一的状态及柔和的口感。

3. 产品自由度大，形态多样，口味变化繁多

再制干酪生产过程中可以使一些难以利用的天然干酪被重新利用，包括变形的干酪及在整形、压榨和包装等过程中所产生的干酪碎片；硬质干酪在贮藏过程中出现的蛋白质、脂肪过度裂解及其他一些变化所导致的问题也可以得到解决。由于再制干酪可由多种干酪与其他

乳和非乳成分组成，因此可以生产质地、风味、大小和形状不同的干酪，使得干酪的花色品种更为丰富。

4. 可涂抹食品和调味品

再制干酪含乳固体40%以上，可以涂抹食品和调味品等。目前，发达国家再制干酪的产量占干酪总产量的50%；再制干酪中，涂抹型占60%以上。再制干酪之所以如此普及，在于其加工方式灵活多样，具体产品有块状、粉状和片状，风味也可随意调配，能够满足不同消费者的需求。

三、再制干酪的工艺流程

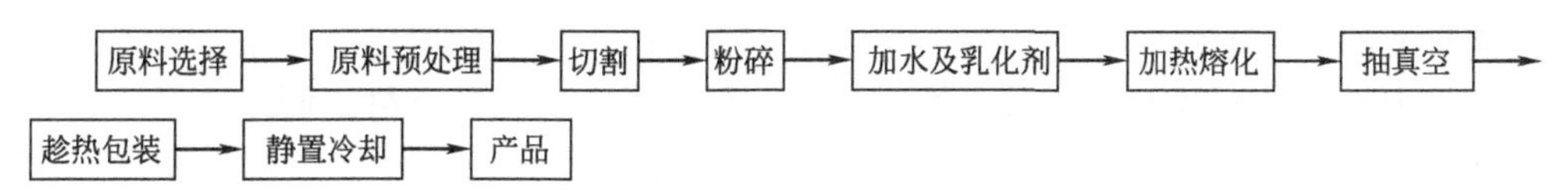

四、再制干酪生产的工艺要点

1. 原料选择

原生干酪的种类、组成、品质、成熟期对再制干酪成品的类型、外观、风味、组织状态、保存时间起决定作用，对其的选择是加工制造中重要环节之一。再制干酪的原料一般以成熟的硬质干酪为主体，如契达干酪、高达干酪，有时为了赋予产品独特的风味，常与奶油干酪、布里干酪、卡门贝尔干酪等软质干酪并用。

2. 原料切割

首先用剪刀去掉原生干酪最外面的塑料薄膜，然后用刮刀除去蜡和包膜涂料剂，如表面有龟裂、不洁的部分，以及干燥变硬的部分也都要除去。去皮的厚度根据干酪状态决定，如果去皮过厚，损耗多；而去皮过薄，乳化时容易残留未溶解的皮，从而影响组织状态。

3. 粉碎

切割后的原生干酪在熔化前都要经过搅拌、粉碎过程，主要是为了避免干酪由于氧化作用而产生一种腐臭风味，以及在熔化过程中产生浓度差异，从而影响产品质量。

4. 加水及乳化剂

当把原生干酪和黄油混合搅拌均匀后，在熔化锅中先加入乳清蛋白粉、脱脂乳粉、调味料、色素，然后再加入1%～3%的乳化剂，如柠檬酸钠、磷酸氢二钠、焦磷酸钠、多聚磷酸钠等，这些乳化剂可以单独使用，也可以混合使用，最后加入适量的纯净水，添加量为原生干酪质量的5%～10%，使成品的含水量达到40%～55%。将熔化锅顶盖盖好后，持续粉碎、搅拌、循环3～5min。

5. 加热熔化

加热熔化是再制干酪生产过程中最重要的阶段之一，熔化过程决定着再制干酪品质。熔化过程中必须注意熔化锅的种类、熔化温度、熔化时间以及搅拌速度。

6. 抽真空

抽真空的目的是去除加工过程中产生的一些挥发性气体或气味物质，同时去除产品中的泡沫，避免空气进入熔化锅。

7. 趁热包装

物料加热乳化抽完真空后，将物料输送到再制干酪包装机内立即包装。包装材料多使用玻璃纸或涂塑性蜡玻璃纸、铝箔、聚氯乙烯薄膜等。包装的量、形状和包装材料的选择，应考虑到食用、携带、运输方便等多种因素。

8. 静置冷却

再制干酪产品包装后应快速低温冷却，具体的冷却方式为：片状干酪产品包装后放入冷冻库应迅速降至10℃以下；块状干酪产品包装后放入冷冻库应迅速降至10℃以下；涂抹干酪产品包装后应迅速冷却，在冷冻库内30min降至8～12℃。将冷却后的再制干酪放入库房，成品库要保持适当的温度。

五、再制干酪制作中的影响因素

1. 乳化剂对再制干酪的影响

再制干酪是以不同种类和不同成熟度的天然干酪为主要原料，经粉碎并与乳化剂混合后，在一定真空度的条件下将混合物加热并持续搅拌所得的一种质地均匀的产品。除了天然干酪外，混合物中也可含有其他的乳及非乳成分，例如脱脂乳粉、香辛料、调味料等。

最早再制干酪的制作并不加入乳化剂。在1895年人们就开始尝试制作再制干酪，但人们发现只有在引入柠檬酸盐（特别是磷酸盐）作为乳化剂后，再制干酪的工业化生产才能成为可能。再制干酪的生产起源于欧洲，1912年用柠檬酸作为乳化剂被申请为专利。1917年在美国再制干酪开始由Kraft发展起来，他用柠檬酸盐和正磷酸盐作为乳化剂加工再制干酪，这种新产品使得一些以前很难被利用或不可能被利用的天然干酪再次获得新生，如前所述，例如变形的以及整形、压榨和包装等过程中产生的碎片，同时也解决了硬质干酪在贮藏过程中出现的蛋白质、脂肪的过度裂解和其他一些变化，以致不适于在自然形态下长期贮藏的问题。

因为不仅是由硬质干酪而是由多种干酪和其他乳和非乳成分组成，使生产出质地、风味、大小和形状不同的干酪成为可能，使得干酪的花色品种得以扩大。

乳化剂的作用原理：再制干酪是由水合态的酪蛋白及乳化剂等形成的一种胶体溶液体系。在一般的加工条件下，如果不加乳化剂就会使干酪组分分离而不能熔化，继而出现凝块收缩、脂肪和水分析出。因而，为了改善及稳定再制干酪的组织状态需要加入乳化剂。在这种水包油型（油/水）乳化体系中，油滴带有负电荷。根据乳化的表面张力理论，乳化剂吸附于水包油界面上，防止了电荷的损失及由此带来的油滴沉淀。乳化剂（熔化盐）在干酪生产过程中可以使产品具有一种独特的结构。常用的乳化剂可分为3类：磷酸盐、柠檬酸盐和混合盐。磷酸盐、链状磷酸盐和柠檬酸盐最为常用，实际中使用的乳化剂常为多种化合物的混合物，它们的成分也为制造者所保密。在生产再制干酪时乳化剂的明显作用就是增强干酪蛋白质的乳化能力，这主要通过以下几种方式来实现：

① 从蛋白质中分离出钙。乳化剂对干酪中的钙有整合作用，使原来与酪蛋白结合的钙溶解性提高，干酪蛋白质胶束的网状结构被破坏，包在结构中可与水结合的极性基被释放出来，提高了持水性。

② 蛋白质溶胶化及分散作用。乳化盐增加了离子强度，使处于凝结、半固态的干酪溶解性增加而成为溶胶状态，难溶于水的物质呈悬浊液分散。

③ 水合作用。乳化剂的加入可以提高干酪的亲水性及持水性，干酪块膨胀使产品柔软、品质得以改善。

④ 乳化脂肪并稳定乳化。

⑤ 稳定pH。乳化剂有缓冲pH的作用，可以抑制pH的变化。

⑥ 使产品在冷却后形成良好的结构。

2. pH值对再制干酪的影响

pH值是影响再制干酪功能特性的一个非常重要的因素。所有再制干酪的pH值均在5.2～6.0之间。早在1932年，有关各种不同pH值下的再制干酪结构就已经有了报道。pH

值影响水合乳化的过程，pH 值越高，越利于水合乳化。所以对于需要水合乳化程度较大的涂抹型再制干酪，pH 值应控制在 5.6～5.9；对于切片、切块再制干酪，pH 值应控制在 5.4～5.7。

pH 值微小的变化就会影响再制干酪的结构。pH 值的变化引起蛋白质溶解性的变化，蛋白质热致凝胶（如再制干酪）的乳化能力、酪蛋白分子相互交联作用、表观黏度都受 pH 值的影响。生产过程中，再制干酪的 pH 值应控制在 5.6～6.0，产品会形成规则的三维空间网络结构，脂肪球乳化性较好，并且均匀地镶嵌在蛋白质之间，也起到了阻碍蛋白质相互聚集、增加蛋白质持水能力的作用。

3. 加热时间对再制干酪的影响

加热时间对涂抹型再制干酪的硬度和熔化黏度均有显著影响。随着加热时间的延长，产品的硬度和熔化黏度逐渐增加，15～20min 时具有最大值，此时产品的稳定性较好。随着时间的继续延长，各值反而降低，此时产品的稳定性也下降。这可能与加工过程中蛋白质结构的变化相关。

加热时间为 5min 的再制干酪，酪蛋白形成的网状结构不规则且疏松。这主要是由于短时间的加热，乳化盐还没有对酪蛋白充分发挥作用。当加热时间为 15min 左右时，酪蛋白形成规则的网络结构，脂肪球面积减小，且均匀地镶嵌在酪蛋白之间。也就是说，再制干酪生产过程中，乳化盐与干酪间的相互作用是在加热过程中逐渐发生的，随着加热时间的延长，脂肪球的面积减小。当加热时间过长时，蛋白质结构成簇且密实，产品的组织不细腻，口感粗糙。这是由于长时间加热引起脂肪和蛋白质相互分离，蛋白质聚集成半固体结构，蛋白质-蛋白质的交联作用比蛋白质-脂肪、蛋白质-水的相互作用更强烈，因此加热时间会影响脂肪、水与蛋白质的作用程度。

4. 冷却方式对再制干酪的影响

冷却是再制干酪加工过程中的最后阶段，也是重要的阶段之一。在冷却过程中，酪蛋白逐渐形成连续的网状结构。慢速冷却的产品硬度和熔化黏度较高，快速冷却得到的产品硬度和熔化黏度相对较低。

慢速冷却条件下，形成的蛋白壁厚实，网状结构更密实；快速冷却的产品蛋白壁相对较薄，凝胶结构相对较弱。冷却过程中，由于疏水作用、静电作用、氢键以及其他化学力的作用，酪蛋白聚合交联，形成网状结构。冷却速度较慢时，形成强凝胶，且黏度大，这是由于形成的交联键的数量更多。

六、再制干酪的质量缺陷及防止办法

优质的熔化干酪具有均匀一致的淡黄色，有光泽，风味芳香，组织致密，硬度适当，有弹性，舌感润滑。但加工过程中也易出现以下缺陷：

1. 出现砂状结晶

砂状结晶中 98%为以磷酸三钙为主的混合磷酸盐。这种缺陷主要是因为添加粉末乳化剂时分布不均匀、乳化时间短、高温加热等造成。此外，当原料干酪的成熟度过高或蛋白质分解过度时，容易产生难溶的氨基酸结晶。

2. 质地太硬

产生原因为原料干酪成熟度低、蛋白质分解量少、水分和 pH 值过低等。防止措施是原料干酪的成熟度控制在 5 个月左右，pH 值控制在 5.6～6.0，水分不低于标准要求。

3. 膨胀和产生气孔

这一缺陷主要由微生物的繁殖而产生。加工过程中污染了酪酸菌、蛋白分解菌、大肠杆菌和酵母等，均能使产品产气膨胀。为防止这一缺陷，调配时原料尽量选择高质量的，并采用100℃以上的温度进行灭菌机乳化。

4. 脂肪分离

脂肪分离的原因为长时间放置在乳脂肪熔点以上的温度，或者是由于长时间保存，组织发生变化，过度低温贮存干酪冻结也能引起。当原料干酪成熟度过高、脂肪含量过多和pH值太低时，也容易引起脂肪分离。防止措施是将原料干酪中增加成熟度低的干酪、提高pH值和乳化温度以及延长乳化时间等。

5. 异常风味

选用的原料质量差、添加剂有异味、脂肪氧化、包装贮藏不善等都可以引起再制干酪风味异常。防止措施是保证不使用质量低劣的原料干酪，正确掌握操作工艺，成品应在冷藏条件下保存等。

七、再制干酪的质量控制

1. 原料选择

为了生产出组成成分一定的再制干酪产品，必须严格控制原生干酪的组成。原生干酪中的水分、脂肪以及固形物中脂肪含量不仅决定产品的水分、脂肪含量，而且影响乳化的状态和制品质地。即使是同一水分，高蛋白、低脂肪的产品组织状态偏硬，风味偏淡；相反，低蛋白、高脂肪的组织状态偏黏，风味饱满。因此，必须制定严格的品质管理制度，严格控制原生干酪品质，以保证成品质量稳定一致。原生干酪的成熟度对品质特性有很大的影响，成熟期短的干酪适合做风味温和的硬质再制干酪；成熟期长的原生干酪，风味浓郁，加热熔融性有所提高，但水合作用较弱，组织脆而柔软。一般将成熟期短的、中度成熟期、成熟期长的干酪，各自按照适当的比例配合，赋予不同品种再制干酪的产品特色。

2. 原料切割

去皮后的原料要切割成适度大小，也可根据加工工艺条件采用出口径较大的绞肉机或切碎机，将原生干酪切割成1～3cm的块状或片状，最后用磨碎机处理。如果加工量较小时，可使用一把双面握的切割刀或一条在两端装有木头把手的金属丝进行手工切割。

3. 粉碎

先把原生干酪和黄油加入熔化锅，再加入适量的纯净水，开始粉碎，注意防止物料飞溅。

4. 加水及乳化剂

（1）乳化剂　一般情况下，乳化剂最后加入熔化锅，由此可以避免发生结块，同时乳化剂具有离子交换作用，在加热条件下，乳化盐充分溶解，原生干酪中疏水性的酪蛋白钙与乳化盐中的钠离子进行离子交换，形成亲水性的酪蛋白钠，分散在水相中，其pH缓冲作用使最终产品的pH保持在5.6～6.3范围。另外，乳化剂的膨胀吸水作用使亲水性的酪蛋白吸收大量水分，锁定在蛋白质的内部。

（2）纯净水　干酪中的水分大部分和酪蛋白结合。要使乳化剂充分溶解，形成均一的乳状液，必须添加一定量的纯净水，才能形成稳定的乳化状态。

（3）碳酸钙或柠檬酸　再制干酪的pH值可以根据乳化盐进行调整，但是需要微调时可使用pH值调节剂，提高pH值时多采用碳酸氢钠或碳酸钙，降低pH值时多采用柠檬酸或乳酸。

（4）乳清蛋白粉、脱脂乳粉　通过加入脱脂乳粉、乳清蛋白粉、酪蛋白调整组成，以达到目标制品的组织状态和风味。

（5）调味料　赋予产品独特的风味。

（6）色素　通过在再制干酪中添加色素改变产品的色泽，满足消费者对产品的感官要求。通常可添加β-胡萝卜素等天然色素。

5. 加热熔化

加热熔化有以下三个重要参数：

(1) 熔化温度　它是保证乳化过程、杀灭微生物、延长保质期不可缺少的必要条件，从保存性来讲，通常要达到70～90℃。一般根据成品类型及特点确定乳化温度，启动熔化锅的加热按钮后，将片状干酪乳化温度设定在70～75℃、块状干酪乳化温度为85～90℃、涂抹干酪乳化温度为90～95℃。

(2) 熔化时间　一般干酪所要求的熔化时间为3～5min，从而达到稳定的乳化状态，不过部分产品的熔化时间也可能会达到7min。

(3) 搅拌速度　由于熔化锅种类不同，搅拌程度也完全不同，必须掌握每种熔化锅的搅拌特点。

6. 抽真空

抽真空因各地区的大气压不同而沸点各不相同，所以设定的真空度过低时容易发生内部沸腾现象，使再制干酪产生小气泡。在抽完真空后打开设备的顶盖，同时用测试铲取少量的样品，观察其乳化效果，不符合要求，可以采取其他措施，如果符合要求，即可进行出料包装。

7. 趁热包装

物料温度应保持在70℃以上，必要时使用温度计进行监测，如果温度下降、流动性降低，不仅会引起包装缺陷，而且质量的控制也比较困难。

8. 静置冷却

温度过低易产生较大的水结晶，为避免水结晶的产生，最好在5～10℃的条件下贮存。同时，温度要求保持恒定，如果发生变化，包材内会发生沉积，从而引起产品缺陷。

【产品指标要求】

一、感官要求

再制干酪感官要求见表6-4。

表6-4　再制干酪感官要求

项目	要求	检验方法
色泽	色泽均匀	取适量试样置于50mL烧杯中，在自然光下观察色泽和组织状态。闻其气味，用温开水漱口，品尝滋味
滋味及气味	易溶于口，有奶油润滑感，并有产品特有的滋味、气味	
组织状态	外表光滑；结构细腻、均匀、润滑，应有与产品口味相关原料的可见颗粒。无正常视力可见的外来杂质	

二、理化指标

再制干酪理化指标要求见表6-5。

表6-5　再制干酪理化指标要求

项目	指标					检验方法
脂肪(干物中)①(X_1)/%	$60.0 \leq X_1 \leq 75.0$	$45.0 \leq X_1 < 60.0$	$25.0 \leq X_1 < 45.0$	$10.0 \leq X_1 < 25.0$	$X_1 < 10.0$	GB 5413.3
最小干物质含量②(X_2)/%	44	41	31	29	25	GB 5009.3

① 干物质中脂肪含量（%）：X_1=[再制干酪脂肪质量/(再制干酪总质量－再制干酪水分质量)]×100%。

② 干物质含量（%）：X_2=[(再制干酪总质量－再制干酪水分质量)/再制干酪总质量]×100%。

三、微生物指标

再制干酪微生物指标要求见表 6-6。

表 6-6 再制干酪微生物指标要求

项目	采样方案[①]及限量(若非指定,均以 CFU/g 表示)				检验方法
	n	*c*	*m*	*M*	
菌落总数	5	2	100	1000	GB 4789.2
大肠菌群	5	2	100	1000	GB 4789.3 平板计数法
金黄色葡萄球菌	5	2	100	1000	GB 4789.10 平板计数法
沙门菌	5	0	0/25g	—	GB 4789.4
单核细胞增生李斯特菌	5	0	0/25g	—	GB 4789.30
酵母 ≤	50				GB 4789.15
霉菌 ≤	50				

① 样品的分析及处理按 GB 4789.1 和 GB 4789.18 执行。

【自查自测】

1. 再制干酪的特点有哪些?
2. 再制干酪在制作过程中加热熔化时需要注意哪些问题?
3. 简述再制干酪制作过程中乳化剂的作用原理。
4. 简述再制干酪的质量缺陷及防止办法。
5. 简述 pH 值对再制干酪的影响。

项目四 干酪的检验

【知识储备】

对于原包装小于或等于 500g 的制品可取相同批次的最小零售原包装，采样量不小于 5 倍或以上检验单位的样品；对于原包装大于 500g 的制品，应根据干酪的形状和类型，分别使用下列方法：①在距边缘不小于 10cm 处，把取样器向干酪中心斜插到一个平表面，进行一次或几次。②把取样器垂直插入一个面，并穿过干酪中心到对面。③从两个平面之间，将取样器水平插入干酪的竖直面，插向干酪中心。④若干酪是装在桶、箱或其他大容器中，或是将干酪制成压紧的大块时，将取样器从容器顶斜穿到底进行采样。采样量不小于 5 倍或以上检验单位的样品。

【检验任务一】干酪中柠檬酸盐的测定

一、实验原理

柠檬酸盐裂解酶（CL）将柠檬酸盐转化为草酰乙酸盐和乙酸盐，苹果酸脱氢酶（MDH）和乳酸脱氢酶（LDH）在还原型烟酰胺腺嘌呤二核苷酸（NADH）的存在下催化脱羧草酰乙酸盐以及脱羧产物丙酮酸盐，分别转化成 L-苹果酸和 L-乳酸。NADH 在反应中被氧化成了 NAD^+。在 340nm 处测定样品溶液中 NADH 的吸光度差值，计算样品中柠檬酸盐的含量。

二、试剂

（1）三氯乙酸溶液（200g/L） 称取20g三氯乙酸（CCl_3COOH）溶于水中，混匀，并定容至100mL。

（2）氢氧化钠溶液（200g/L）。

（3）氢氧化钠溶液（40g/L）。

（4）氢氧化钠溶液（4g/L）。

（5）氯化锌溶液（0.8g/L）。

（6）缓冲液（pH 7.8） 称取7.13g双甘氨肽（$H_2NCH_2CONHCH_2COOH$），溶解于70mL水中，转移至100mL容量瓶中。用氢氧化钠溶液（200g/L）调节pH至7.8，加入10mL氯化锌溶液（0.8g/L）并定容至100mL。充分混合。储存在0～4℃的冰箱中，此溶液可以保存4周。

（7）碳酸氢钠溶液（4.0g/L）。

（8）烟酰胺腺嘌呤二核苷酸（NADH）溶液。

（9）硫酸铵溶液（422g/L）。

（10）苹果酸脱氢酶（MDH）和乳酸脱氢酶（LDH）悬浊液 用硫酸铵溶液（422g/L）分别溶解苹果酸脱氢酶（猪心，EC1.1.1.37）和乳酸脱氢酶（兔肉，EC1.1.1.27），使苹果酸脱氢酶（MDH）的活性不低于600IU/mL和乳酸脱氢酶的活性不低于1400IU/mL。缓慢搅匀成悬浊液后，储存在0～4℃冰箱中，此溶液可以保存一年。

（11）柠檬酸盐裂解酶（CL）溶液 用0℃水溶解柠檬酸盐裂解酶（产气肠杆菌，EC4.1.3.6），使柠檬酸盐裂解酶的活性不低于40IU/mL。缓慢搅匀成悬浊液后，储存在0～4℃冰箱中，此溶液可以保存1周；在－20℃冰箱中，可以保存4周。

（12）柠檬酸标准溶液（160μg/mL） 称取175mg一水柠檬酸（$C_6H_8O_7 \cdot H_2O$），用水溶解后转移至1000mL容量瓶中，定容。充分混合。

三、仪器和设备

（1）pH计 精度为0.1。

（2）粉碎机。

（3）具塞刻度比色管：10mL，分度值0.1mL。

（4）中速滤纸。

（5）紫外可见分光光度计：340nm，1cm比色皿。

（6）水浴锅。

（7）天平 感量为0.1mg。

四、试样制备

1. 干酪

除去干酪的外壳或发霉的表层，使试样具代表性。用粉碎机将试样粉碎，混匀。

2. 干酪制品

选择具有代表性的试样，用粉碎机粉碎，混匀。

五、分析步骤

1. 试液制备

称取1g（精确至0.0001g）试样，溶于50mL的温水（40～50℃）中，全部转移入100mL容量瓶中，冷却至20℃。再加入10mL三氯乙酸溶液（200g/L），用水定容，混合均匀后静置30min。用滤纸过滤，弃去初滤液约10mL。吸取25mL滤液于烧杯中，用氢氧化钠溶液（40g/L）调节滤液pH至4后，再用氢氧化钠溶液（4g/L）调节pH至8。将烧杯中的溶液转移入100mL容量瓶中，用水定容。同时做空白试验。

2. 测定

（1）标准曲线的绘制　试剂在使用前恢复至室温。准确吸取0.00mL、0.50mL、1.00mL、1.50mL、2.00mL（相当于0μg、80μg、160μg、200μg、320μg柠檬酸）两组柠檬酸标准溶液，分别置于10mL比色管中，各加入1.00mL缓冲液（pH7.8）、0.10mL NADH溶液、0.02mL苹果酸脱氢酶（MDH）和乳酸脱氢酶（LDH）悬浊液，摇匀。在20～25℃水浴锅中保持5min，用水定容至5.00mL。其中一组用1cm比色皿，以空气作参比，在波长340nm处测定各比色管内溶液的吸光度A_0。另一组各加入0.02mL的柠檬酸盐裂解酶，混匀，在20～25℃水浴锅中保持10min，用1cm比色皿，以空气作参比，在波长340nm处测定各比色管内溶液的吸光度A_{10}。根据式(6-1)计算吸光度A，以柠檬酸含量为纵坐标、吸光度A为横坐标，绘制标准曲线。

$$A=A_0-A_{10} \tag{6-1}$$

式中　A_0——柠檬酸盐裂解酶添加前的吸光度；

A_{10}——柠檬酸盐裂解酶添加后水浴10min的吸光度。

注：如果吸光度降低超过0.800，用水溶液稀释样品和空白测试，重复上述步骤。

（2）试液吸光度的测定　用移液管吸取两份2.00mL试液，置于10mL比色管中。以下步骤同标准曲线的绘制中“各加入1.00mL缓冲液……绘制标准曲线”操作，在标准曲线上查出对应的柠檬酸含量。同时做空白试验。

六、分析结果的表述

样品中柠檬酸的含量按式(6-2)计算。

$$X=\frac{c\times V_1\times V_3}{10000\times m\times V_2\times V_4} \tag{6-2}$$

式中　X——样品中柠檬酸的含量，g/100g；

c——标准曲线上查出的试液中柠檬酸的含量，μg；

m——试样的质量，g；

V_1——试样经脱蛋白处理后的定容体积，mL；

V_2——吸取滤液体积，mL；

V_3——滤液定容体积，mL；

V_4——吸取试液体积，mL。

以重复性条件下获得的两次独立测定结果的算术平均值表示，结果保留三位有效数字。

【检验任务二】单核细胞增生李斯特菌检验

一、实验原理

此法适用于单核细胞增生李斯特菌含量较低（<100CFU/g）而杂菌含量较高的食品中单核细胞增生李斯特菌的计数，特别是牛乳、水以及含干扰菌落计数的颗粒物质的食品。

二、设备和材料

（1）均质器。

（2）离心管　30mm×100mm。

（3）单核细胞增生李斯特菌（*Listeria monocytogenes*）ATCC 19111或CMCC 54004，

或其他等效标准菌株。

（4）李氏增菌肉汤 LB（LB_1，LB_2）。

（5）李斯特菌显色培养基。

（6）缓冲蛋白胨水。

三、检验程序

单核细胞增生李斯特菌 MPN 计数法检验程序见图 6-7。

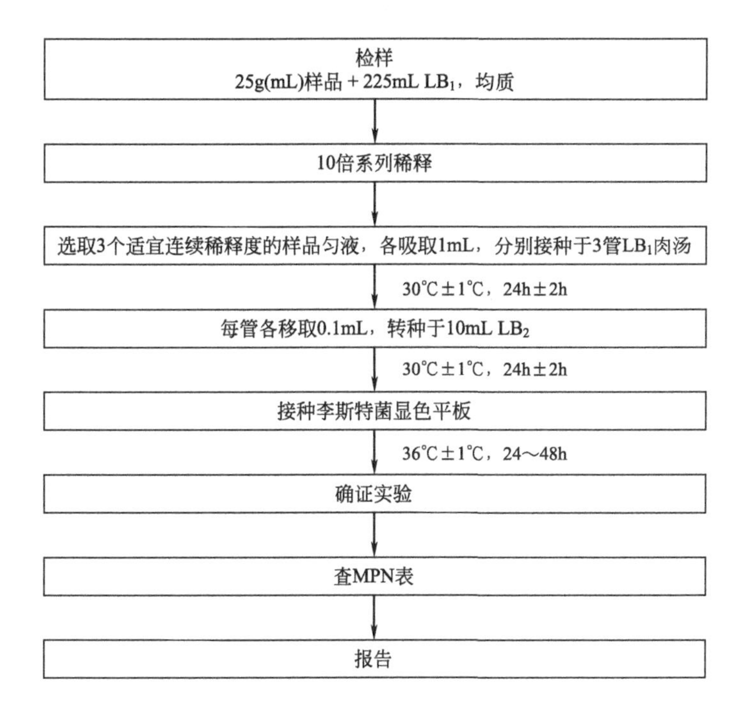

图 6-7　单核细胞增生李斯特菌 MPN 计数程序

四、操作步骤

1. 样品的稀释

以无菌操作称取样品 25g（mL），放入盛有 225mL 缓冲蛋白胨水或无添加剂的 LB 肉汤的无菌均质袋内（或均质杯）内，在拍击式均质器上连续均质 1～2min 或以 8000～10000r/min 均质 1～2min。液体样品，振荡混匀，制成 1∶10 的样品匀液。

用 1mL 无菌吸管或微量移液器吸取 1∶10 样品匀液 1mL，沿管壁缓慢注于盛有 9mL 缓冲蛋白胨水或无添加剂的 LB 肉汤的无菌试管中（注意吸管或吸头尖端不要触及稀释液面），振摇试管或换用 1 支 1mL 无菌吸管反复吹打使其混合均匀，制成 1∶100 的样品匀液。

制备 10 倍系列稀释样品匀液。每递增稀释 1 次，换用 1 支 1mL 无菌吸管或吸头。

2. 接种和培养

根据对样品污染状况的估计，选取 3 个适宜连续稀释度的样品匀液（液体样品可包括原液），接种于 10mL LB_1 肉汤，每一稀释度接种 3 管，每管接种 1mL（如果接种量需要超过 1mL，则用双料 LB_1 增菌液）于 30℃±1℃ 培养 24h±2h。每管各移取 0.1mL，转种于 10mL LB_2 增菌液内，于 30℃±1℃培养 24h±2h。

用接种环从各管中移取 1 环，接种李斯特菌显色平板，36℃±1℃培养 24～48h。

3. 结果与报告

根据证实为单核细胞增生李斯特菌阳性的试管管数，查 MPN 检索表（见表 3-6），报告每 g(mL) 样品中单核细胞增生李斯特菌的最可能数，以 MPN/g(mL) 表示。

【自查自测】

1. 柠檬酸盐的检验原理是什么？
2. 简述单核细胞增生李斯特菌定性检验的步骤流程。

情境七　乳制冰品生产与检验

项目一　冰　激　凌

【知识储备】

一、冰激凌的定义

冷冻饮品简称冷饮，是以饮用水、甜味料、乳制品、果品、豆品、食用油脂等为主要原料，加入适量的香精香料、着色剂、稳定剂、乳化剂等食品添加剂，经配料、灭菌、凝冻等工艺制成的冷冻固态饮品。冷冻饮品包括冰激凌、雪糕和奶冰类、雪泥和冰霜类、棒冰类等。

冰激凌是以饮用水、乳制品、蛋制品、甜味料、香味料、食用油脂等作为主要原料，加入适量香料、稳定剂、乳化剂、着色剂等食品添加剂，经混合、灭菌、均质、老化、凝冻等工艺或再经成型、硬化等工艺制成的体积膨胀、松软可口的冷冻饮品。

二、冰激凌的分类

冰激凌分类非常复杂，各种分类方式如下所述。

1. 按含脂率分类

（1）高级奶油冰激凌　高脂冰激凌，脂肪含量14%～16%，总固形物含量38%～42%。

（2）奶油冰激凌　中脂冰激凌，脂肪含量10%～12%，总固形物含量34%～38%。

（3）牛乳冰激凌　低脂冰激凌，脂肪含量6%～8%，总固形物含量32%～34%。

2. 按外形分类

（1）砖形冰激凌　将冰激凌包装在六面体纸盒中，冰激凌外形如砖块状。

（2）圆柱形冰激凌　冰激凌外形呈圆柱状，一般圆面直径和圆柱高度比例适宜，外形协调，同时也防止环境温度升高而融化。

（3）锥形冰激凌　将冰激凌包装在如蛋筒形（锥形）容器中硬化形成。

（4）杯形冰激凌　将冰激凌包装在如倒立圆台形纸杯和塑料容器中硬化形成。

（5）异形冰激凌　将冰激凌包装在形状各异的异形容器中硬化形成。

（6）装饰冰激凌　以冰激凌为基料，在其上面裱注各种奶油图案或文字，有一种装饰美感。

3. 按冰激凌硬度分类

（1）软质冰激凌　冰激凌经过适度凝冻后，现制现售，因温度只有－5～－3℃，膨胀率也只有30%～60%，口感没有硬化的好。

（2）硬质冰激凌　凝冻后的冰激凌经包装后再迅速硬化。

4. 按冰激凌的组织结构分类

（1）清型冰激凌　为单一风味的冰激凌，不含颗粒或块状辅料，如奶油冰激凌、香草冰激凌等。

（2）混合型全乳脂冰激凌　为含颗粒或块状辅料的制品，如草莓冰激凌、葡萄冰激凌等。

（3）组合型全乳脂冰激凌　主体含乳脂冰激凌的比率不低于50%，是和其他种类冷冻饮品或巧克力、饼坯等组合而成的制品，如巧克力奶油冰激凌、蛋卷奶油冰激凌等。

5. 按冰激凌的组分分类

（1）冰激凌完全由乳制品制备。

（2）含有植物油脂的冰激凌。

（3）添加了乳脂和非脂物质的果汁制成的莎白特冰激凌。

（4）由水、糖和浓缩果汁生产的棒冰类，基本不含乳脂肪。

6. 按添加物所处的位置分类

（1）涂层冰激凌　将凝冻后分装而未加外包装的冰激凌蘸于特制的物料中，可在冰激凌外部包裹一种外层，如巧克力冰激凌。

（2）夹心冰激凌　将凝冻后分装硬化而中心还未硬化的冰激凌，通过吸料工艺加入其他浆料，再硬化而成。

7. 按冰激凌的颜色分类

分为单色冰激凌、双色冰激凌、三色冰激凌等。

8. 按冰激凌所加的特色原料分类

分为果仁冰激凌、水果冰激凌、布丁冰激凌、糖果冰激凌、蔬菜冰激凌、果酒冰激凌、巧克力脆皮冰激凌等。

9. 按风味分类

分为巧克力冰激凌、咖啡冰激凌、薄荷冰激凌、香草冰激凌、草莓冰激凌、多味冰激凌等。

三、冰激凌的主要原辅料、添加剂

冰激凌要求具有鲜艳的色泽、饱满自然的风味、滑润的口感和细腻的组织结构等特点，而这些均与各种原辅材料质量有着很大的关系。用于冰激凌生产的原料、食品添加剂很多，主要有水、乳与乳制品、油脂、蛋与蛋制品、甜味剂、稳定剂、乳化剂、香精香料、着色剂等。

1. 水

水是冰激凌生产中不可缺少的一种主要原料，包括添加水和各种原料中的水。水分在冰激凌和雪糕中占有相当大的比例，它的许多性质对冰激凌的质量影响很大。因此，要求冰激凌用水必须符合国家生活饮用水标准。

2. 乳与乳制品

乳与乳制品是生产冰激凌的主要原料之一，是冷饮中脂肪和非脂乳固体的主要来源。冰激凌使用的乳与乳制品包括牛乳、稀奶油及奶油、炼乳、乳粉、乳清粉等。在选择乳与乳制品原料时应考虑鲜乳的贮藏与运输环境、滋味及状态是否正常，乳制品产品是否有QS（quality standard，质量标准）认证、出厂检验报告及各项指标是否合格，成本及使用的便利性以及风味及对产品组织结构的影响等因素。

（1）鲜牛乳　参见学习情境一。

（2）奶油、稀奶油及无水奶油

① 奶油　奶油又称黄油，以乳和（或）稀奶油（经发酵或不发酵）为原料，添加或不添加其他原料、食品添加剂和营养强化剂，经加工制成的脂肪含量不小于80%的产品。

② 稀奶油　以乳为原料，分离出的含脂肪的部分，添加或不添加其他原料、食品添加

剂和营养强化剂，经加工制成的脂肪含量在10.0%～80.0%的产品。稀奶油是新鲜牛乳中经高速离心法分离出来的乳脂肪，为淡黄色流体，无杂质、无异味及酸败现象。使用新鲜优质的稀奶油可使冰激凌具有良好的风味，而且使其组织结构和形体呈均匀柔腻的状态，具有很高的营养价值。冰激凌在配料时一般使用含脂率在40%的新鲜稀奶油。

③ 无水奶油　以乳和（或）奶油或稀奶油（经发酵或不发酵）为原料，添加或不添加食品添加剂和营养强化剂，经加工制成的脂肪含量不小于99.8%的产品。

奶油、稀奶油、无水奶油质量指标［参考《食品安全国家标准 稀奶油、奶油和无水奶油》（GB 19646—2010）］见表7-1。

表7-1　奶油、稀奶油、无水奶油质量指标

项目		稀奶油	奶油	无水奶油
色泽		呈均匀一致的乳白色、乳黄色或相应辅料应有的色泽		
滋味、气味		具有稀奶油、奶油、无水奶油或相应辅料应有的滋味和气味，无异味		
组织状态		均匀一致，允许有相应辅料的沉淀物，无正常视力可见异物		
水分含量/%	≤	—	16.0	0.1
脂肪含量/%	≥	10.0	80.0	99.8
酸度/(°T)	≤	30.0	20.0	—
非脂乳固体含量/%	≤	—	2.0	—

（3）炼乳　新鲜牛乳经浓缩装置浓缩至浓稠状态称为炼乳。炼乳易于保藏和便于运输，经过加工产生一种特有的乳香风味，被广泛使用。炼乳分为淡炼乳、加糖炼乳和调制炼乳。

在冰激凌混合原料配制中，采用一定比例的炼乳产品，成品质量优于采用乳粉和乳清粉所配制的产品。由于炼乳在配制过程中被加热至较高温度，在冰激凌中会有少许的蒸煮味；经过高温加热制成的炼乳会使配料具有较高的黏度和较好的凝冻搅拌速度，从而使冰激凌成品具有更佳的抗融性和保形性。

（4）乳粉　乳粉即以新鲜的牛乳为主要原料，添加动物或植物蛋白质、脂肪、维生素、矿物质等配料，除去其中几乎全部水分而制成的粉末乳制品。乳粉中含有较高脂肪和非脂乳固体，在冰激凌生产中能赋予产品良好的营养价值，使成品具有润滑细腻的口感。乳脂肪经均质以后，其乳化效果增高，可使料液黏度增加，凝冻搅拌时增大膨胀率，口感润滑。乳粉中的蛋白质具有一定的水合作用，除增加膨胀率外，还能防止冰晶的扩大，使产品组织细腻有弹性。

（5）乳清粉　以生乳为原料，采用凝乳酶、酸化或膜过滤等方式生产奶酪、酪蛋白及其他类似制品时，将凝乳块分离后而得到的液体称为乳清。以乳清为原料，经干燥制成的粉末状产品即为乳清粉。根据脱盐与否分为含盐乳清粉和脱盐乳清粉。冰激凌生产中使用较多的为脱盐乳清粉。脱盐乳清粉没有咸味，乳糖经降解作用，最终产品不会有砂化口感；在冰激凌、雪糕生产中通过和其他乳制品的配合，可节约成本。

3. 油脂

脂肪是冰激凌的主要组成部分，在冰激凌中能改善其组织结构，赋予可口的滋味。脂肪的品质与质量直接影响产品的组织形态、口融性、滋味和稳定性。

冰激凌用脂肪一般有奶油、人造奶油、硬化油和其他植物油脂，如棕榈油、椰子油等。

由于奶油价格昂贵，为降低生产成本，生产冰激凌可使用人造奶油、硬化油和其他植物油。

(1) 人造奶油　人造奶油是以精制食用油添加水及其他辅料，经过乳化、急冷、捏合成的具有天然奶油特色的可塑性制品。一般是将动植物油脂及硬化油以适当比例混合，再加入适量色素、乳化剂、香精、防腐剂等经搅合乳化制成。人造奶油脂肪含量在80%以上，水分16%以下，食盐不超过4%。

(2) 硬化油　硬化油又称氢化油，是用不饱和脂肪酸含量较高的棉籽油、鱼油等经脱酸、脱色、脱臭等工序精炼，再经氢化而得。油脂经氢化后熔点一般为38～46℃，不但自身的抗氧化性能提高，而且还具有熔点高、硬度好、可塑性强的优点，很适合用作提高冰激凌含脂量的原料。

(3) 棕榈油与棕榈仁油　棕榈油是由鲜棕榈果实中的果皮（含油30%～70%）经加工后取得的脂肪。油脂中的脂肪酸主要是棕榈酸与油酸。棕榈油经精制加工后可用于烹调或食品加工。由棕榈果中脂肪含量在40%～50%的果仁经加工后取得的脂肪称棕榈仁油。

棕榈仁油中所含的脂肪酸多为月桂酸、豆蔻酸。棕榈仁油经精制后也可用于烹调或食品加工。由于棕榈油与棕榈仁油价格便宜、气味纯正，含有一定有利于人体生长发育、延缓衰老功用的维生素E和高含量的β-胡萝卜素，具有一定的可塑性，在冰激凌生产中广泛应用。

4. 甜味剂

甜味剂是赋予食品甜味的一类食品添加剂。甜味剂在食品中的作用包括改善口感、调节和增强风味、掩蔽不良风味等。理想的甜味剂应具有生理安全性、甜味纯正、稳定性好、价格合理等特点。冰激凌使用的甜味料主要有蔗糖、葡萄糖、果葡糖浆、淀粉糖浆及木糖醇、糖精钠、甜蜜素、阿斯巴甜、蔗糖素、安赛蜜等。

5. 蛋与蛋制品

蛋与蛋制品能提高冰激凌的营养价值，改善其组织结构、形态及风味。鸡蛋及其制品中含有卵磷脂，卵磷脂可使冰激凌或雪糕形成永久性的乳化能力，同时蛋与蛋制品也可当作稳定剂在冰激凌中应用。

(1) 鸡蛋　鸡蛋主要由蛋壳、蛋白、蛋黄三部分组成，蛋壳大约占11.5%，蛋白占58.5%，蛋黄占30%左右。蛋白占鸡蛋质量的多半，鸡蛋白本身也是一种发泡性很好的物质，在冰激凌生产中也能赋予料液较好的搅打性和蜂窝效果。蛋黄中卵磷脂能赋予冰激凌较好的乳化能力。

(2) 蛋制品　蛋制品主要包括冰全蛋、冰蛋黄、全蛋粉和蛋黄粉。冰全蛋和冰蛋黄是由鲜鸡蛋经照蛋质检、消毒处理、打蛋去壳、蛋液过滤、喷雾干燥而制成的蛋制品及用分离出来的鲜蛋黄经加工处理和喷雾干燥制成的蛋制品。在冰激凌生产中广泛使用蛋黄粉来保持凝冻搅拌的质量，其用量一般为0.3%～0.5%，含量过高则有蛋腥味。

6. 乳化剂及稳定剂

(1) 乳化剂　乳化剂是一种能使两种或两种以上互不相溶的液体均匀地分散成乳化液或乳浊液的物质。乳化剂分子中同时具有亲水基和亲油基，是易在水和油的界面形成吸附层的表面活性剂。乳化剂分为水包油型（O/W）和油包水型（W/O）两种。

冰激凌成分非常复杂，乳化剂在冰激凌中的作用主要包括：改善脂肪在混合料中的分散性，使均质后的混合料呈稳定的乳浊液，提高产品的分散稳定性；提高混合料的起泡性和膨胀性；阻止热传导和结晶的增大、脂肪的聚集，使冰激凌组织细腻；增强冰激凌的抗融性和抗收缩性。

冰激凌加工常用的乳化剂如下所述。

① 分子蒸馏单甘酯　分子蒸馏单甘酯价格便宜，使用方便，是一种优质高效乳化剂，

具有乳化、稳定、分散等作用，为油包水型（W/O），其乳化能力很强，也可用作水包油型乳化剂使用，亲水亲油平衡值（HLB值）为3.8。

② 卵磷脂　卵磷脂存在于大豆、花生等油料种子和蛋黄中，是一种纯天然优质乳化剂，具有较强的乳化、润湿、分散作用，通常与其他乳化剂复配在冰激凌生产过程中添加。

③ 蔗糖脂肪酸酯　蔗糖脂肪酸酯简称蔗糖酯，有高亲水性和高亲油性，HLB值为3～15。高亲水性产品能使水包油乳液非常稳定，用于冰激凌宜采用HLB值为11～15的产品，可与单硬脂酸甘油酯复合用于冰激凌，改善乳化稳定性和起泡性。其对淀粉有显著的防老化作用。但其耐高温性较差，价格较高，一般与单甘酯复配用于冰激凌生产。

④ 三聚甘油单硬脂酸酯　由三聚甘油和食用脂肪酸高温合成，为乳白色至淡黄色固体，兼有亲水亲油特性，是一种高效乳化剂，有很强的发泡、乳化作用，HLB值7.2，能提高食品的搅打性和发泡率，制成的冰激凌产品膨胀率高，口感细腻、滑润，且保形性较好。

⑤ 酪蛋白酸钠　由牛乳中的酪蛋白加NaOH反应制成，是优质的乳化剂、稳定剂和蛋白强化剂，有增稠、发泡和保泡的作用，使产品起泡稳定，防止反砂收缩，在冰激凌中的添加量一般为0.2%～0.3%。

⑥ 司盘60　司盘60即山梨醇酐单硬脂酸酯，为亲油性乳化剂，HLB值为4.7。司盘系列都是非离子型乳化剂，有很强的乳化能力、较好的水分散性和防止油脂结晶性能，目前主要品种有山梨醇、单硬脂酸酯、山梨醇三硬脂酸酯、山梨醇单月桂酸酯、山梨醇油酸酯、山梨醇单棕榈油酸酯，既溶于水又溶于油，适合制成水包油型和油包水型两种乳浊液。

⑦ 吐温80　吐温80即聚氧乙烯山梨醇酐单油酸酯，是山梨糖醇及单、双酐与油酸部分酯化的混合物，再与氧化乙烯缩合而成，为黄色至橙色油状液体，有轻微特殊臭味，略带苦味，为水包油型乳化剂。

(2) 稳定剂　稳定剂是具有亲水性、增稠作用的一类物质，它们能稳定和改善冰激凌的物理性质和组织结构，提高冰激凌在贮藏中的稳定性、膨胀率和抗融性，防止或抑制冰激凌中结晶的生长。

冰激凌加工常用的稳定剂种类如下所述。

① 明胶　明胶为动物的皮、骨、软骨、韧带、肌膜等含有的胶原蛋白，经部分水解后得到的高分子多肽混合物。明胶不溶于冷水，溶于热水，冷却后形成凝胶。明胶是应用于冰激凌最早的稳定剂之一，其在凝冻和硬化过程中形成凝胶体，可以阻止结晶增大，保持冰激凌柔软、光滑、细腻。其使用量不超过0.5%。

② 卡拉胶　卡拉胶又称角叉莱胶，在冰激凌中κ-型卡拉胶凝胶效果最好，不溶于冷水，其凝胶具有热可逆性，κ-型卡拉胶与刺槐豆胶配合可形成有弹性和内聚力的凝胶；与黄原胶配合可形成柔软、有弹性和内聚力的凝胶；与魔芋胶配合可获得有弹性、对热可逆性的凝胶。钾离子的存在可使凝胶强度达到最大，钙离子的加入则使凝胶收缩并趋于脆性，调整不同的离子浓度可以改变凝胶强度和凝胶温度；蔗糖的存在可增进凝胶的透明度。卡拉胶具有稳定酪蛋白胶束的能力，具有防止脱水收缩、使产品质地厚实、提高抗融性的特点。

③ 黄原胶　黄原胶又称汉生胶或黄杆菌胶，为类白色或淡黄色颗粒或粉末状体，微臭，易溶于水，耐酸碱，抗酶解，且不受温度变化的影响。其特点是假塑流动性，即黏度随剪切速度的降低而迅速恢复，有良好的分散作用、乳化稳定作用和悬浮稳定性以及优良的反复冷冻、解冻耐受性，与其他稳定剂协同性较好，与瓜尔豆胶复合使用可提高黏度，与刺槐豆胶复合使用可形成弹性凝胶。

④ 果胶　果胶是从柑橘皮、苹果皮等含胶质丰富的果皮中制得。果胶分为高甲氧基果胶和低甲氧基果胶。冰激凌使用高甲氧基含量高的为好，可使冰激凌润滑丰美、没有砂砺

感，添加量为0.03%，与植物胶混合使用效果会更好。

⑤ 海藻酸钠　海藻酸钠又称褐藻酸钠、藻酸钠、海带胶，为亲水性高分子化合物，其水溶性好，冷水可溶。海藻酸钠的水溶液与钙离子接触时形成热不可逆凝胶。通过加入钙离子的多少以及海藻酸钠浓度来控制凝胶的时间及强度。海藻酸钠可很好地保持冰激凌的形态，防止体积收缩，有效保持组织砂状。

⑥ 魔芋胶　魔芋胶又称甘露胶，是天然胶中黏度最高的亲水胶之一。魔芋胶色泽洁白，颗粒细腻均匀，无魔芋特有气味，有很高的吸水性，其亲水体积可获得100倍以上的膨胀，有很高的黏稠性和悬浮性，具较强的凝胶作用。其与淀粉在高温下有良好的水合作用；与刺槐豆胶、卡拉胶、海藻酸钠有很好的配伍作用，可改善凝胶的弹性和强度。将其加入冰激凌中可以改善组织状态，提高黏度和膨胀率，使产品组织细腻滑润，吸水率、抗融性增强，防止粗糙冰晶的形成。

⑦ 羧甲基纤维素钠　羧甲基纤维素钠（简称CMC-Na）为白色纤维状或颗粒状粉末，无臭无味，水溶性好，冷水可溶，无凝胶作用，在冰激凌中应用具有口感良好、组织细腻、不易变形、质地厚实、搅打性好等优点，但其风味释放差，易导致口感黏，对贮藏稳定性作用不大，其水溶液对热不稳定。其与海藻酸钠复合使用亲水性可大大增强。

⑧ 瓜尔豆胶　瓜尔豆胶是一种高效增稠剂，其水溶性好，无凝胶作用，黏度高，价格低，是使用最广泛的一种增稠剂。在冰激凌中使用瓜尔豆胶可使产品质地厚实，赋予浆料高黏度。

⑨ 刺槐豆胶　刺槐豆胶又称角豆胶、槐豆胶，是一种以半乳糖和甘露糖残基为结构单元的多糖化合物，对组织形体具有良好的保持性能，单独使用时，对冰激凌混合原料有乳清分离的倾向，常与瓜尔豆胶、卡拉胶复配使用，使冰激凌具有清爽口感、富奶油感，有良好的贮藏稳定性、优良的风味释放性，但其价格较高，易造成收缩脱水。

⑩ 亚麻籽胶　亚麻籽胶又名富兰克胶、胡麻胶，是一种以多糖为主的种子胶。它不仅具有较好的保湿作用，而且具有较大的持水量，在食品工业中可以替代果胶、琼脂、阿拉伯胶、海藻胶等，用作增稠剂、黏合剂、稳定剂、乳化剂和发泡剂。将亚麻籽胶应用于冰激凌中，能较好地改善冰激凌浆料的黏度，充分乳化油脂，从而使冰激凌口感细腻，同时提高了产品的抗融性及成品率。亚麻籽胶与其他多糖类亲水胶体具有较好的协同作用，也能与某些线性多糖，如黄原胶、魔芋粉、琼脂糖胶相互作用形成复合体，从而具有一定的协同增效作用。

⑪ 复合乳化稳定剂　随着科技的进步，为了满足冰激凌生产需要，已广泛采用复合乳化稳定剂来替代单体稳定剂的使用。采用复合乳化稳定剂可避免单体乳化剂、稳定剂的缺陷，得到整体协同作用；充分发挥各种亲水性胶体的有效作用；可获得具有良好膨胀率、抗融性、组织结构和口感的冰激凌；提高生产的精确性。

7. 香精香料

香味是食品的一项重要感官指标，有些食品本身并没有香味或香味不足或香味欠佳，常常需要添加香精香料来改善、增强风味或掩盖不良风味。在食品中添加香精、香料可起到激发和促进食欲的作用。在冰激凌中添加香料的目的是使其具有醇和、自然的口味。

香精在冰激凌中的作用包括：①赋香作用，产品本身并无香气或香气很微弱时，通过添加特定香型的香精、香料使其具有一定类型的香气和香味；②补充作用，产品本身具有较好的香气，由于生产加工中香气的损失或者自身香气浓度、香味强度不足，通过选用香气与之相对应的香精、香料来进行补充；③矫味作用，某些产品在生产加工过程中产生不好的气味时，可通过加香来矫正其气味，使容易接受。

（1）食用香料　食用香料是指能被嗅觉闻出气味或味觉尝出味道的用来配制香精或直接给食品加香的物质。按其来源可分为天然香料和人工合成香料。天然香料种类很多，冰激凌中使用的主要是柑橘油类和柠檬油类。

（2）食用香精　食用香精是模仿天然食品的香味，采用各种香料经精心调配而成的具有天然风味的各种香型的香精。在冰激凌中使用的香精有水溶性香精、油溶性香精、乳化类香精、粉末类香精和微胶囊香精。其中，油溶性香精和粉末类香精在冰激凌中应用很少，水溶性香精、乳化类香精在冰激凌中应用较广泛。

8. 酸度调节剂

酸度调节剂是用以维持或改变食品酸碱度，赋予食品酸味为主要目的的食品添加剂，可给人爽快的感觉，增进食欲。冰激凌中常用的酸味剂主要有柠檬酸、苹果酸、乳酸、酒石酸等。

9. 着色剂

着色剂是一种能赋予食品色泽和改善食品色泽的物质。天然食品大都具有令人赏心悦目的色泽，但在加工过程中，因各种加工条件的影响，会使食品物料出现褪色或变色的现象，从而使产品感官品质下降，为了维持和改善食品色泽，就需进行人工着色，以满足产品的感官需要。

食用天然色素主要有红曲红、红花黄、姜黄、胭脂虫红、焦糖、β-胡萝卜素、栀子黄等，食用合成色素有苋菜红、胭脂红、柠檬黄、日落黄、亮蓝等。生产中根据需要选择2～3种基本色，拼配成不同颜色。

10. 其他

（1）咖啡　由咖啡豆经发酵、干燥、烤炒、去壳、粉碎等一系列工艺制成。咖啡香味浓郁，具有提神、醒脑作用，有助于体内脂肪分解并将其转化为能量以维持体力。

（2）巧克力　以可可粉、可可脂或代可可脂、白砂糖、奶糖为主要原料，经精磨、均质等工艺制成的有香甜乳味的食品，在一些高档冰激凌中会用到巧克力。

（3）可可粉　从可可料中压出部分可可脂后成为可可饼，再将可可饼进一步碎裂、磨细、筛粉，制成可可粉。根据含脂量不同可将其分为低脂可可粉（脂肪含量在12%以下）、中脂可可粉（脂肪含量在12%～22%）、高脂可可粉（脂肪含量＞22%）。其用于制作可可冰激凌或者巧克力冰激凌。

（4）淀粉　淀粉的种类很多，有小麦淀粉、玉米淀粉、马铃薯淀粉、甘薯淀粉、木薯淀粉、变性淀粉等。其在雪糕生产中使用较多，主要起稳定增稠作用，是廉价的填充物。

（5）麦芽糊精　麦芽糊精是以淀粉为原料，经淀粉酶低程度转化、浓缩、喷雾干燥等工艺制成的一种介于淀粉与糖之间的纯碳水化合物。麦芽糊精甜度低、黏度高、溶解性好、无异味、易消化、吸湿性低、耐高温，在饮料、冷饮中能提高产品溶解性，使产品光泽度好、冰粒膨胀细腻、黏稠性能好、爽口无煳味。

（6）血糯米粉、薏米粒　它们的主要成分均为淀粉，以支链淀粉为主，糯米粉抗老化性强，几乎无凝胶性能。

（7）果蔬及果蔬汁　水果蔬菜营养丰富，某些原料还含有大量对人体有益的生物活性物质，利用果蔬原料或将其加工成果蔬汁生产果蔬冰激凌越来越受到人们的青睐。用于生产冰激凌的果蔬原料有很多，如草莓、苹果、柑橘、菠萝、猕猴桃、樱桃、杧果、椰子、香菇、海带、胡萝卜等。

（8）果仁、果脯　在冰激凌中加入果仁不仅能给产品带来相应的香味，还能使产品的色、香、味、形融为一体，常用的果仁有核桃仁、花生仁等。果脯作为一种特色原料加入冰激凌中能使产品更具风味和特色，常用的果脯有山楂脯、苹果脯、蜜枣、青梅脯等。

(9) 花生　花生营养丰富，是一种良好的油料作物和植物蛋白资源。花生中所含的赖氨酸、谷氨酸和天冬氨酸等可防止过早衰老，增强记忆力。花生中所含的不饱和脂肪酸多，可有效降低血液总胆固醇，以花生为原料再配以植物脂肪等辅料生产出来的花生冰激凌口感细腻、蛋白质含量高，且有花生特有的香味。

(10) 大豆　大豆营养丰富，是良好的植物蛋白资源，富含蛋白质、赖氨酸、大豆异黄酮等物质。以大豆为原料制成豆乳或豆粉添加到冰激凌中不但可以降低成本，而且可以提高产品营养价值。

(11) 其他　为满足各类人群食用，产品生产商开发了很多的特色冰激凌产品，比如玉米冰激凌、红枣冰激凌、绿茶冰激凌、啤酒冰激凌、芝麻装饰冰激凌、果酱冰激凌等。

四、冰激凌生产工艺流程

五、工艺要求

1. 原料的配比与计算

冰激凌原料配比的计算即为冰激凌混合原料的标准化。在冰激凌混合原料标准化的计算中，首先应掌握配制冰激凌原料的成分，然后按冰激凌质量标准进行计算。表 7-2 所示为典型冰激凌组成。

表 7-2　典型冰激凌组成　　单位：%

冰激凌类型	脂肪	非脂乳固体	糖	乳化剂、稳定剂	水分	膨胀率
甜点冰激凌	15	10	15	0.3	59.7	110
冰激凌	10	11	14	0.4	64.6	100
冰奶	4	12	13	0.6	70.4	85
莎白特	2	4	22	0.4	71.6	50
冰果	0	0	22	0.2	77.8	—

(1) 原料配比的原则　原则上要考虑脂肪与非脂乳固体物成分的比例，总干物质含量，糖的种类和数量，乳化剂、稳定剂的选择与数量等。在冰激凌混合料配方计算时，还需要适当考虑原料的成本和对成品质量的影响。例如为适当降低成本，结合具体产品品质要求，在一般奶油或牛乳冰激凌中可以采用部分优质氢化油代替奶油。

(2) 配方的计算　首先必须了解各种原料和冰激凌质量标准，作为配方计算的依据。例如现备有脂肪含量 30%、非脂乳固体含量为 6.4%的稀奶油，含脂率 4.0%、非脂乳固体含量为 8.8%的牛乳，脂肪含量 8%、非脂乳固体含量 20%、含糖量为 40%的甜炼乳及蔗糖等原料（见表 7-3）。拟配制 100kg 脂肪含量 12%、非脂乳固体含量 11%、蔗糖含量 14%、明胶稳定剂 0.5%、乳化剂 0.4%、香料 0.1%的混合料，试计算各种原料的用量。

① 先计算稳定剂、乳化剂和香精的需要量

稳定剂（明胶）：0.005×100=0.5(kg)

乳化剂：0.004×100=0.4(kg)

表 7-3 主要原料成分表 单位：%

原料名称	原料成分			
	脂肪	非脂乳固体	糖	总固形物
稀奶油	30	6.4	—	36.4
牛乳	4	8.8	—	12.8
甜炼乳	8	20	40	68
蔗糖	—	—	100	100

香料：0.001×100=0.1(kg)

② 求出乳与乳制品和糖的需要量　由于冰激凌的乳固体含量和糖类分别由稀奶油、原料牛乳、甜炼乳引入，而糖类则由甜炼乳和蔗糖引入，故可设：稀奶油的需要量为 A，原料牛乳需要量为 B，甜炼乳的需要量为 C，蔗糖的需要量为 D。

则：$A+B+C+D+0.5+0.4+0.1=100$(kg)

各种原料采用的物料量：

脂肪为 $0.3A+0.04B+0.08C=12$(kg)

非脂乳固体为 $0.064A+0.088B+0.2C=11$(kg)

糖为 $0.4C+D=14$(kg)

解上述方程式，分别得：$A=26.98$kg（稀奶油），$B=41.03$kg（原料牛乳），$C=28.31$kg（甜炼乳），$D=2.68$kg（蔗糖）。

③ 核算

a. 100kg 混合原料中要求含有：脂肪 100×0.12=12(kg)；非脂乳固体 100×0.11=11(kg)；蔗糖 100×0.14=14(kg)。

b. 所配制的 100kg 混合原料中现含有：

脂肪量共 11.99kg。由稀奶油引入 26.98×0.3=8.09(kg)；由原料牛乳引入 41.03×0.04=1.64(kg)；由甜炼乳引入 28.31×0.08=2.26(kg)。

非脂乳固体共 11.0kg。由稀奶油引入 26.98×0.064=1.73(kg)；由原料牛乳引入 41.03×0.088=3.61(kg)；由甜炼乳引入 28.31×0.2=5.66(kg)。

蔗糖共 14.0kg。由甜炼乳引入 28.31×0.4=11.32(kg)；由砂糖引入 2.68g。

c. 将上述计算的冰激凌原料的配合比例汇总见表 7-4。

表 7-4 冰激凌混合原料的配合比例 单位：kg

原料名称	配合比	脂肪	非脂乳固体	糖	总干物质
稀奶油	26.98	8.09	1.73	—	9.82
原料牛乳	41.03	1.64	3.61	—	5.25
甜炼乳	28.31	2.26	5.66	11.32	19.24
蔗糖	2.68	—	—	2.68	2.68
稳定剂(明胶)	0.5	—	—	—	0.5
乳化剂	0.4	—	—	—	0.4
香料	0.1	—	—	—	0.1
合计	100	11.99	11.0	14.0	37.99

(3) 混合原料的配制　冰激凌混合原料的配制一般在杀菌缸内进行，杀菌缸应具有杀菌、搅拌和冷却的功能。配制时，原料需经相应处理，具体为砂糖应另备容器，预制成为65%～70%的糖浆备用；牛乳、炼乳及乳粉等也熔化混合经100～120目筛过滤后使用；蛋品和乳粉必要时，除先加水溶化过滤外，还应采取均质处理；奶油或氢化油可先加热熔化，筛滤后使用；明胶或琼脂等稳定剂可先制成10%的溶液后加入；香料则在凝冻前添加为宜，待各种配料加入后，充分搅拌均匀。混合料的酸度以控制在0.18%～0.20%范围为宜，酸度过高应在杀菌前进行调整，可用NaOH或$NaHCO_3$进行中和，但不得过度，否则会产生涩味。

一般而言，干物料需称重，而液体物料既可以称重，也可以进行体积计量。在小型工厂，生产能力小，所以全部干物料通常称重后加入混料缸，这些混料缸都能间接加热并带有搅拌器。大型工厂生产使用自动化设施，这些设施一般按生产商特定要求进行制造。缸中的原料被加热并混合均匀，随后进行巴氏杀菌和均质。在大型生产厂通常有两个混料缸，其生产能力按巴氏杀菌器的每小时生产能力设计，以保证一个稳定的连续流动。干物料尤其是乳粉通常被加入一个混料单元，在此液体循环流过，形成一定喷射状态将乳粉吸入到液体中。在液体返回到缸之前，液体被加热到50～60℃以提高溶解性。液态物料如乳、稀奶油、糖液等经计量泵入混料缸。

2. 均质

未经均质处理的混合料虽也可制造冰激凌，但成品质地较粗。欲使冰激凌组织细腻，形体润滑柔软，稳定性和持久性增加，提高膨胀率，减少冰结晶等，均质十分必要。杀菌之后料温在63～65℃，采用均质机以15～18MPa压力均质。

控制混合原料的温度和均质的压力是很重要的，它们与混合原料的凝冻搅拌以及制品的形体组织有密切关系。在较低温度（46～52℃）下均质，料液黏度大，则均质效果不良，需延长凝冻搅拌时间；当在最佳温度（63～65℃）下均质时，凝冻搅拌所需时间可以缩短；如果在高于80℃的温度下均质，则会促进脂肪聚集，且会使膨胀率降低。均质压力过低，脂肪乳化效果不佳，会影响制品的质地与形体；若均质压力过高，使混合料黏度过大，凝冻搅拌时空气不易混入，这样为了达到所要求的膨胀率则需延长凝冻搅拌时间。

3. 杀菌

在杀菌缸内进行杀菌，可采用75～78℃、15min的巴氏杀菌条件，能杀灭病原菌等，但可能残存耐热的芽孢杆菌等微生物。如果所用原材料含菌量较多，在不影响冰激凌品质的条件下，可选用75～76℃、20～30min的杀菌工艺，以保证混合料中杂菌数低于50个/g。若需着色，则在杀菌搅拌初期加入色素。

4. 冷却与成熟

混合原料经过均质处理后，温度在60℃以上，应将其迅速冷却下来，以适应老化的需要。

(1) 冷却的目的及要求

① 防止脂肪球上浮　混合料经均质后，大脂肪球变成了小脂肪微粒，但这时的形态并不稳定，加之温度较高，混合料黏度较低，脂肪球易于相互聚集、上浮；而温度的迅速降低，使黏度增大，脂肪球也就难以聚集和上浮了。

② 适应成熟操作的需要　混合料的成熟温度为2～4℃，使温度在60℃以上的混合料得以尽快进入成熟操作，必须使其中的温差迅速缩小，而冷却正是为了适应这种需要，从而缩短了工艺操作时间。

③ 提高产品质量　均质后的混合料温度过高，会使混合料的酸度增加，降低风味，并

使香味逸散加快，而温度的迅速降低，则可避免这些缺陷，稳定产品质量。

(2) 成熟 冰激凌成熟是将混合原料在2～4℃的低温下冷藏一定时间，也称为“老化”。此过程其实只是脂肪、蛋白质和稳定剂的水合过程，稳定剂充分吸收水分，使料液黏度增加，有利于凝冻搅拌时膨胀率提高。一般制品成熟时间为2～24h。成熟时间长短与温度有关，例如在2～4℃时进行成熟需要延续4h；而在0～1℃，则约2h即可；高于6℃时，即使延长了成熟时间也达不到良好效果。

成熟持续时间与混合料的组成成分也有关，干物质越多，黏度越高，成熟所需要的时间越短。现在由于制造设备的改进和乳化剂、稳定剂性能的提高，成熟时间可缩短。有时，成熟可以分两个阶段进行，将混合原料在冷却缸中先冷却至15～18℃，并在此温度下保持2～3h，此时混合原料中明胶溶胀比在低温下更充分；然后混合原料冷却至2～3℃保持3～4h，这样进行混合原料的黏度可以大大提高，并能缩短成熟时间，还能使明胶的耗用量减少20%～30%。

(3) 成熟过程中的主要变化

① 干物料的完全水合作用 尽管干物料在物料混合时已溶解，但仍然需要一定的时间才能完全水合。完全水合作用的效果体现在混合物料的黏度以及后来的形体、奶油感、抗融性和成品贮藏稳定性上。

② 脂肪的结晶 在成熟的最初几个小时，会出现大量脂肪结晶。甘油三酯熔点为46.5℃，结晶最早，离脂肪球表面也最近，这个过程重复地持续着，因而形成了以液状脂肪为核心的多壳层脂肪球。乳化剂的使用会导致更多的脂肪结晶。保持液体状态脂肪的总量取决于所含的脂肪种类。必须强调的是，液态和结晶的脂肪之间保持一定的平衡是很重要的。如果使用不饱和油脂作为脂肪来源，结晶的脂肪就会较少，这种情况下所制得的冰激凌其食用质量和贮藏稳定性都会较差。

③ 脂肪球表面蛋白质的解吸 成熟期间冰激凌混合物料中脂肪球表面的蛋白质总量减少。现已发现，含有饱和的单甘油酸酯的混合物料中蛋白质解吸速度加快。电子显微照片研究发现，脂肪球表面乳化剂的最初解吸是黏附的蛋白质层的移动，而不是单个酪蛋白粒子的移动。在最后的搅打和凝冻过程中，由于剪切力相当大，界面结合的蛋白质可能会更完全地释放出来。

5. 凝冻

凝冻是冰激凌加工中的一个重要工序，它是将混合原料在强制搅拌下进行冷冻，使空气以极微小的气泡均匀地分布于混合料中，即使冰激凌的水分在形成冰晶时呈微细的冰结晶，防止粗糙冰屑的形成。凝冻是通过凝冻机来实现的。

(1) 凝冻的主要作用

① 冰激凌混合料在制冷剂的作用下，温度逐渐下降，黏稠度逐渐增大，变为半固体状态，即凝冻状态。

② 由于凝冻机搅拌器的搅拌作用，使冰激凌混合料逐渐形成微细的冰屑，防止凝冻过程中形成较大的冰屑。

③ 凝冻过程中，由于强烈的搅拌而使空气的极微细气泡逐渐混入，混合料容积增加，这一现象称为增容，以百分率表示即称为膨胀率。

(2) 凝冻的温度 冰激凌混合料的凝冻温度与含糖量有关，而与其他成分关系不大。混合料在凝冻过程中的水分冻结是逐渐形成的。在降低冰激凌温度时，每降低1℃，其硬化所需的持续时间就可缩短10%～20%。但凝冻温度不得低于－6℃，因为温度太低会造成冰激凌不易从凝冻机内放出。如果冰激凌的温度较低以及控制制冷剂的温度较低，则凝冻操作时间可缩短，但其缺点为所制冰激凌的膨胀率低、空气不易混入，而且空气混合不均匀，组织不疏松、缺乏持久性。凝冻时的温度高、非脂乳固体含量多、含糖量高、稳定剂含量高等均能使凝冻时间过长，其缺点是成品组织粗糙并有脂肪微粒存在，冰激凌组织易发生收缩现象。

（3）膨胀率　冰激凌的膨胀率是指冰激凌体积增加的百分率。冰激凌的体积膨胀，可使混合料凝冻与硬化后得到优良的组织与形体，其品质比不膨胀或膨胀不够的冰激凌适口，且更为柔润与松散，又因空气中的微泡均匀地分布于冰激凌组织中，有稳定和阻止热传导的作用，可使冰激凌成型硬化后较持久不融化。但如冰激凌的膨胀率控制不当，则得不到优良的品质，即膨胀率过高，组织松软；过低时，组织坚实。

冰激凌制造时应控制一定的膨胀率，以便使其具有优良的组织和形体。奶油冰激凌最适宜的膨胀率为90%～100%，果味冰激凌则为60%～70%。膨胀率的计算公式如下：

$$B=\frac{V_1-V_m}{V_m}\times 100\% \tag{7-1}$$

式中，B 为膨胀率，%；V_1为冰激凌体积，L；V_m为混合料的体积，L。

影响膨胀率的因素为：

① 乳脂肪含量　与混合料的黏度有关。黏度适宜则凝冻搅拌时空气容易混入。

② 非脂乳固体含量　混合料中非脂乳固体含量高，能提高膨胀率，但非脂乳固体中的乳糖结晶、乳酸的产生及部分蛋白质的凝固对混合原料膨胀有不良影响。

③ 糖分　混合料中糖分含量过高，可使冰点降低、凝冻搅拌时间加长，并影响膨胀率，一般含糖量以13%～15%为宜。

④ 稳定剂　多采用明胶及琼脂等。如用量适当，能提高膨胀率。但其用量过高，则黏度增强，空气不易混入，而影响膨胀率。

⑤ 乳化剂　适量的鸡蛋蛋白可使膨胀率增加。

⑥ 混合料的处理　混合料采用高压均质及老化等处理，能增加黏度，有助于提高膨胀率。

⑦ 混合原料的凝冻　凝冻操作是否得当与冰激凌膨胀率有密切关系，其他如凝冻搅拌器的结构及其转速、混合原料凝冻程度等与膨胀率同样有密切关系。要想得到适宜的膨胀率，除控制上述因素外，尚需有丰富的操作经验或采用仪表控制。

（4）凝冻的设备　冰激凌凝冻机型号很多，有小型冰激凌机、立式凝冻机和连续式凝冻机等，可按生产能力选用。

6. 成型与硬化

凝冻后的冰激凌必须立即成型和硬化，以满足贮藏和销售的需要。冰激凌的成型有冰砖、纸杯、蛋筒浇模成型，巧克力涂层冰激凌、异形冰激凌切割线等多种成型灌装机。其重量有320g、160g、80g、50g等，还有供家庭用装1.2kg等。

为了保证冰激凌的质量以及便于销售与贮藏运输，已凝冻的冰激凌在分装和包装后，必须进行一定时间低温冷冻的过程，以固定冰激凌的组织状态，并完成在冰激凌中形成极细小的冰结晶的过程，使其组织保持一定的松软度，这称为冰激凌的硬化。经凝冻的冰激凌必须及时进行快速分装，并送至冰激凌硬化室或连续硬化装置中进行硬化。冰激凌凝冻后如不及时进行分装和硬化，则表面部分易受热而融化，如再经低温冷冻，则会形成粗大的冰结晶，降低产品品质。

冰激凌硬化的情况与产品品质有着密切的关系，硬化迅速，则冰激凌融化少，组织中冰结晶细，成品细腻润滑；若硬化迟缓，则部分冰激凌融化，冰的结晶粗而多，成品组织粗糙，品质低劣。如果在硬化室（速冻室）进行硬化，一般温度保持在－25～－23℃，需12～24h。

7. 贮藏

硬化后的冰激凌产品，在销售前应保存在低温冷藏库中。冷藏库的温度以－20℃为标准，库内的相对湿度为85%～90%。若温度高于－18℃，则冰激凌的一部分冻结水融解，此时即使温度再次降低，其组织状态也会明显粗糙化。由于温度变化促进乳糖的再结晶与砂状化也可能影响成品质量。因此，贮藏期间冷库温度不能忽高忽低，以免影响冰激凌的品质。

六、常见质量缺陷、原因及防止方法

1. 常见质量缺陷及其原因

（1）风味

① 香味不纯　香料添加不当或香料本身质量低劣。

② 酸败味　乳制品原料不新鲜，混合料贮藏时间过长、温度过高。

③ 哈喇味　所用脂肪酸败所致。

④ 焦煮味　混合料加热温度过高、时间过长或使用了酸度过高的牛乳。

（2）组织

① 组织粗糙，有冰碴儿　冰激凌组织粗糙，产生冰结晶。

② 面团状组织　稳定剂用量过多，或混合料均质压力过高。

③ 组织坚实　干物质含量过高及膨胀率较低时易导致冰激凌组织坚实。

④ 雾状及剥片状组织　这是冰激凌中混入大量空气形成的大气泡所引起的缺陷。造成气泡大的原因很多，主要包括：总固体含量低；稳定剂含量少；凝冻不足；搅打不当，凝冻机旋转速度慢，搅打能力低。

⑤ 砂化　砂化是由乳糖结晶所造成的，故混合料中乳糖含量要恰当控制。正常冰激凌中乳糖结晶直径通常在5μm以下，但是砂化的冰激凌却在15μm以上。为了防止粗大乳糖结晶的形成，混合料中的非脂乳固体要在18%以下。

⑥ 奶油状组织　高脂肪的冰激凌在凝冻中，有时脂肪球不稳定，被搅打成奶油状。这种奶油状组织主要是由于脂肪球的乳化分散不完全所形成的。另外，进入凝冻机的混合料温度过高，凝冻机的运转效果不良，也会产生这种缺陷。

（3）形体　形体是冰激凌的外观特征，要求形体应完整，但在冰砖的封口一端允许有轻微的收缩，装在容器内的冰激凌则不允许出现收缩现象。冰激凌生产中常出现如下几种形体缺陷：

① 形体过黏　形体过黏是冰激凌的黏度过大，其主要原因有：稳定剂使用量过多、均质时温度过低、料液中总干物质量过高或是膨胀率过低。

② 有奶油粗粒　冰激凌中的奶油粗粒，是由于混合原料中脂肪含量过高、混合原料均质不良、凝冻时温度过低、混合原料酸度较高以及老化冷却不及时或搅拌方法不当而引起。

③ 融化缓慢　这是由于稳定剂用量过多、混合原料过于稳定、混合原料中含脂量过高以及使用较低的均质压力等造成的。

④ 融化后成细小凝块　一般是由于混合料使用高压均质时，酸度较高或钙盐含量过高，而使冰激凌中的蛋白质凝成小块。

⑤ 融化后成泡沫状　由于混合料的黏度较低或有较大的空气泡分散在混合原料中，因而当冰激凌融化时，会产生泡沫现象。还有一个原因是稳定剂用量不足或者没有完全稳定所形成。

⑥ 冰的分离　冰激凌的酸度增高，会形成冰分离的增加；稳定剂采用不当或用量不足，混合原料中总干物质不足以及混合料杀菌温度低，均能增加冰的分离。

⑦ 砂砾现象　在食用冰激凌时，口腔中感觉到的不易溶解的粗糙颗粒，其有别于冰结晶。这种颗粒实质上是乳糖结晶体，因为乳糖较其他糖类难于溶解。在长期冷藏时，若混合料黏度适宜、存在晶核、乳糖浓度和结晶温度适当时，乳糖便在冰激凌中形成晶体。防止的方法有：快速地硬化冰激凌；硬化室的温度要低；从制造到消费的过程中要尽量避免温度波动。

(4) 色泽　冰激凌的色泽受原料色泽的影响，可根据我国目前规定的要求添加色素。在冰激凌生产中要求尽量少加或不加色素，必须添加时应以下限为宜。此外，冰激凌的灰白色缺陷是由于过度中和、高温加热造成的，巧克力冰激凌的黑绿色是铁离子与可可中单宁反应产生的。

(5) 微生物　若冰激凌中的微生物超标，则应从原料质量、生产工艺及过程、工人、环境、包装材料等方面加以控制。

2. 防止方法

(1) 原辅料的质量控制

① 乳与乳制品　冰激凌中使用的油脂最好是新鲜的稀奶油。乳脂肪可以使冰激凌具有良好的风味以及柔软细腻的口感。冰激凌中非脂乳固体以鲜牛乳及炼乳为最佳。一般作为原料的乳和乳制品的酸度应符合以下要求：奶油 0.15%以下，炼乳 0.40%以下，鲜牛乳 0.18%以下。

② 蛋与蛋制品　蛋与蛋制品除可以提高冰激凌的营养价值外，还对风味和口感及组织状态有很大影响。蛋与蛋制品中丰富的卵磷脂具有很强的乳化能力，能改善冰激凌的组织状态；蛋与蛋制品可使冰激凌具有特殊的香味和口感。在配料中可用 0.5%～2.5%的蛋黄粉，用量过多易产生蛋腥味。

③ 甜味剂　冰激凌生产中所用的甜味剂有蔗糖、淀粉糖浆、蜂蜜等，其中以蔗糖为最好。蔗糖除能调整口感，还能使冰激凌的组织细腻，但同时也会使冰激凌的冰点下降，成品易融化。蔗糖的使用量以 12%～16%为宜。在冰激凌生产中一般不使用葡萄糖、果糖等单糖，因单糖甜度较差，且会使冰激凌的冰点明显下降，凝冻时间延长，出库后易融化。

④ 乳化剂　冰激凌脂肪含量较高，特别是加入硬化油、人造奶油时，加入乳化剂可以改善脂肪亲水能力，提高均质效果，从而改善冰激凌的组织状态。一般单硬脂酸甘油酯用量为 0.3%～0.5%，蔗糖酯用量以 0.1%～0.2%为宜。

⑤ 稳定剂　加入稳定剂的目的是增加混合料的黏度以提高膨胀率，改善冰激凌的形体和组织状态，防止冰结晶的产生，减少粗硬感，使产品的抗融化能力增强。冰激凌生产中常用的稳定剂有明胶、琼脂、淀粉、羧甲基纤维素钠等，其使用总量不宜超过 0.4%。

(2) 配方及工艺控制　为了保证成品质量，配方计算及投料要准确。在生产过程中要严格执行工艺条件，注意环境及设备的消毒。

(3) 贮藏　冰激凌的贮藏温度以－30～－20℃为宜，要防止贮藏期间温度波动，否则会形成冰结晶而降低其质量。

(4) 包装　冰激凌包装要求整洁和结实，以便于运输和防止产品遭受污染，还应考虑到消费者食用方便。

【产品指标要求】

一、感官要求

冰激凌感官要求见表 7-5。

表 7-5 冰激凌感官要求

项目	要求					
	全乳脂		半乳脂		植脂	
	清型	组合型	清型	组合型	清型	组合型
色泽	主体色泽均匀,具有品种应有的色泽					
形态	形态完整,大小一致,不变形,不软塌,不收缩					
组织	细腻滑润,无气孔,具有该品种应有的组织特征					
滋味、气味	柔和乳脂香味,无异味		柔和淡乳香味,无异味		柔和植脂香味,无异味	
杂质	无正常视力可见外来杂质					

二、理化指标

冰激凌理化指标见表 7-6。

表 7-6 冰激凌理化指标

项目	指标					
	全乳脂		半乳脂		植脂	
	清型	组合型	清型	组合型	清型	组合型
非脂乳固体/(g/100g) ≥	6.0					
总固形物/(g/100g) ≥	30.0					
脂肪/(g/100g) ≥	8.0		6.0	5.0	6.0	5.0
蛋白质/(g/100g) ≥	2.5	2.2	2.5	2.2	2.5	2.2

注:1. 组合型产品的各项指标均指冰激凌主体部分。

2. 非脂乳固体含量按原始配料计算。

【生产实训任务】酸乳冰激凌的加工

酸乳冰激凌是在冰激凌基料基础上，增加酸乳，赋予制品特殊的滋味和风味，使产品具有促进消化、增进食欲、延缓机体衰老、降低胆固醇等保健功效。

1. 原料与配方

鲜牛乳 47%，全脂乳粉 6%，糖 15%，人造奶油 6.5%，棕榈油 2.5%，乳酸菌发酵菌种 4%，藻酸丙二醇酯 0.1%，单甘酯 0.15%，羧甲基纤维素 0.1%。

2. 操作流程

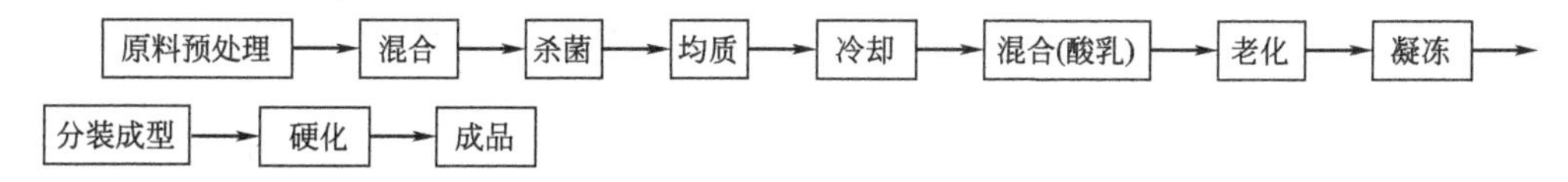

3. 操作要点

(1) 酸乳的制备　酸乳的制备参照学习情境三相关内容，接入 4%活力高且产酸、产香性能好的保加利亚乳杆菌、嗜热链球菌、嗜酸杆菌和双歧杆菌的混合菌种，混合保温发酵温度为 42～43℃，发酵时间为 3～4h，发酵至 pH 3.5～4.0 时停止发酵。将酸乳进一步冷却至 4℃左右，冷藏备用。

(2) 冰激凌原料的预处理　将各种原料用热水溶解、过滤后与油脂充分混匀，其中乳化剂、稳定剂与部分蔗糖先混合，然后加入适量的 60℃左右的热水中搅拌，至全部溶解后使用。均质温度为65～70℃，第一阶段的均质压力为15～20MPa，第二阶段的均质压力为5～10MPa。90℃杀菌20s。

（3）酸乳与冰激凌原料的混合　将酸乳与经过预处理的冰激凌混合料混合均匀。

（4）料液的老化　将料液在2～4℃老化6h左右，使混合料液中的脂肪、蛋白质、稳定剂等发生水化作用，增加冰激凌的黏稠度，提高产品的膨胀率，改善冰激凌的组织结构，缩短凝冻时间。老化时应防止搅拌产热及周围环境温度的影响，若温度超过6℃，即使延长老化时间，也得不到良好的老化效果。

（5）凝冻　将老化后的混合料液投进凝冻机，在搅拌器的高速搅拌下，空气以极小的气泡均匀分布于半固态的混合物料中，20%～40%的水分呈微晶粒状态，使冰激凌体积膨胀。

（6）分装成型　为便于产品的包装、贮藏、运输及销售，及时将凝冻后的酸乳冰激凌分装成型。

（7）硬化　迅速硬化可使酸乳冰激凌融化少，组织细腻润滑；若硬化缓慢，酸乳冰激凌融化，则冰晶的颗粒大且多，成品组织粗糙，品质低劣。

（8）贮藏　硬化后的冰激凌保存在－20℃的冷库中，库内的相对湿度为85%～90%，贮藏温度不能过高且波动要小，贮藏时间不宜过长。

【自查自测】

一、名词解释

硬化，老化，凝冻

二、简答题

1. 乳化剂在冰激凌中的作用是什么？冰激凌加工常用的乳化剂有哪些？
2. 冰激凌配料的基本顺序是什么？
3. 冰激凌均质的作用是什么？
4. 冰激凌老化过程中的主要变化是什么？
5. 冰激凌硬化的方式有哪些？

项目二　雪糕和冰棍

【知识储备】

一、雪糕和冰棍的定义及分类

雪糕是以饮用水、乳和/或乳制品、食糖、食用油脂等为主要原料，可添加适量食品添加剂，经混合、灭菌、均质或凝冻、冻结等工艺制成的冷冻饮品。

冰棍是以饮用水、食糖等为主要原料，可添加适量食品添加剂，经混合、灭菌、硬化、成型等工艺制成的冷冻饮品。

雪糕和冰棍的制作原理及工艺设备基本相同，但是它们的基本组分不同。雪糕的总蛋白质含量较冰棍高40%～60%，并含有2%以上的脂肪。因此，雪糕的风味与组织优于冰棍。

雪糕、冰棍按产品组织状态分为清型和组合型。

① 清型雪糕或冰棍：不含颗粒或块状辅料的制品。

② 组合型雪糕或冰棍：主体部分为雪糕或冰棍，且所占质量比率不低于50%，与其他冷冻饮品和/或其他食品组合而成的制品。

二、原辅料的预处理

冷饮食品所采用的原辅料主要有水、乳及乳制品、糖、蛋品、淀粉及果汁、豆类等，对它们进行良好的卫生处理是保证冷饮食品质量的关键。

1. 水

水质必须符合国家规定的《生活饮用水卫生标准》(GB 5749—2006)，并要作消毒净化处理。

2. 糖

雪糕、冰棍所用的甜味料以蔗糖和果葡糖浆为代表，最近趋向的低热能饮料，多以这些糖类和甜菊苷、天冬甜精等并用。为避免因砂糖品质不良而导致的制品质量差，对砂糖要严格检查灰分、不溶解成分和微生物等。果葡糖浆为液体，购进时要严格检查；白砂糖在生产中常常配制成糖度55°Bx左右的糖液，此糖度为保存性良好及稀释时容易处理的最高浓度。

配制方法有冷溶法和热溶法。加热溶解法是把水加进溶解槽后，通入蒸汽，在高温下加入蔗糖，搅拌溶解。加热溶解速度快，又能杀菌，因此一般都用此法。

砂糖溶解后，为去除残存于糖液中的杂质，一般用滤纸或带滤纸的压力过滤机过滤。

3. 淀粉

淀粉作为雪糕和冰棍的增稠稳定剂，其用量一般为混合料的2%～3%。在使用时必须在配料前加水混匀，并用80目筛过滤除去杂质，于夹层锅中煮沸20～30min，冷却后用无菌纱布过滤除去粉团。

4. 乳及乳制品

将乳粉和炼乳用已杀菌的原料水配制成乳液，对可能被污染的乳粉或炼乳和鲜乳，应按巴氏杀菌法进行杀菌后方可使用。

5. 蛋品

鸡蛋必须符合国家卫生标准，次蛋不得用于制作冷饮食品。蛋在生产前必须洗净，即用有效氯浓度为100mg/L HClO液或漂白粉（主要有效成分为次氯酸钙）溶液浸泡15min后方可使用。

蛋粉要符合食品级标准，使用前用消毒原料水调制成混浊液后使用。

6. 豆类

雪糕和冰棍生产中常用的豆类包括绿豆和赤豆。使用前首先用筛选机除去尘土、混砂及杂物。若要脱皮，则应使表皮溶胀，然后干燥急缩，再用脱皮机去皮，要求脱皮率不少于90%，豆一般碎成两瓣。浸泡是保证产品质量的重要环节，可以减少豆中肌醇六磷酸（亦称六磷酸肌醇、植酸、肌醇六磷酸酯等）的影响，有利于提高营养价值。浸豆时间要根据豆粉的品种、颗粒大小以及生产季节、水温高低来确定，一般用30～35℃水浸泡，夏季3～5h、冬季5～10h。浸泡时加入适量碳酸氢钠调pH为7.5～9.0，有利于抑制豆内脂肪氧化酶的活性，去除豆腥味和苦涩味。浸泡时豆水比以1∶3～1∶4为宜。浸泡结束后用清水将豆冲洗干净，沥干水后放入杀菌锅，于120℃加热50～60min，使其煮熟煮烂，随后冷却、沥干水分备用。

7. 其他

雪糕、冰棍用的竹棍或木棍，使用前应用清水彻底清洗干净，煮沸15min消毒，取出后浸泡于漂白粉溶液中备用。

三、工艺流程

1. 雪糕生产工艺流程

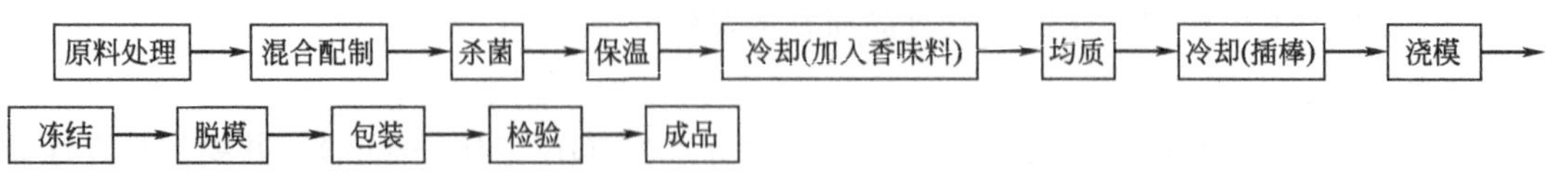

2. 冰棍生产工艺流程

四、工艺要求

1. 混料

冰棍和雪糕混合原料的配制及杀菌工序，是在夹层锅（或灭菌缸）中进行的。要求搅拌条件下将各种配料混合均匀。

（1）巴氏杀菌　冰棍混合料的加热杀菌温度为80～85℃，持续时间10～15min；雪糕混合料的加热杀菌温度为75～80℃，持续时间15～20min。经过杀菌后，杂菌数每毫升控制在100个以下，不得检出大肠杆菌。

（2）均质　制作雪糕时，因油脂及粗质原料用量较高，需进行均质处理，否则会使脂肪上浮，产品组织粗糙，并有乳酪颗粒存在。一般生产冰激凌时，均需要用均质设备进行处理，均质压力为15～17MPa，均质温度应控制在65～70℃。

（3）冷却　冷却杀菌或均质后的原料，应置于冷却设备中，迅速冷却至3～8℃。冷却温度越低，冰棍及雪糕的冻结时间就越短。但是，混合原料的温度不宜低于－2℃，因温度过低会使操作不便。

2. 灌模

一般采用密闭自流装置，避免操作时增加污染的机会。

（1）雪糕的灌装　灌装雪糕混合料时，常选用上部灌装机和底部灌装机。用上部灌装机，雪糕混合料从模子的顶端灌入。这种灌装机是柱塞式的，可将准确数量的混合料灌入每一个模袋中。只要改变灌装筒的柱塞就可以改变灌装容量。若装上附加的设备，这种灌装机可以灌装垂直分色或水平分色的双色雪糕。底部灌装机可以在灌装过程中使灌装嘴向上移动，混合物由底部进入模袋并将模袋装满，由于膨胀率高，在不增加混合料用量的前提下，可生产出较大的雪糕。

（2）冰棍的灌装　制造冰棍一般在0～5℃下灌装，但必须使用特殊的灌装机。一般冰棍灌装机是电子控制的，可以确保精确计量的混合料灌装入模袋中。冰棍灌装的灌装嘴结构特殊，操作完全无滴水，从而减少了产品原料耗损并保证了卫生。

（3）夹心冰棍的灌装　夹心冰棍是一种外壳是冰棍、中间是普通冰激凌或雪糕的异型冰棍。夹心冰棍的生产，在第一阶段需要使用冰棍灌装机，可减少产品原料耗损并保证了卫生。冰棍灌装机可把模子完全用冰棍混合料灌满。当下层的冰棍水冻结成薄薄的一层时，再用真空抽吸装置把未冻结的冰棍水从模内吸出，然后将冰激凌或雪糕混合料灌入冰棍壳中，这需用冰激凌灌装设备灌装。

3. 插棍

为了使产品外观漂亮，使后面的生产过程中能有效地取出雪糕或冰棍，插棍时木棍必须精确插入雪糕或冰棍中央，而且需插直。插棍由插棍机完成。由人工将成捆的插棍放在贮棍架上，由机器取棍、堆棍，并平稳地分配到各个模袋中。

4. 冻结

雪糕、冰棍的冻结常采用间接式制冷方式，即先用制冷剂（氨或氟利昂）使冷冻载冷剂如一般采用盐水达到－20～－15℃，再用循环流动的盐水去冷冻冰盒中的冰棍、雪糕混合料，使其冻结成固态产品。

采用的冻结设备结构分为整体式和组装式两类，整体式结构紧凑，体积较小，组装式冻结设备的盐水池与制冷系统相互分开，可满足不同生产能力厂家的要求。

5. 去霜

冻结后的雪糕、冰棍的外层必须去霜，以便使雪糕、冰棍能从模袋中取出。去霜是通过将温度约为25℃的盐水喷至模子台的下侧来进行的；盐水则通过电加热元件或用蒸汽加热。用盐水而不用热水去霜，消除了冲稀冷冻系统中盐水的缺陷。

6. 脱模与包装

去霜后，可将雪糕或冰棍从模袋中取出，这一工序通过脱模装置来完成。该装置有单独的雪糕或冰棍的取出夹，能牢固地夹住插棍，并把雪糕或冰棍从模子中拔出。

雪糕和冰棍的包装可利用单行包装机和多行包装机。包装完后将雪糕或冰棍放到纸盒中并装箱，于－20～－18℃的冷库中贮存。

五、雪糕的质量缺陷及控制

1. 风味

（1）甜味不足　同冰激凌。

（2）香味不正　同冰激凌。

（3）酸败味　同冰激凌。

（4）咸苦味　在雪糕配方中加盐量过高；以及在雪糕或冰棍凝冻过程中，操作不当溅入盐水（氯化钠溶液）；或浇注模具漏损等，均能产生咸苦味。

（5）油哈味　是由于使用已经氧化发哈的动植物油脂或乳制品等配制混合原料所造成的。

（6）烧焦味　配料杀菌方式不当或热处理时高温长时间加热，尤其在配制豆类棒冰时，豆子在预煮过程中有烧焦现象，均可产生焦味。

（7）发酵味　在制造鲜果汁棒冰时，由于果汁贮放时间过长，本身已发酵起泡，则所制成的棒冰有发酵味。

2. 组织与形体

（1）组织粗糙　在制造雪糕时，如采用的乳制品或豆制品原料溶解度差、酸度过高以及均质压力不适当等，均能让雪糕组织粗糙或有油粒存在。在制造果汁或豆类棒冰时，所采用的淀粉品质较差或加入的填充剂质地较粗糙等，亦能影响其组织形态。

（2）组织松软　这主要是由于总干物质较少、油脂用量过多、稳定剂用量不足、凝冻不够以及贮藏温度过高等而造成。

（3）空头　主要是由于在制造时，冷量供应不足或片面追求产量，凝冻尚未完整即行出模包装所致。

（4）歪扦与断扦　系由于棒冰模盖扦子夹头不正或模盖不正，扦子质量较差以及包装、装盒、贮运不妥等所造成。

【产品指标要求】

一、感官要求

雪糕感官要求见表7-7。

表 7-7　雪糕感官要求

项目	要求	
	清型	组合型
色泽	具有品种应有的色泽	
形态	形态完整,大小一致。插扦产品的插扦应整齐,无断扦,无多扦	
组织	冻结坚实,细腻滑润	具有品种应有的组织特征
滋味和气味	滋气味柔和纯正,无异味	
杂质	无正常视力可见外来杂质	

二、理化指标

雪糕理化指标要求见表 7-8。

表 7-8　雪糕理化指标要求

项目	指标	
	清型	组合型
总固形物/(g/100g)　≥	20	
脂肪/(g/100g)　≥	0.8	0.4
蛋白质/(g/100g)　≥	2.0	1.0

【生产实训任务】绿豆雪糕加工

绿豆富含蛋白质、B族维生素、纤维素、多种矿物质及人体必需的氨基酸，具有清热解暑、消炎解毒、保肝明目、降血压、防止动脉粥样硬化等功效。将绿豆应用于雪糕生产，可使产品更具营养、保健等功效。

一、材料与设备

1. 原辅料及配方

乳粉 5%，全脂棕榈油 5%，葡萄糖浆 4%，白砂糖 14%，复合乳化稳定剂 0.4%，绿豆 4%，绿豆香精 0.15%，色素适量，饮用水 67.45%。

2. 仪器与设备

混料缸、高压均质机、消毒室、连续杀菌器、硬化室、模具、冻结槽等。

二、操作流程

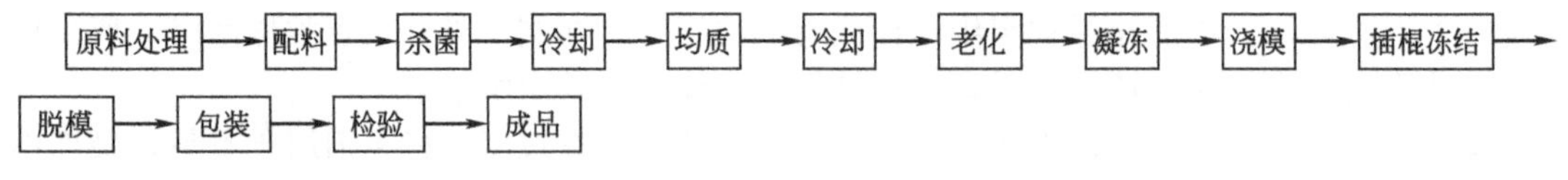

三、操作步骤

1. 原料处理

选择籽粒饱满、无虫害、无发霉的新鲜绿豆，用清水清洗 3 次，室温下浸泡 12h 左右，放入夹层锅，用 3 倍于绿豆的水将绿豆煮开花，用胶体磨将其磨成豆浆。

2. 配料

复合乳化稳定剂与 10 倍白砂糖混匀备用。料缸内加入少许 40～50℃水，再加入乳粉、白砂糖、复合乳化稳定剂与白砂糖的混合物等，然后加入葡萄糖浆、绿豆浆、全脂棕榈油等，最后加水定容。

3. 杀菌、冷却

采用80℃，保温20min杀菌。杀菌结束后冷却，准备均质。

4. 均质

为使混料均匀、改善组织，需在均质机内对混合料进行均质。均质温度65～70℃，均质压力20MPa。

5. 冷却

物料在冷却缸或冷却器内冷却至3～8℃。

6. 老化

冷却后的混合料降至3～8℃老化4h，以加强蛋白质和稳定剂的水化作用。

7. 凝冻

老化后的混合料加入香精和色素，进行凝冻，使混合料更加均匀、雪糕组织更加细腻。控制凝冻时间，使膨胀率在40%～50%，出料温度控制在－3℃。

8. 浇模

从凝冻机放出的物料浇注进雪糕模具，浇模时模盘要前后左右晃动，以使物料在模内分布均匀。浇模前注意对模盘等进行彻底消毒，防止遭受污染。

9. 插棍

插棍整齐端正，不得有歪斜、漏插。

10. 冻结

将模盘浸入盐水槽内进行冻结，即待盐水温度降至－28～－26℃时就可以轻轻放入模盘进行冻结。当模盘内混合料全部冻结时，即可将模盘自冻结槽中取出。

11. 脱模

冻结好的雪糕通过温水喷淋脱模后，进入包装机包装。包装完毕后于－20～－18℃的冷库中贮存。

【自查自测】

1. 雪糕的分类有哪些？
2. 冰棍生产工艺流程是什么？
3. 雪糕、冰棍生产操作要点有哪些？
4. 雪糕的质量标准是什么？

项目三　乳制冰品的检验

【检验任务一】膨胀率的测定（浮力法）

一、原理

根据阿基米德原理，当水的密度为1g/cm³时，冰激凌试样克服浮力浸没于水中的体积在数值上等于其排开同体积水的质量，同时称取该冰激凌试样的质量并测定冰激凌混合原料（融化后的冰激凌）的密度，由3个参数计算冰激凌的膨胀率。

二、仪器和设备

（1）冰激凌膨胀率测定仪　见图7-1。

（2）电冰箱　温度达到－18℃以下。

（3）电热恒温水浴器。

（4）烧杯　250mL、500mL或1000mL。

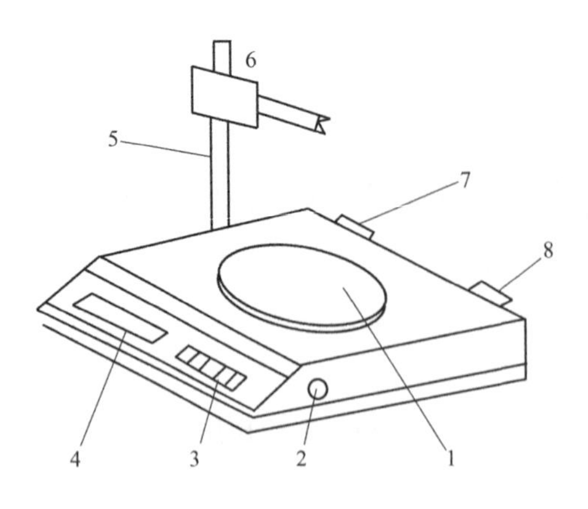

图 7-1 冰激凌膨胀率测定仪主机外型示意
1—托盘；2—调整旋钮；3—操作键；4—读数窗；
5—测量支架；6—压块；7—电源、保险丝插座；
8—打印电缆插座

(5) 瓷盘。

(6) 密度计 1.000～1.100。

(7) 量筒 250mL。

三、测试准备及试样的制备

(1) 将膨胀率测定仪的附件：不锈钢叉、薄刀放于－18℃电冰箱中预冷。

(2) 实验用水应符合 GB 6682 的要求，将其放在电冰箱中预冷到 0～4℃，或用冰块调节水温。

(3) 测定密度的试样：取冰激凌融化后，倒入 250mL 烧杯于 45℃±1℃电热恒温水浴器中保温、消泡，待测密度。

(4) 测定膨胀率的试样：用预冷薄刀迅速切取冰激凌 20～30g 块状于瓷盘中，放入－18℃的电冰箱，再冻 4h。

(5) 将膨胀率测定仪接通电源，预热并校验。

四、分析步骤

1. 密度测定

取待测密度的冰激凌试样移入量筒中，然后将密度计缓缓放入量筒，勿碰及量筒四周及底部，保持样品温度在 20℃，待其静止后再轻轻按下少许，随后待其自然上升，静置并无气泡冒出后，从水平位置观察与液面相交处的刻度即为样品的密度 ρ。

2. 冰激凌膨胀率测定

① 取 0～4℃的实验用水约 300mL 放入 500mL 烧杯并迅速轻置于冰激凌膨胀率测定仪的托盘中，按仪器“0”键，调零。

② 用经预冷的不锈钢叉插入预冷的测定膨胀率试样块中，勿使落下，快速平稳地将其完全浸没于烧杯水面下 1～3mm，立刻按仪器 Wf 键，记录读数：V。

③ 取下不锈钢叉使冰激凌试样浮在水面，待显示数值稳定后，按仪器 Wi 键，记录读数：m。

④ 按仪器 X%键，记录读数：X。

五、分析结果的表述

膨胀率以体积百分率表示，按式(7-2) 计算：

$$X=\frac{V-V_1}{V_1}\times100=\left(\frac{V}{m/\rho}-1\right)\times100=\left(\frac{V\times\rho}{m}-1\right)\times100\% \tag{7-2}$$

式中 X——冰激凌试样的膨胀率，%；

V——冰激凌试样的体积，cm^3；

V_1——冰激凌试样的混合原料体积，cm^3；

m——冰激凌试样的混合原料质量，g；

ρ——冰激凌试样的混合原料密度，g/cm^3。

计算结果精确至小数点后第一位。

【检验任务二】总糖的测定

一、原理

试样经沉淀剂除去蛋白质后，加酸转化。在加热条件下，以次甲基蓝为指示剂，直接滴定标定过的碱性酒石酸铜溶液。根据消耗试样转化液的体积，计算冷冻饮品中总糖的含量。

二、试剂

(1) 6mol/L 盐酸溶液。

(2) 乙酸锌溶液　称取 219g 乙酸锌（符合相关国家标准或行业标准的规定）加 30mL 冰醋酸（GB/T 676），加水溶解并稀释至 1000mL。

(3) 106g/L 亚铁氰化钾溶液。

(4) 1g/L 甲基红指示液。

(5) 200g/L 氢氧化钠溶液。

(6) 碱性酒石酸铜溶液

① 甲液　称取 15g 硫酸铜（GB/T 665）和 0.05g 次甲基蓝，加水溶解并稀释至 1000mL。

② 乙液　称取 50g 酒石酸钾钠（GB/T 1288）和 75g 氢氧化钠（GB/T 629）溶于水中，再加入 4g 亚铁氰化钾，加水溶解并稀释至 1000mL，贮存于橡胶塞玻璃瓶内。

(7) 葡萄糖标准溶液

① 配制　称取 1g（准确至 0.0001g）经过 98～100℃干燥至恒重的纯葡萄糖（HG/T 3475），加水溶解后，再加入 5mL 盐酸，并以水稀释至 1000mL，取一定量放入滴定管中备用。

② 标定碱性酒石酸铜溶液

a. 预测　用移液管精确吸取 5mL 碱性酒石酸铜甲液及 5mL 乙液，置于 150mL 锥形瓶中，加水 10mL，加入玻璃珠 2 粒，置于电炉上，控制在 2min 内加热至沸。在沸腾状态下以先快后慢的速度从滴定管中滴加葡萄糖标准溶液，并保持溶液沸腾状态。待溶液颜色变浅时，以 2s/滴的速度滴定，直至溶液蓝色刚好褪去为终点。记录消耗葡萄糖标准溶液体积数。

b. 标定　用移液管精确吸取 5mL 碱性酒石酸铜甲液及 5mL 乙液，置于 150mL 锥形瓶中，加水 10mL，加入玻璃珠 2 粒，从滴定管中滴加比预测体积少 1mL 的葡萄糖标准溶液。将此锥形瓶置于电炉上，控制在 2min 内加热至沸。趁沸以 2s/滴的速度继续滴加葡萄糖标准溶液，直至溶液蓝色刚好褪去为终点。记录消耗葡萄糖标准溶液的总体积。同法平行操作 3 份，取其平均值，按式(7-3) 计算 A 值。

$$A=\frac{m_1 \times V_1}{1000} \tag{7-3}$$

式中　A——10mL 碱性酒石酸铜溶液（甲、乙液各 5mL）相当于葡萄糖的质量，g；

m_1——葡萄糖的质量，g；

V_1——消耗葡萄糖标准溶液体积的平均值，mL；

1000——稀释标准溶液的体积，mL。

三、仪器和设备

(1) 分析天平　感量为 0.1mg。

(2) 滴定管　0～25mL，最小刻度 0.1mL。

(3) 电热恒温水浴器。

(4) 可调式电炉。

四、试样的制备

1. 清型

取有代表性的样品至少 200g，置于 300mL 烧杯中，在室温下融化，充分搅拌均匀后，立即倒入广口瓶内，盖上瓶盖备用。

2. 组合型

取冷冻饮品的主体部分不少于200g，用捣碎机捣碎均匀。对有辅料的产品需去掉添加的辅料。置于300mL烧杯中，在室温下融化后，立即倒入广口瓶内，盖上瓶盖备用。

3. 黏度大的样品

将盛有样品的烧杯置于30～40℃的电热恒温水浴器内进行搅拌后，立即倒入广口瓶内，盖上瓶盖备用。

五、分析步骤

1. 沉淀

称取2.5～5g制备的试样，精确至0.001g，置于250mL容量瓶中，加入150mL水稀释，混匀。慢慢加入5mL乙酸锌溶液及5mL亚铁氰化钾溶液，加水至刻度，混匀。静置30min，用干燥滤纸过滤。弃去初滤液，滤液备用。

2. 转化

吸取50mL滤液于100mL容量瓶中，加5mL盐酸在68～70℃恒温水浴中加热15min。立刻取出，冷却至室温。加2滴甲基红指示液，用氢氧化钠溶液中和至中性，加水至刻度，即为试样转化液。

3. 滴定

将试样转化液置于滴定管中，以下按标准的预测方法和标定方法进行操作，仅以试样转化液代替葡萄糖标准溶液。记录消耗试样转化液的体积。

六、分析结果的表述

总糖含量以质量分数表示，按式(7-4)计算：

$$X=\frac{A}{m\times\frac{50\times V}{250\times 100}}\times 0.95\times 100\% \tag{7-4}$$

式中 X——试样中总糖（以蔗糖计）质量分数，%；

A——10mL碱性酒石酸铜溶液相当于葡萄糖的质量，g；

m——试样的质量，g；

V——消耗试样转化液的体积，mL；

0.95——还原糖（以葡萄糖计）换算为蔗糖的系数。

计算结果精确至小数点后第一位。

【自查自测】

一、选择题

1. 冰激凌的膨胀率应控制在一个合适的范围内，最适合的膨胀率是（　　）。

A. 50%～60%　B. 60%～70%　C. 70%～80%　D. 80%～100%

2. 在冷饮食品采用的天然稳定剂中，（　　）是最好的稳定剂。

A. 明胶　B. 琼脂　C. 淀粉　D. 果胶

3. 冰激凌用脂肪最好用（　　）。

A. 炼乳　B. 鲜乳脂　C. 椰子油　D. 人造奶油

4. 冷饮食品中非脂乳固体是乳类中（　　）的总称。

A. 蛋白质　B. 乳糖　C. 维生素　D. 无机盐

5. 影响冰激凌组织状态的因素有（　　）。

A. 乳化剂　B. 稳定剂　C. 老化和凝冻　D. 均质

二、填空题

1. 冷饮食品是以（　　）、（　　）、（　　）、（　　）、（　　）、食用油脂为主要原料，加入适量的香料、稳定剂、着色剂、乳化剂等食品添加剂，经（　　）、（　　）、（　　）而成的冷冻固态饮品。

2. 冷饮食品根据其工艺及成品特点，可分为（　　）、（　　）、（　　）、（　　）、（　　）5大类。

3. 根据冰激凌的加工工艺不同，其可分为（　　）、（　　）、（　　）、（　　）、（　　）5大类。

4. 香味剂通常分为（　　）和（　　）两大类。香料按其来源不同，可分为（　　）和（　　）。

5. 雪糕是以饮用水、乳品、蛋品、甜味料、食用油脂等为主要原料，加入适量的增稠剂、香料、着色剂等食品添加剂，或再添加（　　）、（　　）等其他辅料，经（　　）、（　　）、（　　）、（　　）、（　　）等工艺制成的带棒或不带棒的冷冻饮品。

6. 冰棍根据其工艺条件不同，可分为（　　）、（　　）、（　　）、（　　）及（　　）。

情境八　其他乳制品生产与检验

项目一　奶　　油

【知识储备】

一、奶油概述

奶油是将乳分离后得到的稀奶油经成熟、搅拌、压炼等一系列加工过程而制成的脂肪含量高的一类乳制品。它是以水滴、脂肪结晶以及气泡分散于脂肪连续相中所组成的具有可塑性的 W/O 型乳化分散系。奶油的加工原料是牛乳或稀奶油，牛乳和稀奶油是一种 O/W 型乳状液，所以在任何一种奶油加工过程中都会发生一个相转化过程，即由 O/W 型乳状液转化为 W/O 型乳状液。

奶油的制造，可采用间歇式搅拌器，也可在连续式奶油制造机中搅拌奶油，后者自 20 世纪 30 年代开始发展起来。间歇式搅拌主要在小型乳品厂和干酪制造厂中使用（从乳清中回收奶油制造乳清奶油），连续式生产设备则用于产量达 1～4t/h 的大规模奶油生产中。

大多数国家的奶油标准要求脂肪含量不低于 80%，非脂乳固体含量不高于 2%，水分含量不高于 16%。

1. 奶油的分类

奶油的制造比较简单，但由于制造方法不同，或所用原料不同，或出品的地区不同，因而分成不同种类。

（1）按原料分类　如酸性奶油、甜性奶油、乳清奶油等。

（2）按制造方法分类　如新鲜奶油、酸性奶油、重制奶油等。

（3）按制造地区分类　如牧场奶油、工厂奶油等。

（4）按发酵的方法分类　如天然发酵奶油、人工发酵奶油等。

（5）按是否加盐分类　如加盐奶油、无盐奶油等。

我国目前生产的奶油主要种类见表 8-1。

表 8-1　我国奶油的主要种类

种类	特征
甜性奶油	以杀菌的甜性稀奶油制成，分为加盐和不加盐的两种，具有特有的乳香味，含乳脂肪 80%～85%
酸性奶油	以杀菌的稀奶油，用纯乳酸菌发酵剂发酵后加工制成，有加盐和不加盐两种，具有微酸和较浓的乳香味，含乳脂肪 80%～85%
重制奶油	用稀奶油或甜性、酸性奶油，经过熔融，除去蛋白质和水分而制成，具有特有的脂香味，含乳脂肪 98%以上
脱水奶油	以杀菌的稀奶油制成奶油粒后经熔化，用分离机脱水和脱蛋白，再经过真空浓缩而制成，含乳脂肪高达 99.9%
连续式机制奶油	以杀菌的甜性或酸性稀奶油，在连续式操作制造机内加工制成，其水分及蛋白质含量有的比甜性奶油高，乳香味较好

2. 奶油的组成

奶油的主要成分为脂肪、水分、蛋白质、食盐（加盐奶油）等。此外，还含有微量的灰分、乳糖、酸、磷脂、气体、微生物、酶、维生素等。奶油一般的成分如表 8-2 所示。

表 8-2 奶油的组成

成分		无盐奶油	加盐奶油	重奶油①
水分/%	⩽	16	16	1
脂肪/%	⩾	82.5	80	98
盐/%		—	2.5	—
酸度/(°T)	⩽	20	20	—

① 重奶油（heavy cream），是指奶油含量介于 36%～40%。

3. 奶油的性质

奶油中主要成分是脂肪，因此脂肪的性质直接决定奶油的性状。但是乳脂肪的性质又依脂肪酸的种类和含量而定。此外，乳脂肪的脂肪酸组成又因乳牛的品种、泌乳期、季节及饲料等因素而有差异。

（1）脂肪性质与乳牛品种、泌乳期和季节的关系　有些乳牛（如荷兰牛、爱尔夏牛）的乳脂肪中，由于油酸含量高，因此制成的奶油比较软。又如，娟姗牛的乳脂肪由于油酸含量比较低，而熔点高的脂肪酸含量高，因此制成的奶油比较硬。在泌乳初期，挥发性脂肪酸多，而油酸比较少；随着泌乳时间的延长，这种性质变得相反。至于季节的影响，春夏季的奶油很容易变软。为了得到较硬的奶油，在稀奶油成熟、搅拌、水洗及压炼过程中应尽可能降低温度。

（2）奶油的色泽　奶油的颜色从白色到淡黄色，深浅各有不同。这种颜色主要是由于含有胡萝卜素的关系，通常冬季的奶油为淡黄色或白色。为了使奶油的颜色全年一致，秋冬之间往往加入色素以增加其颜色。奶油长期曝晒于日光下时，则颜色自行消退。

（3）奶油的芳香味　奶油有一种特殊的芳香味，这种芳香味主要是由丁二酮、甘油及游离脂肪酸等综合形成。其中丁二酮主要来自发酵时细菌的作用结果。因此，酸性奶油比新鲜奶油芳香味更浓。

（4）奶油的物理结构　奶油的物理结构为水在油中的分散系（固体系），即在游离脂肪中分散有脂肪球（脂肪球膜未破坏的一部分脂肪球）与细微水滴，此外还存有气泡。水滴中溶有乳中除脂肪以外的其他物质及食盐，因此也称为乳浆小滴。

二、乳的分离

牛乳中脂肪的相对密度为 0.93，而乳脂肪以外成分的相对密度为 1.043。当乳静置时，由于重力的作用，脂肪球逐渐上浮，使乳的上层形成含脂率很高的部分，习惯上把这种含脂率高的部分称为“稀奶油”，而下面含脂肪很少的部分称为“脱脂乳”。把乳分成稀奶油和脱脂乳的过程称为乳的分离。

稀奶油的含脂率随分离方法而异，随着含脂率的变化，其余成分也都相应变化，如表 8-3 所示。

表 8-3 稀奶油的含脂率与各种成分及密度的关系

成分及密度	含脂率/%		
	20	30	40
水分/%	72.2	63	53.2
蛋白质/%	3.09	2.88	2.71

续表

成分及密度	含脂率/%		
	20	30	40
乳糖/%	4.10	3.87	3.62
灰分/%	0.62	0.58	0.53
密度/(g/cm^3)	1.013	1.007	1.002

稀奶油可以作为一种乳制品直接利用，也可以进一步加工制成奶油和冰激凌等乳制品。脱脂乳可以加工成酸乳制品、脱脂乳粉、干酪素及乳糖等制品。

乳分离的设备、分离方法、影响因素参见情境二项目二离心分离。

三、奶油生产工艺流程

奶油生产工艺流程如图8-1所示。

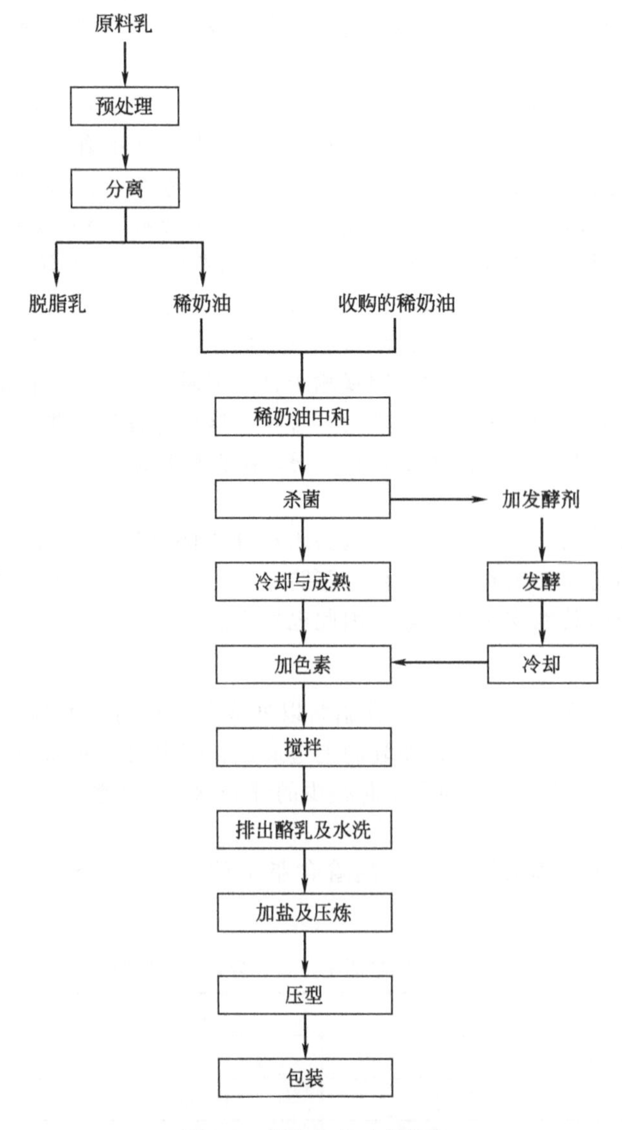

图8-1　奶油生产工艺流程

四、奶油生产工艺要求

1. 对原料乳及稀奶油的要求

我国制造奶油所用的原料乳，通常都是从牛乳开始。只有一小部分原料是在牧场或收奶站经分离后将稀奶油送到加工厂。

制造奶油用的原料乳，虽然没有像炼乳、乳粉那样要求严格，但也必须是来源于健康乳牛，而且在色、香、味、组织状态、脂肪含量及密度等各方面都是正常的乳。当乳质量略差不适于制造乳粉、炼乳时，也可用作制造奶油的原料。但这并不是说制造奶油可用质量不良的原料，凡是要生产优质的产品必须要有优质的原料，这是乳品加工的基本要求。例如初乳由于含乳清蛋白较多以及末乳脂肪过少都不宜采用。

稀奶油在加工前必须先行检验，以决定其质量，并根据其质量划分等级，以便按照等级制造不同的奶油。切勿将不同等级的稀奶油混合，以免影响优质的奶油。根据感官鉴定和分析结果表 8-4 对稀奶油进行分级。另外还需注意的是含抗生素或消毒剂的稀奶油不适于生产酸性奶油。

表 8-4 原料稀奶油的等级

等级	滋味及气味	组织状态	在下列含脂率时的酸度/(°T)				乳浆的最高酸度/(°T)
			25%	30%	35%	40%	
Ⅰ	具有纯正、新鲜、稍甜的滋味，纯洁的气味	均匀一致，不出现奶油团，无混杂物，不冻结	16	15	14	13	23
Ⅱ	略带饲料味和外来的气味	均匀一致，奶油团不多，无混杂物，有冻结痕迹	22	21	19	18	30
Ⅲ	带浓厚的饲料味、金属味，甚至略有苦味	有奶油团，不均匀一致	30	28	26	24	40
不合格	有异常的滋气味，有化学药品及石油产品的气味	有其他混合物及夹杂物					

2. 稀奶油的标准化

稀奶油的含脂率直接影响奶油的质量及产量。例如，含脂率低时，可以获得香气较浓的奶油，因为这种稀奶油较适于乳酸菌的发酵；当稀奶油过浓时，则容易堵塞分离机，乳脂的损失量较多。为了在加工时减少乳脂的损失和保证产品的质量，在加工前必须将稀奶油进行标准化。例如，用间歇方法生产新鲜奶油及酸性奶油时，稀奶油的含脂率以 30%～35%为宜；以连续法生产时，规定稀奶油的含脂率为 40%～45%。由于夏季容易酸败，所以用比较浓的稀奶油进行加工。

3. 稀奶油的中和

稀奶油的中和直接影响奶油的保存性和成品的质量。制造甜性奶油时，奶油的 pH（奶油中水分的 pH）应保持在中性附近（pH 6.4～6.8）。

（1）中和的目的　稀奶油经中和后，可以改善奶油的香味。另外，酸度高的稀奶油杀菌时，其中的酪蛋白凝固而结成凝块，使一些脂肪被包在凝块内，搅拌时流失在酪乳里，造成脂肪损失，而且贮藏时易引起水解和氧化，这在加盐奶油中特别显著。

（2）中和程度　稀奶油的酸度在 0.5%(55°T) 以下时，可中和至 0.15%(16°T)。若稀奶油的酸度在 0.5%以上时，过度降低其酸度，则容易产生特殊气味，而且稀奶油变成浓厚状态，所以中和的限度以 0.15%～0.25%为宜。

(3) 中和剂的选择

① 中和剂的种类　一般使用的中和剂为石灰或碳酸钠。石灰不仅价格低廉，同时由于钙残留于奶油中可以提高营养价值。但石灰难溶于水，必须调成乳剂加入，同时还需要均匀搅拌，不然很难达到中和的目的。碳酸钠因易溶于水，中和可以很快进行，同时不易使酪蛋白凝固，但中和时很快产生二氧化碳，容器过小时有使稀奶油溢出的问题。

② 中和的方法　用石灰中和时一般调成20%乳剂，经计算后再徐徐加入。稀奶油中的酸主要为乳酸，乳酸与石灰反应如下：

$$CaO + H_2O \longrightarrow Ca(OH)_2$$

$$Ca(OH)_2 + 2CH_3CH(OH)COOH = Ca(C_3H_5O_3)_2 + 2H_2O$$

乳酸的分子量为90.08，生石灰的分子量为56.08，因此，按质量计，中和90.08g乳酸需28.04g生石灰。

用碳酸钠中和时，边搅拌边加入10%碳酸钠溶液，中和时不宜加碱过多，过多则会产生不良气味。

4. 真空脱气

通过真空处理可将具有挥发特性的异常风味物质除掉。首先将稀奶油加热到78℃，然后输送至真空机，其真空室的真空度可以使稀奶油在62℃时沸腾，稀奶油通过沸腾而冷却下来。当然这一过程也会引起挥发性成分和芳香物质逸出。稀奶油经这一处理后，再回到热交换器进行杀菌。

5. 稀奶油的杀菌

(1) 稀奶油杀菌的目的　杀死能使奶油变质及危害人体健康的微生物，破坏稀奶油中各种酶，增加奶油保存性和增加风味。加热杀菌也可以除去稀奶油中特异的挥发性物质，故杀菌可以改善奶油的香味。

(2) 杀菌及冷却　由于脂肪的导热性很低，能阻碍温度对微生物的作用，同时为了使脂肪酶完全破坏，有必要进行高温巴氏杀菌。稀奶油杀菌方法分为间歇式和连续式两种，杀菌后应迅速进行冷却，以保证较低的杂菌数，并能阻止芳香物质的挥发。一般采用80～90℃的巴氏杀菌，但是还应注意稀奶油的质量。

例如稀奶油含有金属气味时，就应该将温度降低到75℃、10min杀菌，以减轻它在奶油中的显著程度。如果有特异气味时，应将温度提高到93～95℃，以减轻其缺陷。但热处理不应过分强烈，以免引起蒸煮味之类的缺陷。经杀菌后将其冷却至发酵温度或物理成熟温度。

6. 稀奶油的发酵

生产甜性奶油时，不经过发酵过程，在稀奶油杀菌后立即进行冷却和物理成熟。生产酸性奶油时，需经发酵过程。有些生产厂家先进行物理成熟，再进行发酵；但是一般都是先进行发酵，然后才进行物理成熟。

(1) 发酵的目的　加入专门的乳酸菌发酵剂可产生乳酸，在某种程度上起到抑制腐败性细菌繁殖的作用，因此可提高奶油的稳定性，而且也提高了脂肪的得率；发酵剂中含有产生乳香味的嗜柠檬酸链球菌和丁二酮乳酸链球菌，故发酵法生产的酸性奶油比甜性奶油具有更浓的芳香风味。发酵的酸性奶油虽有上述优点，但因人们的爱好不同而有些地区不太喜欢酸性奶油。

(2) 发酵用菌种　生产酸性奶油用的纯发酵剂是产生乳酸和产生芳香风味的菌种。一般选用的菌种有乳酸链球菌、乳脂链球菌、嗜柠檬酸链球菌、副嗜柠檬酸链球菌、丁二酮乳酸链球菌（弱还原型、强还原型）等。

以上几种菌中，乳酸链球菌和乳脂链球菌产酸能力较强，能使乳糖转变为乳酸，但缺乏产香作用，不能产生浓厚的芳香味。噬柠檬酸链球菌和副噬柠檬酸链球菌能使柠檬酸分解生成挥发性酸、3-羟基丁酮和丁二酮而使奶油具有纯熟的芳香味。因此，通常称这一种菌为芳香菌。弱还原型的丁二酮乳酸链球菌或者再加上乳脂链球菌制成混合菌种的发酵剂，则能产生更多的挥发性酸和3-羟基丁酮及丁二酮。

(3) 发酵剂的制备　乳酸菌纯培养发酵剂用于奶油生产时称之为奶油发酵剂。纯良的发酵剂能赋予奶油浓郁的芳香味，还能去除某些异味。

尽管丁二酮对香味有很大影响，但奶油的香味是各种菌种所产生的物质共同作用的结果。因此，奶油发酵剂一般选用两种以上菌种制成混合发酵剂，使其不仅有适宜的产酸能力，而且有很强的产香能力。目前认为较好的奶油发酵剂一般含有乳酸链球菌、乳脂链球菌和丁二酮乳酸链球菌（弱还原型）三种菌，或是由乳酸链球菌、乳脂链球菌、嗜柠檬酸链球菌和副嗜柠檬酸链球菌四种组成的混合菌种。

良好的发酵剂应具有以下特征：发酵时间为10～12h即可达到要求的酸度，风味有令人愉快的香气；凝块均匀稠密，无乳清分离，经搅拌呈稀奶油状；酸度90～100°T；显微镜观察有双球菌和链球菌，无酵母菌及杆菌等；丁二酮含量不低于10mg/L。

(4) 稀奶油发酵控制　经过杀菌、冷却的稀奶油打到发酵成熟槽内，温度调到18～20℃后添加相当于稀奶油5%的工作发酵剂，添加时进行搅拌，徐徐添加，使其均匀混合。发酵温度保持在18～20℃，每隔1h搅拌5min。控制稀奶油酸度最后达到表8-5中规定程度时，则停止发酵，转入物理成熟。

表8-5　稀奶油发酵的最终酸度

稀奶油中脂肪含量/%	最终酸度/(°T)	
	加盐奶油	不加盐奶油
24	30.0	38.0
26	29.0	37.0
28	28.0	36.0
30	28.0	35.0
32	27.0	34.0
34	26.0	33.0
36	26.0	32.0
38	25.0	31.0
40	24.0	30.1

7. 稀奶油的热处理及物理成熟

(1) 稀奶油的物理成熟　稀奶油经加热杀菌熔化后，要冷却至奶油脂肪的凝固点，以使部分脂肪变为固体结晶状态，这一过程称之为稀奶油物理成熟。成熟通常需要12～15h。

脂肪变硬的程度决定于物理成熟的温度和时间，随着成熟温度的降低和保持时间的延长，大量脂肪变成结晶状态（固化）。成熟温度应与脂肪最大可能变成固体状态的程度相适应。3℃时脂肪最大可能的硬化程度为60%～70%，而6℃时为45%～55%。在某种温度下脂肪组织的硬化程度达到最大可能时的状态称为平衡状态。通过观察证实，在低温下成熟时发生平衡状态要早于高温下的。例如，在3℃时经过3～4h即可达到平衡状态；6℃时要经过6～8h；而在8℃时要经过8～12h。在13～16℃时，即使保持很长时间也不会使脂肪发生明显变硬现象，这个温度称为临界温度。

（2）稀奶油物理成熟的热处理程序　奶油的硬度是一个复杂的概念，包括硬度、黏度、弹性和涂抹性等性能。乳脂中不同熔点脂肪酸的相对含量决定奶油硬度。软脂肪将生产出软而滑腻的奶油，而用硬乳脂生产的奶油，则硬而浓稠。但是如果采用适当热处理程序，使之与脂肪的碘值相适应，那么奶油的硬度可达到理想状态。这是因为热处理调整了脂肪结晶的大小、固体和连续相脂肪的相对数量。

① 乳脂结晶化　巴氏杀菌引起脂肪球中的脂肪液化，但当稀奶油在随后被冷却时，该脂肪的一部分将产生结晶。冷却迅速则形成的晶体多而小；缓慢冷却则晶体数量少、颗粒大。冷却过程越剧烈，结晶成固体相的脂肪就越多，在搅拌和压炼过程中，能从脂肪球中挤出的液体脂肪就越少。

脂肪结晶体通过吸附作用，将液体脂肪结合在它们的表面。如果结晶体多而总表面积就大，吸附的液体脂肪就多。这样从脂肪球中压出的液体脂肪量少，奶油就结实。如果结晶大而少，情况则正好相反，大量的液体脂肪将被压出，奶油就软。所以，通过调整稀奶油的冷却程序，使脂肪球中晶体的大小规格化，以生产硬度适宜的奶油。

② 具体热处理程序　要使奶油硬度均匀一致，必须调整物理成熟的条件，使之与乳脂的碘值相适应（见表 8-6）。

表 8-6　不同碘值的稀奶油物理成熟程序

碘值	温度程序/℃	发酵剂添加量/%
＜28	8—21—20①	1
28～29	8—21—16	2～3
30～31	8—20—13	5
32～34	6—19—12	5
35～37	6—17—11	6
38～39	6—15—10	7
40	20—8—11	5

① 三个数字依次表示稀奶油的冷却温度、加热酸化温度和成熟温度。

对于硬脂肪多的稀奶油，为达到理想的硬度所采用的热处理程序为：迅速冷却到约 8℃，并在此温度下保持约 2h；用 27～29℃的水徐徐加热到 20～21℃，并在此温度下至少保持 2h；冷却到约 16℃。

对于中等硬度脂肪的稀奶油，随着碘值的增加，热处理温度相应降低。高碘值达 39 的稀奶油，加热温度可降至 15℃。在较低的温度下，酸化时间延长。

对于软脂肪含量高的稀奶油，当碘值大于 39～40 时，在巴氏杀菌后稀奶油冷却到 20℃，并在此温度下酸化约 5h。当酸度约为 33°T 时冷却到约 8℃；如果碘值为 41 或者更高，则冷却到 6℃。一般认为，酸化温度低于 20℃，就形成软奶油。

8. 添加色素

为了使奶油颜色全年一致，当颜色太淡时，可添加安那妥（Annatto），它是天然的植物色素。安那妥的 3%溶液（溶于食用植物油中）称作奶油黄，通常用量为稀奶油的 0.01%～0.05%。添加色素通常在搅拌前直接加到搅拌器中的稀奶油中。

夏季因奶油原有的色泽比较浓，所以不需要再加色素；入冬以后，色素的添加量逐渐增加。为了使奶油的颜色全年一致，可以对照“标准奶油色”的标本，调整色素的加入量。

奶油色素除了用安那妥外，还可用合成色素，但必须根据卫生标准规定，不得任意采用。

9. 奶油的搅拌

将成熟后的稀奶油置于搅拌器中，利用机械的冲击力，使脂肪球膜破坏而形成奶油颗粒，这一过程称为搅拌，其过程如图 8-2 所示。搅拌时分离出的液体称为酪乳。稀奶油在送入搅拌器之前，将温度调整到适宜的搅拌温度。稀奶油装入量一般为搅拌容器的 40%～50%，以留出起泡空间。

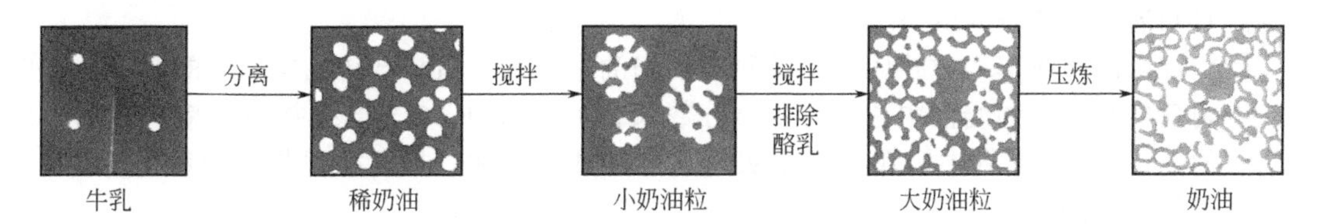

图 8-2 奶油形成的各个阶段（示意图）
黑色部分为水相，白色部分为脂肪相

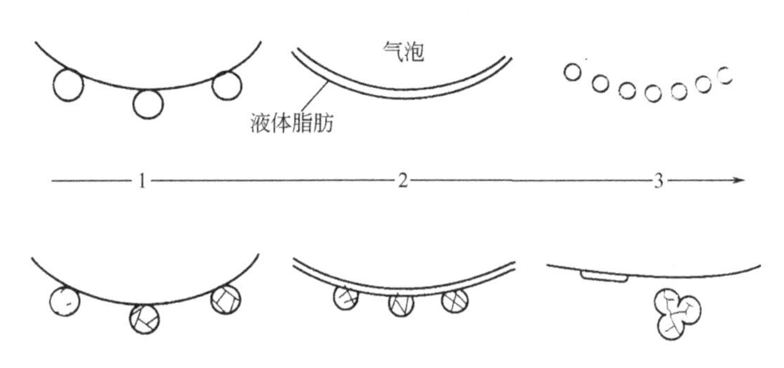

图 8-3 搅拌过程中脂肪球与气泡之间的相互作用

（1）奶油粒的形成　稀奶油经过剧烈搅拌，形成了蛋白质泡沫层。在表面张力的作用和脂肪球与气泡的相互作用下，脂肪球膜不断破裂，液体脂肪不断由脂肪球内压出。随着泡沫的不断破灭，脂肪逐渐凝结成奶油晶粒（见图 8-3）。随着搅拌的继续进行，奶油晶粒变得越来越大，并聚合成奶油粒。

影响奶油质量和搅拌时间长短的因素包括搅拌机旋转的速度、稀奶油的温度、稀奶油的酸度、稀奶油的含脂率、脂肪球的大小以及物理成熟的程度等。

（2）搅拌操作技术　搅拌的设备是搅拌器（见图 8-4），在搅拌前需先清洗搅拌器，否则稀奶油易被污染，而使奶油变质。尤其是木制的搅拌器更需注意清洗。搅拌器用后先用温水（约 50℃）强力冲洗 2～3 次，以除去奶油的黏附，然后用 83℃以上的热水旋转清洗 15～20min，热水排出后加盖密封。每周用含氯 0.01%～0.02%的溶液（或 2%石灰水）消毒两次，并用 1%碱溶液彻底洗涤一次。使用木制搅拌器时，先用冷水浸泡一昼夜，使间隙充分浸透，并使木质气味完全除

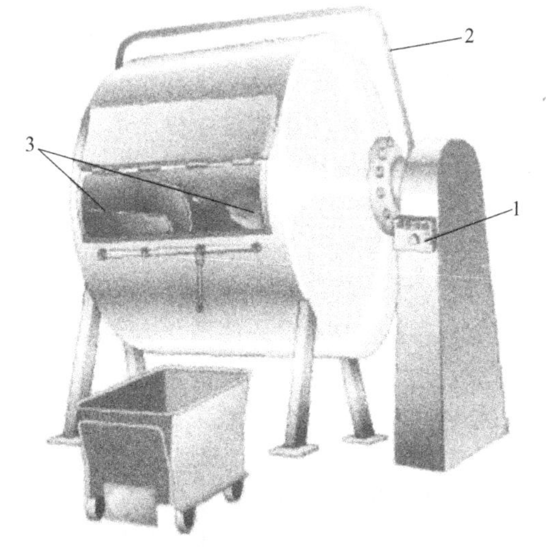

图 8-4 间歇式生产中的奶油搅拌器
1—控制板；2—紧急停止；3—角开挡板

去后，才能开始应用。用前还需再进行清洗杀菌。

搅拌时先将稀奶油用筛或过滤器进行过滤，以除去不溶性的固形物。稀奶油加至搅拌器容量的1/3～1/2后，把盖密闭后开始旋转。搅拌器的旋转速度随其大小而异，通常用直径1.2m的奶油联合制造器时，旋转30r/min，用直径1.65m的制造器时，旋转18r/min。旋转5min后打开排气孔放出内部的气体，反复进行2～3次。然后关闭排气孔继续旋转，形成像大豆粒大小的奶油粒时，搅拌结束。奶油粒的形成情况可从搅拌器上的窥视镜观察。搅拌所需时间通常为30～60min。

(3) 搅拌的回收率　搅拌回收率是测定稀奶油中有多少脂肪已转化成奶油的标志。它以酪乳中剩余的脂肪占稀奶油中总脂肪的百分数来表示。例如，0.5的搅拌回收率，表示稀奶油脂肪的0.5%留在酪乳中，那么可能99.5%已变成了奶油。如搅拌回收率的数值低于0.7则被认为是合格的。

10. 奶油粒的洗涤

水洗的目的是为了除去奶油粒表面的酪乳和调整奶油的硬度。同时如用有异常气味的稀奶油制造奶油时，能使部分气味消失。但水洗会减少奶油粒的数量。

水洗用的水温在3～10℃的范围，可按奶油粒的软硬、气候及室温等决定适当的温度，一般夏季水温宜低，冬季水温稍高。水洗次数为2～3次。稀奶油的风味不良或发酵过度时可洗3次，通常两次即可。如奶油太软需要增加硬度时，第一次的水温应较奶油粒的温度低1～2℃，第二次、第三次各降低2～3℃。水温降低过急时，容易产生奶油色泽不均匀，每次的水量以与酪乳等量为原则。

奶油洗涤后，有一部分水残留在奶油中，所以洗涤水应是质量良好、符合饮用水的卫生要求。被细菌污染的水应事先煮沸再冷却，含铁量高的水易促使奶油脂肪氧化，需加注意。如用活性氯处理洗涤水时，有效氯的含量不应高于0.02%。

11. 奶油的加盐

奶油加盐主要是为了增加奶油的风味，抑制微生物的繁殖，也可增加保存期。但酸性奶油一般不加盐。加盐量通常为2.5%～3.0%，而所用食盐必须符合国家一级或特级标准。待奶油搅拌机中洗涤水排出后，将烘烤（120～130℃、3～5min）并过30目筛的盐均匀撒于奶油表面，静置10～15min，旋转奶油搅拌机3～5圈，再静置10～20min后即可进行压炼。

12. 奶油的压炼

奶油粒压成奶油层的过程称压炼。小规模加工奶油时，可在压炼台上用手工压炼。一般工厂均在奶油制造器中进行压炼。

(1) 压炼的目的　奶油压炼的目的是使奶油粒变为组织致密的奶油层、水滴分布均匀、食盐全部溶解并均匀分布于奶油中。同时调节水分含量，即在水分过多时排除多余的水分、水分不足时加入适量的水分并使其均匀吸收。

(2) 压炼程度及水分调节　新鲜奶油在洗涤后立即进行压炼，应尽可能完全除去洗涤水，然后关上旋塞和奶油制造器的孔盖，并在慢慢旋转搅拌桶的同时开动压榨轧辊。压炼初期，被压榨的颗粒形成奶油层，同时表面水分被压榨出来。此时，奶油中水分显著降低。当水分含量达到最低限度时，水分又开始向奶油中渗透。奶油中水分容量最低的状态称为压炼的临界时期。压炼的第一阶段到此结束。

压炼的第二阶段，奶油水分逐渐增加。在此阶段水分的压出与进入是同时发生的。第二阶段开始时，这两个过程进行速度大致相等。但是，末期从奶油中排出水的过程几乎停止，而向奶油中渗入水分的过程则加强。这样就引起奶油中的水分增加。

压炼的第三阶段，奶油中水分显著增高，而且水分的分散加剧。根据奶油压炼时水分所发生的变化，使水分含量达到标准化。所以每个工厂应通过实验方法来确定在正常压炼条件下调节奶油中水分的曲线图。为此，在压炼中，每通过压榨轧辊3～4次，必须测定一次含水量。

根据压炼条件，开始时压5～10次，以便将颗粒汇集成奶油层，并将表面水分压出。然后稍微打开旋塞和桶孔盖，再旋转2～3转，随后使桶口向下排出游离水，并从奶油层的不同地方取出平均样品，以测定含水量。在这种情况下，奶油中含水如果低于许可标准，可按公式(8-1)计算不足的水分。

$$X=\frac{M(A-B)}{100}\times 1.2 \tag{8-1}$$

式中，X为不足的水量，kg；M为理论上奶油的质量，kg；A为奶油中容许的标准水分，%；B为奶油中含有的水分，%；1.2为校正系数。

将不足的水量加到奶油制造器内，关闭旋塞而后继续压炼，不让水流出，直到全部水分被吸收为止。压炼结束之前，再检查一次奶油的水分。如果已达到了标准，再压榨几次使其分布均匀。

在制成的奶油中，水分应成为微细的小滴均匀分散。当用铲子挤压奶油块时，不允许有水珠从奶油块内流出。

奶油压炼过度会使奶油中有大量空气，致使奶油中物理化学性质发生变化。正确压炼的新鲜奶油、加盐奶油和无盐奶油，水分都不应超过16%。

13. 奶油的包装与贮藏

(1) 奶油的包装　压炼后的奶油，送到包装设备进行包装。奶油通常有5kg以上大包装和从10g～5kg不等的小包装。根据包装的类型，使用不同种类的包装机器。外包装最好选用防油、不透光、不透气、不透水的包装材料，如复合铝箔、马口铁罐等。

(2) 奶油的贮藏　奶油包装后，应送入冷库中贮藏。4～6℃的冷库中贮藏期一般不超过7天；0℃冷库中，贮藏期2～3周；当贮藏期超过6个月时，应放入－15℃的冷库中；当贮藏期超过1年时，应放入－25～－20℃的冷库中。

奶油在贮藏期间由于氧化作用，脂肪酸分解为低分子的醛、酸、酮及酮酸等成分，形成各种特殊的臭味。当这些化合物积累到一定程度时，奶油则失去了食用价值。为了提高奶油的抗氧化和防霉能力，可以在奶油压炼时，添加或在包装材料上喷涂抗氧化剂或防霉剂。

五、奶油的质量缺陷

由于原料、加工过程和贮藏不当，奶油的感官特性会发生一些变化。

1. 风味变化

正常奶油应该具有乳脂肪的特有香味或乳酸菌发酵的芳香味，但有时会出现下列异味。

(1) 鱼腥味　这是奶油贮藏时很容易出现的异味，其原因是卵磷脂水解生成三甲胺造成的。如果脂肪发生氧化，这种缺陷更易发生，这时应提前结束贮存。生产中应加强杀菌和卫生措施。

(2) 脂肪氧化味与酸败味　脂肪氧化味是空气中氧气和不饱和脂肪酸反应造成的。而酸败味是脂肪在解脂酶的作用下生成低分子游离脂肪酸造成的。奶油在贮藏中往往首先出现氧化味，接着便会产生脂肪水解味。这时应该提高杀菌温度，既杀死有害微生物，又要破坏解脂酶。在贮藏中应该防止奶油长霉，霉菌不仅能使奶油产生土腥味，也能产生酸败味。

(3) 干酪味　奶油呈干酪味是生产卫生条件差、霉菌污染或原料稀奶油的细菌污染导致蛋白质分解造成的。生产时应加强稀奶油杀菌和设备及生产环境的消毒工作。

(4) 肥皂味　稀奶油中和过度，或者是中和操作过快，或局部皂化引起的。应减少碱的用量或改进操作。

(5) 金属味　由于奶油接触铜、铁设备而产生金属味。应该防止奶油接触生锈的铁器或铜制阀门等。

(6) 苦味　产生的原因是使用末乳或奶油被酵母菌污染。

2. 组织状态变化

(1) 软膏状或黏胶状　压炼过度、洗涤水温度过高或稀奶油酸度过低和成熟不足等造成。总之，液态油较多，脂肪结晶少，则形成熟性奶油。

(2) 奶油组织松散　压炼不足、搅拌温度低等造成液态油过少，出现松散状奶油。

(3) 砂状奶油　此缺陷出现于加盐奶油中，盐粒粗大能溶解所致。有时出现粉状，并无盐粒存在，是中和时蛋白质凝固混合于奶油中。

3. 色泽变化

(1) 条纹状　此缺陷容易出现在干法加盐的奶油中，盐加得不均、压炼不足等。

(2) 色暗而无光泽　压炼过度或稀奶油不新鲜所致。

(3) 色淡　此缺陷经常出现在冬季生产的奶油中，由于奶油中胡萝卜素含量太少，致使奶油色淡，甚至呈白色。可以通过添加胡萝卜素加以调整。

(4) 表面褪色　奶油暴露在阳光下，发生光氧化造成。

【产品指标要求】

一、感官要求

奶油感官要求参见表 7-1。

二、理化指标

奶油理化指标参见表 7-1。

【自查自测】

一、填空题

1. 稀奶油的脂肪含量为（　　）。
2. 稀奶油的灭菌方式有（　　）、（　　）和（　　）三种。
3. 稀奶油的生产中，乳脂分离采用的设备是（　　），分离的依据是（　　）。

二、名词解释

稀奶油，脱脂乳，乳的分离

三、简答题

1. 写出稀奶油的加工工艺流程。
2. 采用乳脂分离机对牛乳进行乳脂分离时，影响乳脂分离的因素有哪些？

四、技能测试题

1. 若先加入牛乳再启动离心机，会导致什么结果？为什么？
2. 若原料乳脱脂不良，可能的原因有哪些？可采用哪些措施来克服？

项目二　炼　　乳

【知识储备】

炼乳是一种浓缩乳制品，它是将新鲜牛乳经过杀菌处理后，蒸发除去其中大部分的水分而制得的产品。

甜炼乳起源于法国和英国。法国人尼克拉斯（1796 年）等曾进行过浓缩乳的贮藏试验，法国的阿贝尔（1827年）把煮浓的牛乳装入瓶装罐头中，并封闭会使保存期延长。1835年，英国人牛顿发明了加糖炼乳的制造方法。淡炼乳的制造原理是由瑞士人梅依泊基所发明，1884年美国获得其制造专利。

一、炼乳的分类

炼乳种类很多，按成品是否加糖、脱脂或添加某种辅料，可分为以下几种：

（1）甜炼乳　是一种加入糖的浓缩乳，呈淡黄色。甜炼乳的糖分浓度很高，因而渗透压也很高，能抑制大部分微生物。甜炼乳可用全脂乳或脱脂乳粉来进行生产。

（2）淡炼乳　是一种不加糖、经过灭菌处理、浓缩的外观颜色淡似稀奶油的乳制品。

（3）脱脂炼乳　原料经离心脱脂，除去大部分乳脂肪后浓缩制成的浓稠乳制品。

（4）半脱脂炼乳　原料经离心脱脂，除去50%的乳脂肪后浓缩制成的浓稠乳制品。

（5）花色炼乳　一般是炼乳中加入可可、咖啡及其他有色食品辅料，经浓缩制成的乳制品。

（6）强化炼乳　炼乳中强化了维生素、微量元素等。

（7）调制炼乳　炼乳中配有蛋白质、植物脂肪、饴糖或蜂蜜类的营养物质等，制成适合不同人群的乳制品。

目前我国炼乳的主要品种有甜炼乳和淡炼乳，约占全国乳制品产量的4%。

二、甜炼乳生产工艺流程

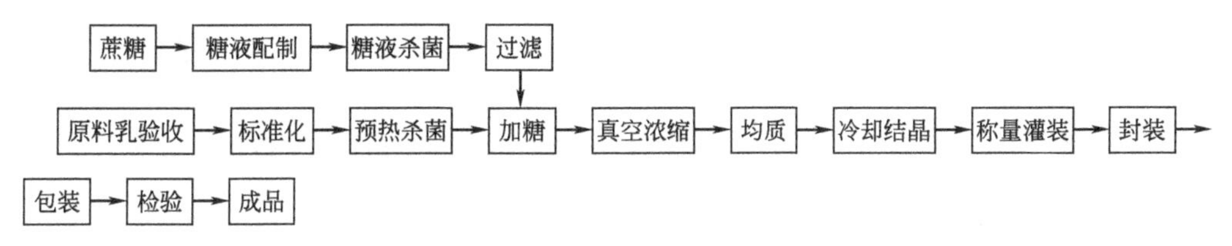

三、甜炼乳的工艺要求

1. 原料乳验收

用于甜炼乳生产的原料乳除要符合乳制品生产的一般质量要求外，还有两方面更严格的要求：

① 控制芽孢数和耐热细菌的数量，因为炼乳生产中真空浓缩过程乳的实际温度仅为65～70℃，而65℃对于芽孢菌和耐热细菌是较适合的生长条件，有可能导致乳的腐败。

② 要求乳蛋白热稳定性好，能耐受强热处理，这就要求乳的酸度不能高于18°T，70%中性酒精试验呈阴性，盐离子平衡。

检查原料乳热稳定性的方法是：取10mL原料乳，加0.6%的磷酸氢二钾1mL，装入试管在沸水中浸5min后，取出冷却，如无凝块出现，即可高温杀菌，如有凝块出现，就不适于高温杀菌。

2. 原料乳的标准化

原料乳标准化的目的有：

① 与加糖炼乳的生产量有关，牛乳的乳脂率在3.0%～3.7%范围内炼乳生产量最多。

② 与炼乳的保存性有关，若牛乳的乳脂率含量低，生产的炼乳保存性也低。

③ 与炼乳生产过程中的操作有关，乳脂率低的牛乳在浓缩过程中容易起泡，操作较困难。

我国炼乳质量标准规定脂肪含量与非脂乳固体含量之比是8∶20。

3. 预热杀菌

原料乳在标准化之后、浓缩之前，必须进行加热杀菌处理。加热杀菌还有利于下一步浓缩的进行，故称为预热，亦称为预热杀菌。预热杀菌的目的有：

① 杀灭原料乳中的病原菌和大部分杂菌，破坏或钝化酶的活力，以保证食品卫生，同时提高成品保存的生物稳定性。

② 对原料乳在真空浓缩中起预热作用，防止结焦，加速蒸发。

③ 使蛋白质适当变性，防止成品变稠。

甜炼乳的预热杀菌一般采用80～85℃、10min或95℃、3～5min，也可采用120℃、2～4s。

4. 加糖

（1）加糖的目的　加糖是甜炼乳生产中的一个步骤，其主要目的在于抑制炼乳中细菌的繁殖，增加制品的保存性。糖的加入会在炼乳中形成较高的渗透压，而且渗透压与糖浓度成正比，因此，就抑制细菌的生长繁殖而言，糖浓度越高越好。但加糖量过高易产生糖沉淀等缺陷。

（2）加糖量的计算　加糖量的计算是以蔗糖比为依据的。所谓蔗糖比又称蔗糖浓缩度，是甜炼乳中蔗糖含量占其水溶液的百分比，即

$$R_s=\frac{W_{su}}{W_{su}+W}\times 100\% \tag{8-2}$$

$$R_s=\frac{W_{su}}{100-W_{sT}}\times 100\% \tag{8-3}$$

式中，R_s为蔗糖比，%；W_{su}为炼乳中蔗糖含量，%；W为炼乳中水分含量，%；W_{sT}为炼乳中总乳固体含量，%。

通常规定蔗糖比为62.5%～64.5%。蔗糖比高于64.5%，会有蔗糖析出，致使产品组织状态变差；低于62.5%则抑菌效果差。

（3）加糖方法　生产甜炼乳时蔗糖的加入方法有三种：

① 将糖直接加入原料乳中，然后预热。

② 原料乳和浓度为65%～75%的浓糖浆分别经95℃、5min杀菌，冷却至57℃后混合浓缩。

③ 在浓缩将近结束时，将杀菌并冷却的浓糖浆吸入浓缩罐内。

加糖方法不同，乳的黏度变化和成品的增稠趋势不同。一般来讲，糖与乳接触时间越长，变稠趋势就越显著。由此可见，上述三种加糖方法中，以第三种为最好。

5. 浓缩

参见情境五项目一有关乳的浓缩的内容。

6. 均质

炼乳在长时间放置后，会发生脂肪上浮现象，表现为在其上部形成稀奶油层，严重时一经振荡还会形成奶油粒，这大大影响了产品的质量，对此除在预热等步骤进行严格控制外，还可以采用均质工艺加以克服。同时，炼乳均质可破碎脂肪球，防止脂肪上浮；使吸附于脂肪球表面的酪蛋白量增加，改善黏度，缓和变稠现象；使炼乳易于消化吸收；改善产品感官质量。

为了使2μm以下的脂肪球含量达到较高的比例，65℃是最适宜的均质温度。在实际操作中，如在浓缩后进行均质则温度一般为50～65℃。由于开始均质时的压力不会马上稳定，所以最初出来的物料均质不一定充分，可以将这部分物料返回，再均质一次。

在炼乳生产中可以采用一次或二次均质，国内多为一次均质，均质压力一般在14MPa、温度为50～60℃。如果采用二次均质，第一次均质条件和上述相同，第二次均质压力较低，为3.0～3.5MPa，温度控制在50℃左右。如采用两次在预热之前进行，第二次应在浓缩之后。虽然两次均质可以适当提高产品的相关质量，但无疑又使设备费用和操作费用提高不少，因此在具体生产中可以视情况加以选择。

为了确保均质效果，可以对均质后的物料进行显微镜检视，如果有80%以上的脂肪球直径在2μm以下，就可以认为均质充分。

7. 冷却结晶

甜炼乳生产中冷却结晶是最重要的步骤之一。其目的在于：及时冷却以防止炼乳在贮藏期间变稠；控制乳糖结晶，使乳糖组织状态细腻。

（1）乳糖结晶与组织状态的关系　乳糖的溶解度较低，室温20℃下约为19%。在实际应用中，乳糖很少单独使用，通常会与其他糖类混合使用，而蔗糖的存在会降低乳糖的溶解度，且蔗糖的结晶行为也会受到乳糖的影响。在含蔗糖62%的甜炼乳中，乳糖的溶解度下降至12%左右。在冷却过程中，随着温度降低，多余的乳糖就会结晶析出。若结晶晶粒微细，则可悬浮于炼乳中，从而使炼乳组织柔润细腻；若结晶晶粒较大，则组织状态不良，甚至形成乳糖沉淀。乳糖的添加能避免蔗糖形成较大的晶体，且降低蔗糖晶体粘连的趋势，从而形成更细软、更光滑的微小晶体。因此，通过改变乳糖的浓度、搅拌速度，可控制结晶过程，生成不同粗细状态的晶体组织。

（2）乳糖结晶温度的选择　若以乳糖溶液的浓度为横坐标、乳糖温度为纵坐标，可以绘出乳糖的溶解度曲线，或称乳糖结晶曲线（见图8-5）。

图8-5中，四条曲线将乳糖结晶曲线图分为三个区：最终溶解度曲线左侧为溶解区，过饱和溶解度曲线右侧为不稳定区，它们之间是亚稳定区。在不稳定区内，乳糖将自然析出。在亚稳定区内，乳糖在水溶液中处于过饱和状态，将要结晶而未结晶。在此状态下，只要创造必要的条件，加入晶种，就能促使它迅速形成大小均匀的微细结晶，这一过程称为乳糖的强制结晶。试验表明，强制结晶的最适温度可以通过促进结晶曲线来找出。

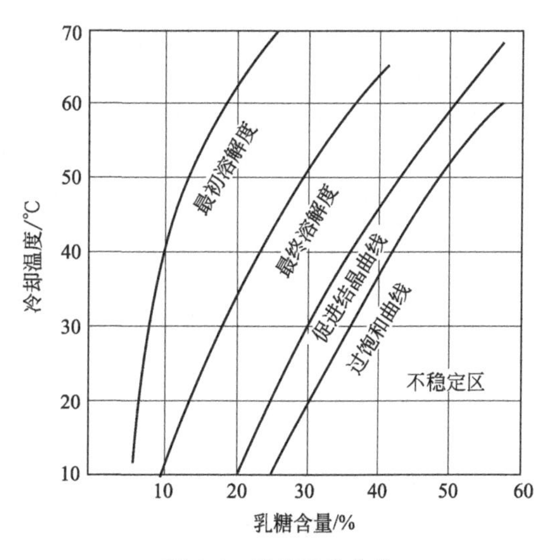

图8-5　乳糖结晶曲线

（3）晶种的制备　晶种粒径应在5μm以下。晶种制备的方法一般是取精制乳糖粉（多为α-乳糖），在100～105℃下烘干2～3h，经超微粉碎机粉碎后再复烘1h，然后重新进行粉碎，过120目筛后就可以达到要求，即可装瓶、密封、贮存。晶种添加量为炼乳质量的0.024%～0.03%。晶种也可以用成品炼乳代替，一般添加量为炼乳质量的1%。

（4）冷却结晶方法　一般可分为间歇式及连续式两类。

间歇式冷却结晶一般采用蛇管冷却结晶器，如图8-6所示。冷却过程可分为三个阶段：浓缩乳出料后乳温在50℃以上，应迅速冷却至35℃左右，这是冷却初期。随后，继续冷却到接近26℃，此为第二阶段，即强制结晶期，结晶的最适温度就处于这一阶段。此时可投入乳糖晶种。强制结晶期应保持0.5h左右，以充分形成晶核。然后进入冷却期，即把炼乳迅速冷却至15℃左右，从而完成冷却结晶操作。

利用连续冷却结晶器可进行炼乳的连续冷却。连续冷却结晶器具有水平式的夹套圆筒，夹套有冷媒流通。炼乳在内层套筒中，有搅拌桨搅拌，转速为300～699r/min，在几十秒到几分钟内即可冷却到20℃以下，不添加晶种即可获得细微的结晶。

（5）乳糖晶体的产生和判断

① 测定方法　乳糖晶体大小是甜炼乳的一项理化指标，其测定方法如下：首先用白金

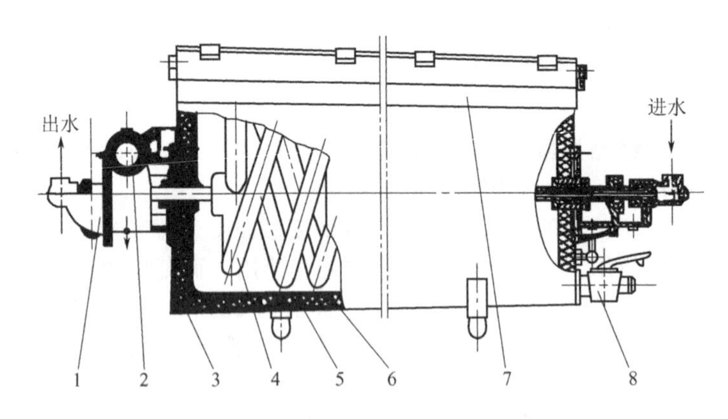

图 8-6 卧式蛇管冷却结晶器
1—减速箱；2—电动机；3—外壳；4—蛇管冷却器；5—保温层；
6—缸体；7—缸盖；8—阀门

耳取一点搅拌均匀且冷却的甜炼乳，放于载玻片上，用盖玻片轻压之，使成均匀的一层结晶。然后用 450 倍显微镜检视晶体长度。

晶体大小以晶体的长度为标准，用接目测微器中的标尺测量（标尺每小格的长度应用标准标尺测定，一般为 3.3μm）。一个视野中乳糖晶体大小不一，只选出 5 个最大的，并以 5 个中最小的 1 个为计算依据，并记下其大小（μm）。然后再如此重复 5 个视野，以 5 个视野计算的平均值作为报告数据。

② 质量判断　乳糖晶体大小和数量与甜炼乳的组织状态和口感关系密切。

在一般情况下，乳糖晶体的质量判断一是看晶体大小，二是看晶体在炼乳中的分布是否均匀。晶体在 15μm 以下，在炼乳中分布均匀的为特级品。晶体在 20μm 以下、15μm 以上为一级品，一级甜炼乳较易产生沉淀，晶体分布较不均匀。晶体大小在 20～25μm 为二级品，此时乳糖晶体在炼乳中分布不均匀，产品口感呈砂状，并易产生沉淀。

（6）乳糖酶的应用　近年来随着酶制剂工业的发展，乳糖酶已开始在乳品工业中应用。用乳糖酶处理乳可以使乳糖全部或部分水解，从而可以省略乳糖结晶过程，也不需要乳糖晶种及复杂的设备。在贮存中，可从根本上避免出现乳糖结晶沉淀析出的缺陷，制得的甜炼乳即使在冷冻条件下贮存也不会出现结晶沉淀。

利用乳糖酶来制造能够冷冻贮存的所谓冷冻炼乳，不会有结晶沉淀的问题。如将含 35%固形物的冷冻全脂炼乳，在－10℃条件下贮藏，用乳糖酶处理 50%乳糖分解的样品，六个月后相当稳定，而对照组则很不稳定。但是，对于常温下贮藏的这种炼乳，由于乳糖水解会加剧成品褐变。

8. 装罐、包装和贮存

（1）装罐　经冷却后的炼乳，其中含有大量的气泡，如就此装罐，气泡会留在罐内而影响其质量。所以用手工操作的工厂，通常需静置 12h 左右，等气泡逸出再装罐。

炼乳经检验合格后方准装罐。空罐需用蒸汽杀菌（90℃以上保持 10min），沥去水分或烘干后方可使用。装罐时，务必除去气泡并装满，封罐后洗去罐上附着的炼乳或其他污物，再贴上商标。大型工厂多用自动装罐机，能自动调节流量，罐内装入一定数量的炼乳后，移入旋转盘中，用离心力除去其中的气体，或用真空封罐机进行封罐。

（2）包装间的卫生　装罐前包装室需用紫外线灯杀菌 30min 以上，并用 20mL 乳酸熏蒸一次。消毒设备用的含氯漂白粉溶液中有效氯浓度为 400～600mg/L，洗后用的浓度为 30mg/L，包装室门前消毒鞋用的含氯漂白粉溶液中有效氯浓度为 1200mg/L。包装室墙壁

(2m 以下地方）最好用 1%硫酸铜防霉剂粉刷。

（3）贮存　炼乳贮存于仓库内时，应离开墙壁及保暖设备 30cm 以上，仓库内温度应恒定，不得高于 15℃，空气相对湿度不应高于 85%。如果贮存温度经常变化，会引起乳糖形成大块结晶。贮存中每月应进行 1～2 次翻罐，以防乳糖沉淀。

四、甜炼乳的质量缺陷

1. 变稠

甜炼乳在常温条件下的贮存过程中，黏度逐渐增高，以致失去流动性，甚至凝固，这一缺陷称为变稠。变稠是甜炼乳的常见缺陷之一。其产生的原因可分为细菌性和理化性两个方面。

（1）细菌性变稠　主要是由于芽孢菌、链球菌、葡萄球菌或乳酸菌的繁殖代谢产生的甲酸、乙酸、丁酸、琥珀酸、乳酸等有机酸以及凝乳酶等，促使甜炼乳变稠。这种由于细菌作用而变稠的甜炼乳，除酸度升高外，同时还会产生异味。

防止细菌性变稠，必须加强卫生管理，采用新鲜的原料乳和有效的预热条件，对设备要进行完全彻底的清洗消毒，严防各种细菌污染。

（2）理化性变稠　理化性变稠是由于乳蛋白的变性，主要是由于酪蛋白胶体状态的变化，由溶胶态转变为凝胶态造成的。因此，生产过程中凡引起蛋白质变性或含量变化的因素，都能不同程度地影响甜炼乳变稠。

理化性变稠产生的原因主要有甜炼乳的酸度、酪蛋白和乳清蛋白的含量、盐类的含量及平衡状态、预热的温度和保持时间、脂肪含量、蔗糖质量和含量及添加方式、冷却凝结时的搅拌、均质压力、贮存的温度和保持时间等。

防止理化性变稠可采用以下一些方法：①采用新鲜的原料乳；②选用适宜的预热条件，避开 85～100℃预热；③适当提高脂肪和蔗糖的含量，选用优质的白砂糖，采用后加糖法；④浓缩温度不过高或过低，掌握在 48～58℃为宜；⑤间歇浓缩的时间控制在 2.5h 以内；⑥采用适宜的均质压力，并避免均质压力产生脉冲；⑦冷却结晶搅拌的时间不少于 2h；⑧成品尽可能在较低温度下贮存。

2. 脂肪上浮

甜炼乳经过相当长时间的贮存，开罐后有时上部有一层淡黄色的脂肪层，严重时甚至形成淡黄色膏状脂肪层，这种现象称为脂肪上浮，亦称脂离。脂肪上浮亦是甜炼乳的常见缺陷，严重的贮存一年后的脂肪黏盖厚度可达 5mm 以上，膏状脂肪层的脂肪含量在 20%～60%，严重影响甜炼乳的质量。

脂肪上浮产生的原因与乳牛品种有关系，含脂率高的水牛乳、黄牛乳乳脂肪球大，容易产生脂肪上浮。另外，在工艺操作方面，预热温度偏低、保温时间短、浓缩时间过长、浓缩乳温度超过 60℃、甜炼乳的初始温度偏低等，都会促使甜炼乳脂肪上浮。

采用合适的预热条件、控制浓缩条件并保持甜炼乳的初始黏度不过低、采用均质工艺和连续浓缩等，均可有效地防止甜炼乳脂肪上浮。

3. 钙盐沉淀

甜炼乳在经过 40℃、5 天培养或贮存一段时间后进行冲调，可在杯壁及杯底出现白色沉淀物，这就是钙盐沉淀，俗称“小白点”。其主要成分是柠檬酸钙，约有 1/5 是磷酸钙。钙盐沉淀是甜炼乳的常见缺陷。

钙盐沉淀产生的原因主要是因为牛乳中钙含量较高，乳经过预热后，部分可溶性钙盐转变为不溶性钙盐，通过浓缩，钙盐浓度增高，在贮存过程中逐渐形成较大的杨梅状的结晶体，牛乳经均质后，则形成的“小白点”较细。

防止方法有以下几种：①在原料乳中添加成品量 0.02%～0.03%的柠檬酸钙胶体。

②添加成品量5%以上经贮存数天的甜炼乳于原料乳中，或将部分乳粉掺入原料乳中，都可防止钙盐沉淀。

4. 纽扣状凝块

甜炼乳在常温贮存3～4个月后，有时在罐盖上出现白色、黄色乃至红棕色乳，贮存的时间越长，温度越高，“纽扣”越大，严重的扩散至整个罐面。有“纽扣”的甜炼乳带金属臭及陈腐的干酪样气味，失去食用价值。

“纽扣”主要是由霉菌引起的。产品被葡萄曲霉及其他霉菌所污染，在有空气和适宜的温度条件下，生成霉菌菌落，2～3周以后霉菌死亡，其分泌的酶促使甜炼乳局部凝固，同时变色，产生异味，2～3个月后形成“纽扣”，并渐渐长大。

此外，还有几种球菌能形成白色纽扣状凝块，分布在盖上及罐内甜炼乳中。

防止甜炼乳“纽扣”的发生，一是要避免霉菌污染，二是防止甜炼乳产生气泡。

5. 胖罐

胖罐又称胖听、胀罐。甜炼乳胖罐分为微生物性胖罐和物理性胖罐两种。

（1）微生物性胖罐　产品贮存期间由于微生物活动而产生气体，使罐底、罐盖膨胀，严重的会使罐头（或玻璃瓶）破裂，这种胖罐称为微生物性胖罐。

在适宜的工艺条件和严格的卫生条件下生产的甜炼乳，由于高浓度糖溶液产生的高渗透压，可以抑制微生物的繁殖。但在生产过程中，产品如被严重污染，特别是被活力很强的耐高渗透压的嗜糖性酵母菌污染时，就会导致产生气体，成为胖罐，严重的胖罐率达20%～70%，夏季10余天便可产生。因为酵母菌能分解蔗糖，产生酒精、二氧化碳和水。此外，贮存于温度较高场所时，因厌气性丁酸菌的繁殖产生气体也会造成胖罐，但较少见。

防止的方法要求加强卫生管理，不得使用潮湿、结块、含转化糖高的劣质蔗糖，并且产品尽量在较低温度下贮存。

（2）物理性胖罐　物理性胖罐又称假胖罐，其罐内炼乳并没有变质，但影响外观，也是罐头食品所不允许的。

形成原因在于装罐时装得太满，使封罐后罐内产生很大的压力；或装罐温度太低，气温升高时底、盖凸起所造成的。

防止的方法是装罐前宜将炼乳用温水加热至25～28℃。夏季加温还可防止罐头“出汗”生锈，装罐时宜多装2g左右为宜，不得太满。

6. 乳糖晶体粗大和甜炼乳组织粗糙

甜炼乳的组织粗糙，主要是乳糖晶体粗大所致。

（1）乳糖晶体粗大的原因及防止方法

① 乳糖晶种未磨细　如添加未经研磨的晶种，乳糖晶体都在30μm以上，可见晶种磨细的重要性。研磨乳糖晶种，首先要烘干，选用超细微粉碎机研磨较好，并有足够的研磨时间或次数，研磨后的晶种需经检验，使绝大部分颗粒达3～5μm。

② 晶种量不足　有时因粉筛过细，乳糖粉吸水黏结，晶种未经过秤等原因而影响晶种的添加量。

③ 加晶种时温度过高，过饱和程度不够高，部分微细晶体颗粒溶解。

（2）乳糖晶体在冷却结晶以后或贮存期间增大的原因

① 冷却结束时尚未冷到19～20℃，乳糖溶液的过饱和状态尚未消失，致使在贮存期气温下降时继续结晶，晶体增大。

② 冷却搅拌时间太短，乳糖溶液的过饱和状态尚未消失就停止搅拌，此后晶体继续长大。故冷却搅拌时间不少于2h。

③ 甜炼乳贮存期间气温变化太大，也会使乳糖晶体增大。当温度升高时，乳糖溶液由饱和状态变为不饱和，使微细的晶体溶解；降温时则转变为过饱和溶液，使乳糖晶体增大。故甜炼乳应在较凉爽的仓库内贮存。

7. 乳糖沉淀

甜炼乳贮藏了一段时间或经培养以后，有时罐底会出现粉状或砂状沉淀，这主要是乳糖的大晶体下沉所致。因为乳糖在 20℃下的相对密度为 1.5453，甜炼乳的相对密度为 1.30 左右，故大晶体必会沉淀。炼乳中大晶体越多，则其的黏度越低，则沉淀速度越快，沉淀量也越多。但 10μm 以下的微细晶体，在正常的黏度下，是不会产生沉淀的。

防止罐底产生沉淀的方法是保持晶体在 10μm 以下，而且均匀，并控制适当的初黏度。

此外，当甜炼乳的蔗糖比超过 64.5%，并在低温下贮存时，产生的蔗糖晶体亦会沉于罐底，蔗糖的晶体更粗大，呈六角形，形状规则。乳糖晶体大部分呈长梯形，容易区别。防止蔗糖结晶的方法是加强标准化检验，提高检验的准确度；准确计量原料乳和白砂糖，控制蔗糖比在 64.5%以内，销售到寒冷地区的产品蔗糖比还要低一些。

【产品指标要求】

一、感官要求

炼乳感官要求见表 8-7。

表 8-7 炼乳感官要求

项目	要求			检验方法
	淡炼乳	加糖炼乳	调制炼乳	
色泽	呈均匀一致的乳白色或乳黄色,有光泽		具有辅料应有的色泽	取适量试样置于50mL 烧杯中,在自然光下观察色泽和组织状态。闻其气味,用温开水漱口,品尝滋味
滋味、气味	具有乳的滋味和气味	具有乳的香味,甜味纯正	具有乳和辅料应有的滋味和气味	
组织状态	组织细腻,质地均匀,黏度适中			

二、理化指标

炼乳理化指标见表 8-8。

表 8-8 炼乳理化指标

项目	指标				检验方法
	淡炼乳	加糖炼乳	调制炼乳		
			调制淡炼乳	调制加糖炼乳	
蛋白质/(g/100g) ≥	非脂乳固体①的 34%		4.1	4.6	GB 5009.5
脂肪(X)/(g/100g)	$7.5\leqslant X<15.0$		$X\geqslant 7.5$	$X\geqslant 8.0$	GB 5413.3
乳固体②/(g/100g) ≥	25.0	28.0	—	—	—
蔗糖/(g/100g) ≤	—	45.0	—	48.0	GB 5413.5
水分/% ≤	—	27.0	—	28.0	GB 5009.3
酸度/(°T) ≤	48.0				GB 5413.34

① 非脂乳固体(%)=100%－脂肪(%)－水分(%)－蔗糖(%)。

② 乳固体(%)=100%－水分(%)－蔗糖(%)。

三、微生物要求

炼乳微生物限量见表 8-9。

表 8-9 炼乳微生物限量

项目	采样方案[①]及限量(若非指定,均以 CFU/g 或 CFU/mL 表示)				检验方法
	n	c	m	M	
菌落总数	5	2	30000	100000	GB 4789.2
大肠菌群	5	1	10	100	GB 4789.3 平板计数法
金黄色葡萄球菌	5	0	0/25g(mL)	—	GB 4789.10 定性检验
沙门菌	5	0	0/25g(mL)	—	GB 4789.4

① 样品的分析及处理按 GB 4789.1 和 GB 4789.18 执行。

【自查自测】

1. 炼乳的概念及分类是什么?
2. 什么是甜炼乳?简述其生产工艺流程及具体工艺要求。
3. 甜炼乳生产中预热杀菌的目的是什么?
4. 甜炼乳生产中加糖的方法有哪些?
5. 简述真空浓缩设备的种类及特点。
6. 什么是淡炼乳?简述其生产工艺流程及具体工艺要求。

参 考 文 献

[1] 张和平，张佳程．乳品工艺学 [M]．北京：中国轻工业出版社，2014.

[2] 胡会萍. 乳制品加工技术 [M]. 北京：中国轻工业出版社，2019.

[3] 张和平，张列兵. 现代乳品工业手册 [M]. 北京：中国轻工业出版社，2005.

[4] 杨静. 乳及乳制品检测技术 [M]. 北京：中国轻工业出版社，2013.

[5] 朱俊平. 乳及乳制品质量安全与卫生操作规范 [M]. 北京：中国计量出版社，2008.

[6] 殷涌光. 食品机械与设备 [M]. 北京：化学工业出版社，2006.

[7] 郭本恒. 乳品化学 [M]. 北京：中国轻工业出版社，2001.

[8] 曾寿瀛. 现代乳与乳制品加工技术 [M]. 北京：中国农业出版社，2003.

参考文献